AutoUni – Schriftenreihe

Band 182

Reihe herausgegeben von

Volkswagen Aktiengesellschaft, Volkswagen Group Academy, Wolfsburg, Deutschland

Roman Putter

Prädiktive Unfallerkennung – Validierungsmethodik und Sicherheitspotenziale

 Springer

Roman Putter
Fahrzeugsicherheit
Volkswagen AG
Wolfsburg, Deutschland

Zugleich: Dissertation, Gottfried Wilhelm Leibniz Universität Hannover, 2025

ISSN 1867-3635 ISSN 2512-1154 (electronic)
AutoUni – Schriftenreihe
ISBN 978-3-658-50649-0 ISBN 978-3-658-50650-6 (eBook)
https://doi.org/10.1007/978-3-658-50650-6

Die Deutsche Nationalbibliothek verzeichnet diese Publikation in der Deutschen Nationalbibliografie; detaillierte bibliografische Daten sind im Internet über https://portal.dnb.de abrufbar.

Planung/Lektorat: Karina Kowatsch
Springer ist ein Imprint der eingetragenen Gesellschaft Springer Fachmedien Wiesbaden GmbH und ist ein Teil von Springer Nature.
Die Anschrift der Gesellschaft ist: Abraham-Lincoln-Str. 46, 65189 Wiesbaden, Germany

Danksagung Diese Dissertation entstand während meiner Tätigkeit als Doktorand und Entwicklungsingenieur in der Technischen Entwicklung für Fahrzeugsicherheit bei der Volkswagen AG[1] und in Zusammenarbeit mit dem Institut für Produktentwicklung und Gerätebau der Leibniz Universität Hannover.

Mein besonderer Dank gilt meinem Doktorvater Prof. Dr.-Ing. Roland Lachmayer für die wissenschaftliche Begleitung dieser Arbeit, das entgegengebrachte Vertrauen sowie das Schaffen einer freien und selbstbestimmten Arbeitsumgebung. Außerdem danke ich Prof. Dr. Iryna Mozgova für die Übernahme des Zweitgutachtens und Prof. Dr.-Ing. Roland Scharf für die Übernahme des Prüfungsvorsitzes.

Besonders hervorheben möchte ich André Neubohn, dem mein herzlicher Dank für das Initiieren sowie die hervorragende Integration dieser Arbeit in die Themenfelder der Fahrzeugsicherheit bei Volkswagen gilt. Durch seine hilfreichen Anregungen und die intensive fachliche Betreuung konnte diese Arbeit maßgeblich inhaltlich gestärkt werden. Ferner danke ich meinen Vorgesetzten Thorsten Gaas und Prof. Dr. André Leschke für die Bereitstellung der notwendigen Ressourcen und die stetige Unterstützung.

Mein Dank gilt auch dem gesamten „Crash-Schwere-Schätzer"-Projektteam und insbesondere Marcus Müller für die konstruktiven fachlichen Diskussionen, das Feedback zu Konzept und Inhalt dieser Arbeit sowie die vertrauensvolle und stets gute Zusammenarbeit.

Weiterhin möchte ich allen Kollegen, Praktikanten und Doktoranden danken, mit denen ich zusammenarbeiten durfte und die mich mit großem Engagement bei dieser Arbeit unterstützt haben. Dieses breitgefächerte Konzernnetzwerk ermöglichte es mir, die Vorteile einer praxisnahen Industriepromotion voll auszuschöpfen.

Abschließend danke ich meiner Familie und meinen Freunden, die das Gelingen dieser Arbeit schon lange vor ihrem Beginn ermöglicht haben.

Interessenkonflikt Der Autor hat keine für den Inhalt dieses Manuskripts relevanten Interessenkonflikte.

---

[1] Ergebnisse, Meinungen und Schlüsse dieser Dissertation sind nicht notwendigerweise die der Volkswagen Aktiengesellschaft.

Vorveröffentlichungen

Teile der vorliegenden Dissertation wurden bereits in Form von Journal- und Konferenzbeiträgen veröffentlicht. Diese Veröffentlichungen sind im Rahmen der Erstellung dieser Dissertation entstanden. Die nachfolgende Übersicht dient der Transparenz und zeigt auf, in welchen Kapiteln dieser Arbeit bereits publizierter Inhalt enthalten ist.

Wissenschaftliche Publikationen

Anzahl	Publikation	Kapitel
1	R. Putter, "Poster: Preventive Identification of Accident Black Spots on the Basis of Crash Severity Estimation," in *2023 IEEE Vehicular Networking Conference (VNC)*, Istanbul, Türkei, 2023, pp. 153–154, https://doi.org/10.1109/VNC57357.2023.10136337	7.3
2	R. Putter, A. Neubohn, A. Leschke, R. Lachmayer, "Predictive Vehicle Safety—Validation Strategy of a Perception-Based Crash Severity Prediction Function," *Applied Sciences*, vol. 13, no. 11, p. 6750, 2023, https://doi.org/10.3390/app13116750	2.1.3, 2.2, 3.1, 4.1, 5.3
3	R. Putter, R. K. Mangukiya, M. Mayer, T. Gaas, A. Leschke, R. Lachmayer, "Utilization of real Accident Scenarios for simulative Effectiveness Assessment of Driver Assistance Systems," in *Proceedings of the FISITA – Technology and Mobility Conference Europe 2023*, Barcelona, Spanien, 2023, https://doi.org/10.46720/FWC2023-SCA-049	6.1

(Fortsetzung)

(Fortsetzung)

Anzahl	Publikation	Kapitel
4	J. E. Maschke, R. Putter, S. Schoenawa, T. Gaas, A. Leschke, R. Lachmayer, "Road Safety: A Similarity Analysis of the GIDAS Data and the Overall Incidence of Car-to-Car Accidents on German Roads," in *2023 7th International Conference on System Reliability and Safety (ICSRS)*, Bologna, Italien, 2023, pp. 229–236, https://doi.org/10.1109/ICSRS59833.2023.10381120	5.2

Des Weiteren werden Patente und Offenlegungsschriften aufgelistet, die im Themenfeld dieser Dissertation entstanden sind. Einige dieser Patente werden in Kapitel 7.3 als Ausblick weiterer Sicherheitspotenziale der Funktion zur prädiktiven Unfallerkennung erläutert. Die vollständige Liste aller Patentanmeldung ist in Anhang im elektronischen Zusatzmaterial enthalten.

Patente und Offenlegungsschriften

Anzahl	Patente und Offenlegungsschriften
1	R. Putter, M. M. Mueller, A. Neubohn (2023). Verfahren zum Betreiben einer Unterstützungsvorrichtung für einen Fahrer eines Kraftfahrzeugs, Computerprogrammprodukt sowie Unterstützungsvorrichtung (DE 102023102046.3). Anmelder: CARIAD SE und Volkswagen AG.
2	R. Putter, D. Isemann (2023). Aufprallschutzeinrichtung, Fahrzeug mit einer Aufprallschutzeinrichtung und Verfahren zum Herrichten eines Aufprallschutzes (DE 10 2023 206 828.1). Anmelder: Volkswagen AG.
3	J. E. Maschke, R. Putter (2023). Verfahren zur Außenkommunikation und Fahrzeug mit mindestens einem Lichtprojektor (DE 10 2023 208 036.2). Anmelder: Volkswagen AG.
4	R. Putter (2024). Fahrzeugsystem sowie ein Verfahren zur Aktivierung und/oder Deaktivierung von Personenschutzeinrichtungen des Fahrzeugsystems (DE 10 2024 200 601.7). Anmelder: Volkswagen AG.
[5]	J. E. Maschke, R. Putter (2024). Verfahren zur verbesserten Ausrichtung von Crashstrukturen und Kraftfahrzeug (DE 10 2024 205 596.4). Anmelder: Volkswagen AG.
[6]	R. Putter (2023). Verfahren zum Betreiben eines Navigationssystems eines Fahrzeugs (DE 10 2023 208 655.7).
[7]	R. Putter (2023). Verfahren zum Erfassen einer Kollision eines Fahrzeugs mit einem Kollisionsobjekt mittels einer Robotereinheit, sowie Kollisionserfassungssystem und Fahrzeug (DE 10 2023 209 814.8). Anmelder: Volkswagen AG.

(Fortsetzung)

(Fortsetzung)

Anzahl	Patente und Offenlegungsschriften
[8]	V. Preu, R. Putter, L. Kehl (2024). Aufprallschutz sowie Verfahren zur Ansteuerung eines Aufprallschutzes (DE 10 2024 201 049.9). Anmelder: Volkswagen AG.
[9]	R. Putter, V. Preu (2024). Verfahren und Assistenzsystem zur Minimierung von Verletzungen von Fahrzeuginsassen und entsprechend eingerichtetes Kraftfahrzeug (DE 10 2024 205 380.5). Anmelder: Volkswagen AG.
[10]	R. Putter, V. Preu, L. Kehl (2024). Schutzvorrichtung und Schutzverfahren zum Schutz eines Passagiers (DE 10 2024 207 639.2). Anmelder: Volkswagen AG.
[11]	V. Preu, R. Putter, F. Neumann (2025). Verfahren zur Reduzierung einer Unfallschwere eines ungeschützten Verkehrsteilnehmers für einen bevorstehenden Unfall mit einem Kraftfahrzeug sowie Steuereinrichtung für ein Kraftfahrzeug (DE 10 2025 106 541.1). Anmelder: Volkswagen AG.
[12]	V. Preu, P. Sacher, S. Simon, R. Putter, W. Effenberger (2025). Einrichtung zur Prävention einer Unterfahrkollision (DE 10 2025 108 861.6). Anmelder: Volkswagen AG.

Zusammenfassung

Trotz erheblicher Fortschritte bei der Entwicklung aktiver Sicherheitssysteme können auch in Zukunft nicht alle Unfälle mit PKW-Beteiligung vermieden werden. Irreversible Pre-Crash-Systeme sollen die Verletzungsschwere bei unvermeidbaren Kollisionen signifikant reduzieren und schließen die Lücke zwischen passiver und aktiver Fahrzeugsicherheit. Diese Systeme greifen vor dem Unfall ein und erfordern eine präzise und zuverlässige Echtzeitvorhersage der bevorstehenden Kollision sowie der technischen Kollisionsschwere bereits vor dem Crash. Dabei stellt sich die Frage nach einer hinreichend zuverlässigen Prädiktion sowie deren robuster Absicherung.

Zur Beantwortung dieser Frage wird in dieser Arbeit eine umfassende szenariobasierte Validierungsstrategie für die Funktion zur Crash- und Crash-Schwere-Prädiktion im Einklang mit den Normen ISO 26262 und ISO 21448 entwickelt. Diese setzt die Identifikation von relevanten und repräsentativen Unfallszenarien aus dem realen Unfallgeschehen voraus. Zur Reduktion des Testumfangs werden Verfahren des unüberwachten maschinellen Lernens auf die tiefenanalytische Unfalldatenbank GIDAS (German In-Depth Accident Study) angewendet. Über 7.700 PKW-PKW-Kollisionen werden dabei auf eine Anzahl von 35 repräsentativen Clustern reduziert. Die erzeugten Cluster dienen der Erstellung von Testfallkatalogen mit konkreten und logischen Testszenarien. Die simulative Validierung der Funktion zur Crash-Prädiktion erfolgt in der Umgebung IPG CarMaker unter Verwendung konkreter GIDAS-PCM (Pre-Crash-Matrix) Szenarien.

Neben der quantitativen Bewertung der Prädiktionsgüte wird ein generisches Pre-Crash-System zur reversiblen Gurtstraffung untersucht, um die Systemwirksamkeit ganzheitlich zu bewerten. Anhand einer Einzelfallanalyse werden die Potenziale zur Reduktion der Verletzungsschwere bei einer optimierten Zündzeit der Rückhaltemittel aufgezeigt. Die Ergebnisse dieser Arbeit verdeutlichen, dass die gesamte Prozesskette, von der Vorhersage der Kollision über die Aktivierung des Pre-Crash-Systems bis hin zur Analyse der potenziellen Insassenverletzungen, für eine valide Wirksamkeits- und Sicherheitsbewertung der Crash-Prädiktion berücksichtigt werden muss.

Ein stufenweiser Übergang von reversiblen zu irreversiblen Pre-Crash-Systemen erscheint als wesentlicher Erfolgsfaktor für die Serieneinführung innovativer prädiktiver Sicherheitssysteme. Eine einheitliche Klassifizierung der verschiedenen Ausbaustufen von Pre-Crash-Systemen soll außerdem dazu beitragen, die Anforderungen an die Prädiktion zu standardisieren. Darüber hinaus soll die Nutzung von Fahrzeugflottendaten als Datenbasis für die Validierung und Optimierung sicherheitsrelevanter Pre-Crash-Systeme den Absicherungsaufwand in Zukunft deutlich reduzieren.

Die Ergebnisse dieser Dissertation leisten einen Beitrag zur wissenschaftlichen und normativen Integration prädiktiver Sicherheitssysteme im Straßenverkehr der Zukunft.

Abstract

Despite significant progress in the development of active safety systems, not all accidents involving passenger vehicles can be avoided in the future. Irreversible pre-crash systems are intended to significantly reduce injury severity in unavoidable collisions and bridge the gap between passive and active vehicle safety. These systems intervene prior to the crash and require precise and reliable real-time prediction of the impending collision and its technical crash severity before the impact occurs. This raises the question of sufficiently reliable prediction and its robust validation.

To address this question, this dissertation develops a comprehensive scenario-based validation strategy for the function of crash and crash severity prediction, in accordance with the ISO 26262 and ISO 21448 standards. This strategy requires the identification of relevant and representative accident scenarios derived from real-world crash data. To reduce the scope of testing, unsupervised machine learning methods are applied to the in-depth accident database GIDAS (German In-Depth Accident Study). More than 7,700 passenger car-to-car collisions are condensed into 35 representative clusters. These generated clusters serve as the basis for developing catalogs of test cases with concrete and logical test scenarios. The simulation-based validation of the crash prediction function is conducted in the IPG CarMaker environment using specific GIDAS PCM (Pre-Crash Matrix) scenarios.

In addition to the quantitative assessment of prediction accuracy, a generic pre-crash system for reversible seatbelt pretensioning is examined to evaluate the system effectiveness holistically. A case study demonstrates the potential to reduce injury severity through optimized triggering times of restraint systems.

The findings of this work underscore that the entire process chain from collision prediction to the activation of the pre-crash system, to the analysis of potential occupant injuries—must be considered to achieve a valid effectiveness and safety evaluation of crash prediction systems.

A stepwise transition from reversible to irreversible pre-crash systems appears to be a key success factor for the mass-market implementation of innovative predictive safety systems. Furthermore, a standardized classification of the various development stages of pre-crash systems is intended to help standardize the requirements for prediction functions. In addition, the use of fleet vehicle data as a basis for validating and optimizing safety-relevant pre-crash systems is expected to significantly reduce the validation effort in the future.

The results of this dissertation contribute to the scientific and normative integration of predictive safety systems in the road traffic of the future.

Inhaltsverzeichnis

Abkürzungsverzeichnis

AAAM	Association for the Advancement of Automotive Medicine
AD	Autonomous Driving
ADAS	Advanced Driver Assistance Systems
AEB	Autonomous Emergency Braking
AG	Aktiengesellschaft
AIS	Abbreviated Injury Scale
ASIL	Automotive Safety Integrity Level
ASPICE	Automotive Software Process Improvement and Capability Determination
BSS	Between-Cluster Sum of Squares
CART	Classification and Regression Trees
CDS	Crashworthiness Data System
CHI	Calinski-Harabasz-Index
CIDAS	China In-Depth Accident Study
COOLCAT	Contingency-based Clustering for Categorical data
CP	Crash-Prädiktion
CSP	Crash-Schwere-Prädiktion
DBSCAN	Density-Based Spatial Clustering of Applications with Noise
DESTATIS	Statistisches Bundesamt
E/E	Elektrik und Elektronik
eCall	Emergency Call
EDR	Event Data Recorder
EES	Energy Equivalent Speed
EU	Europäische Union

FARCHD	Fuzzy Association Rule-based Classification with Hierarchical Data
FAS	Fahrerassistenzsysteme
FEM	Finite-Elemente-Methode
FN	Falsch negativ
FP	Falsch positiv
GIDAS	German In-Depth Accident Study
GuR	Gefährdungs- und Risikoanalyse
HAF	Hochautomatisiertes Fahren
HARA	Hazard Analysis and Risk Assessment
HiL	Hardware in the Loop
iGLAD	Initiative for the Harmonization of Global In-Depth Traffic Accident Data
ISO	Internationale Organisation für Normung
k-NN	k-Nearest-Neighbor
KNN	Künstliche neuronale Netzwerke
LIDAR	Light Imaging, Detection and Ranging
LKW	Lastkraftwagen
MAIS	Maximum Abbreviated Injury Scale
MiL	Model in the Loop
ML	Maschinelles Lernen
MPDB	Mobile Progressive Deformable Barrier
NASS	National Automotive Sampling System
NCAP	New Car Assessment Program
NHTSA	National Highway Traffic Safety Administration
ODD	Operational Design Domain
OLC	Occupant Load Criterion
PAS	Publicly Available Specification
PCA	Principal Component Analysis
PCM	Pre-Crash-Matrix
PCS	Pre-Crash System
PKW	Personenkraftwagen
QM	Qualitätsmanagement
RBF	Radial Basis Function
RCAR	Research Council for Automobile Repairs
RHS	Rückhaltesysteme
RN	Richtig negativ
RP	Richtig positiv
SAE	Society of Automotive Engineers

SHRP 2	Second Strategic Highway Research Program
SiL	Software in the Loop
SOP	Start of Production
SOTIF	Safety of the Intended Functionality
SUMO	Simulation of Urban Mobility
SUV	Sport Utility Vehicle
THUMS	Total Human Model for Safety
t-SNE	t-Distributed Stochastic Neighbor Embedding
TSS	Total Sum of Squares
TTB	Time to Brake
TTC	Time to Collision
TTD	Time to Distance
TTF	Time to Fire
TTS	Time to Steer
UK	United Kingdom
UKAT	Unfallkategorie
UN R	United Nations Regulation
UNECE	United Nations Economic Commission for Europe
UTYP	Unfalltyp
V&V	Verifizierung und Validierung
V2X	Vehicle to Everything
VDA	Verband der Automobilindustrie
ViL	Vehicle in the Loop
WCSS	Within-Cluster Sum of Squares
WHO	World Health Organization
XiL	Anything in the Loop
ZAE	Zentrales Airbagsteuergerät

Abbildungsverzeichnis

Tabellenverzeichnis

Einleitung und Motivation

1

Die Weltgesundheitsorganisation (WHO) gibt in einem globalen Statusbericht zur Verkehrssicherheit die Anzahl der weltweit im Straßenverkehr getöteten Personen im Jahr 2021 mit 1,19 Millionen an. Dabei werden Verkehrsunfälle als die häufigste Todesursache für die Gruppe der Kinder und jungen Erwachsenen im Alter von 5 bis 29 Jahren identifiziert [1]. Mehr als die Hälfte aller Verkehrstoten weltweit sind ungeschützte Verkehrsteilnehmer wie Fußgänger und Fahrradfahrer. Weitere 25 % der Verkehrstoten entfallen auf die Insassen von vierrädrigen Kraftfahrzeugen. Trotz der fortlaufenden Modernisierung der Fahrzeugflotte und der zunehmenden Durchdringung von Fahrerassistenzsystemen in den Fahrzeugbestand bleibt die Anzahl der polizeilich erfassten Verkehrsunfälle in Deutschland seit dem Jahr 2014 auf einem konstant hohen Niveau [2]. Ein wesentlicher Faktor dafür ist der kontinuierlich steigende Kraftfahrzeugbestand [3] und die damit verbundene Erhöhung der Verkehrsdichte und Verkehrskomplexität. In der Abbildung 1.1 werden die polizeilich erfassten Verkehrsunfälle in Deutschland in den Jahren 2014 bis 2023 dargestellt. Der Rückgang der Verkehrsunfälle im Jahr 2020 wird auf das niedrigere Verkehrsaufkommen infolge der Covid-19-Pandemie zurückgeführt. Seit dem Jahr 2021 steigt die Anzahl der Verkehrsunfälle mit fortlaufender Tendenz wieder an.

R. Putter, *Prädiktive Unfallerkennung – Validierungsmethodik und Sicherheitspotenziale*, AutoUni – Schriftenreihe 182, https://doi.org/10.1007/978-3-658-50650-6_1

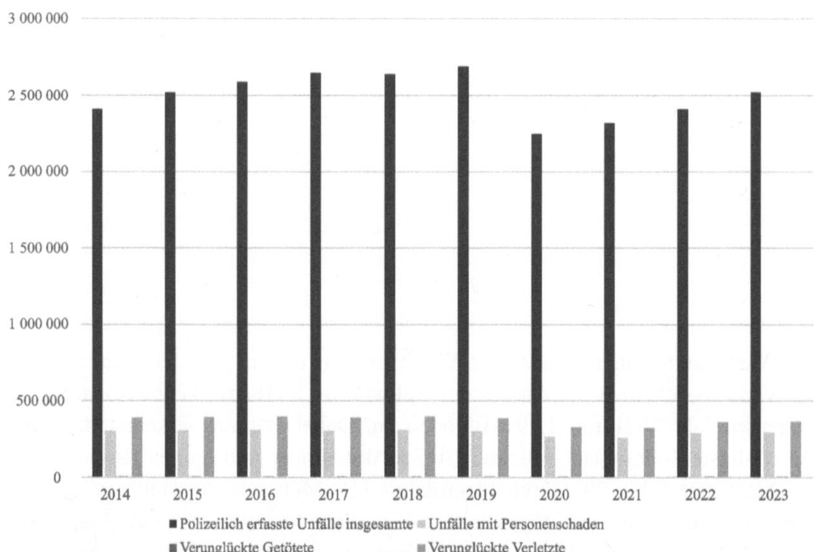

Abbildung 1.1 Polizeilich erfasste Unfälle in Deutschland in den Jahren 2014 bis 2023. (Erstellt nach [2])

Trotz der konstant hohen Zahl der Verkehrsunfälle wird seit Anfang der 2000er Jahre ein starker Rückgang der Verkehrstoten in Deutschland und in Europa verzeichnet. Die Steigerung der Verkehrssicherheit wird durch globale Initiativen wie die „Vision Zero" adressiert. Diese wurde erstmals im Jahr 1997 von der schwedischen Regierung ausgerufen [4] und beschreibt eine langfristige Verkehrssicherheitsstrategie mit dem Ziel, die Anzahl der Toten im Straßenverkehr auf null zu reduzieren. Der holistische Ansatz zur Steigerung der Verkehrssicherheit betrachtet anhand von identifizierten Sicherheitspotenzialen eine Reihe von Maßnahmen. Dazu gehören infrastrukturbezogene Maßnahmen, gesetzliche Regulierungen, Sensibilisierung der Verkehrsteilnehmer für sicheres Fahren, technologische Entwicklung am Kraftfahrzeug sowie Post-Crash-Rettungsmaßnahmen.

Die Abbildung 1.2 zeigt den Rückgang der Verkehrstoten in Deutschland bei PKW-PKW-Unfällen, für jeweils beide Beteiligten, und PKW-Alleinunfällen. Als wesentlicher Faktor für diesen Rückgang gelten die Neu- sowie Weiterentwicklungen von aktiven und passiven Sicherheitssystemen in Kraftfahrzeugen. Der bereits erreichte Sicherheitsgewinn durch die Entwicklung neuartiger Sicherheitssysteme kann folglich anhand der Unfallstatistik bestätigt werden.

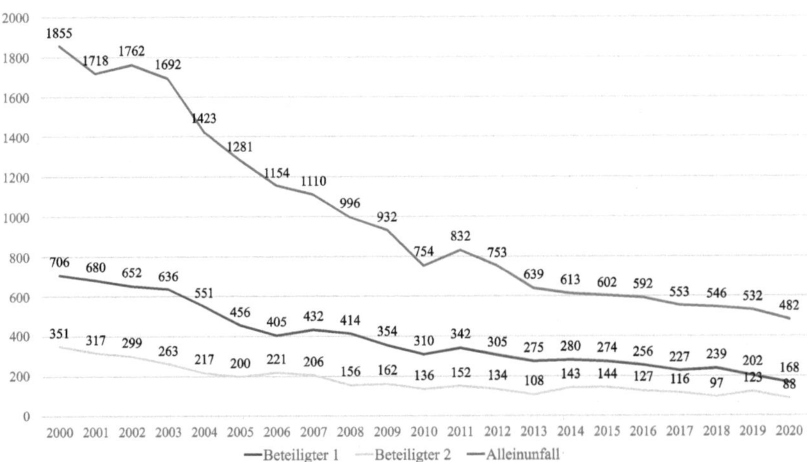

Abbildung 1.2 Getötete bei PKW-PKW-Unfällen und PKW-Alleinunfällen. (Erstellt nach [5])

Angetrieben von der Vision Zero werden in der Fahrzeugsicherheit Systeme entwickelt, welche die Mobilität der Zukunft noch sicherer machen sollen. Tiefenanalytische Erkenntnisse über das reale Unfallgeschehen ermöglichen dabei eine gezielte Adressierung von sicherheitsrelevanten Wirkfeldern. Insbesondere die Kenntnis über das reale Unfallgeschehen ist erforderlich für eine gezielte Entwicklung und Erprobung von neuen Fahrerassistenz- und Sicherheitssystemen.

Da nicht jede Kollision vermieden werden kann, wird nach weiteren Möglichkeiten gesucht, den Insassenschutz in der bevorstehenden Kollision zu optimieren. Einer der gegenwärtigen Schwerpunkte in der Fahrzeugsicherheitsentwicklung liegt auf der Entwicklung integraler **Pre-Crash-Systeme (PCS)**. PCS werden bereits vor dem Crash, in der sogenannten Pre-Crash-Phase, aktiviert und können in reversible und irreversible Systeme unterteilt werden. Reversible PCS wie die Vorstraffung der Sicherheitsgurte oder prädiktive Aktivierung der Warnblinklichter gehören zum Stand der Technik in modernen PKW und werden von den Fahrzeugherstellern aktiv beworben [6–8].

Irreversible PCS für den Insassenschutz, wie die vollständige Auslösung von Airbags und Sicherheitsgurten vor dem Crashzeitpunkt t_0, haben aufgrund von hohen Sicherheitsanforderungen noch keinen Einsatz in die Serienfahrzeuge gefunden. Diese erfordern eine präzise und zuverlässige Echtzeitvorhersage der bevorstehenden Kollisionskonfiguration und der Kollisionsschwere bereits vor dem Crash. Analog zur konventionellen In-Crash-Sensierung ist die prädiktive Vorhersage der Kollisionsschwere obligatorisch für die Entscheidung der Rückhaltemittelauslösung in der Pre-Crash-Phase. Die Vorhersage kann entweder durch individuelle Pre-Crash-Systeme einzeln berechnet oder durch eine zentrale Basisfunktion zur prädiktiven Unfallerkennung durchgeführt werden. In dieser Arbeit wird eine zentrale Basisfunktion zur Vorhersage der bevorstehenden Kollision als Voraussetzung für die Aktivierung irreversibler Pre-Crash-Systeme betrachtet.

Ein Pre-Crash-System, das anhand der prädizierten Kollisionskonfiguration und Kollisionsschwere die irreversiblen Rückhaltesysteme anfordert, muss für die Serienfreigabe die internationalen Sicherheitsstandards für die Entwicklung, Validierung und Homologation von Personenkraftwagen erfüllen. Zudem muss die Funktion Sicherheitspotenziale zur Reduktion der Verletzungsschwere bei unvermeidbaren Kollisionen sowie eine positive Risikobilanz bei der Gesamtbetrachtung der Betriebszustände aufweisen. Das Ziel dieser Arbeit ist die Entwicklung einer szenariobasierten Validierungsstrategie für eine innovative Funktion zur prädiktiven Unfallerkennung, die Einordnung dieser Strategie in die bestehenden Sicherheitsstandards sowie das Aufzeigen der mit dieser Funktion verbundenen Sicherheitspotenziale.

Theoretische Grundlagen 2

In diesem Kapitel werden die grundlegenden Aspekte der Fahrzeugsicherheit, der Crash-Sensierung und der Pre-Crash-Sicherheitssysteme erläutert. Ergänzend werden die relevanten Verfahren des maschinellen Lernens vorgestellt, die in Abschnitt 5.3 zur Anwendung kommen. Diese theoretischen Grundlagen bilden, zusammen mit dem in Kapitel 3 ermittelten Stand der Wissenschaft, eine umfassende Basis für das Verständnis der vorliegenden Arbeit.

2.1 Fahrzeugsicherheit

Fahrzeugsicherheit kann historisch in die zwei Fachgebiete der aktiven und passiven Sicherheit unterteilt werden. Bedingt durch den technologischen Fortschritt werden moderne Sicherheitssysteme, abhängig von der Unfallphase, in präzisere Kategorien, wie Pre-Crash-, In-Crash- und Post-Crash-Sicherheitssysteme, unterteilt [9].

Passive Sicherheitssysteme zielen darauf ab, die Folgen eines Unfalls zu mindern und wirken unmittelbar ab dem Crash-Zeitpunkt, folglich dem Zeitpunkt t_0 genannt [10]. Zu passiven Sicherheitssystemen gehören beispielsweise Schutzmaßnahmen wie die Fahrzeugstruktur, Airbags und Sicherheitsgurte. Passive Sicherheitsmaßnahmen sind in der Regel irreversibel. Die konventionelle In-Crash-Sicherheitsstrategie stützt sich auf die Messung physikalischer In-Crash-Parameter ab dem Zeitpunkt t_0. Diese werden beispielsweise bei einem Frontaufprall durch Beschleunigungssensoren oder auch durch Drucksensoren bei einem Seitenaufprall erfasst. Anhand von Crash-Algorithmen werden die erfassten Signale analysiert, um unterschiedliche Lastfälle zu differenzieren und die korrekten Rückhaltemittel in der Kollision anzusteuern.

© Der/die Autor(en), exklusiv lizenziert an Springer Fachmedien Wiesbaden GmbH, ein Teil von Springer Nature 2026
R. Putter, *Prädiktive Unfallerkennung – Validierungsmethodik und Sicherheitspotenziale*, AutoUni – Schriftenreihe 182,
https://doi.org/10.1007/978-3-658-50650-6_2

Aktive Sicherheitssysteme, wie der autonome Notbremsassistent (AEB), verfolgen primär das Ziel der Unfallvermeidung. Diese sind in der Regel reversibel und treffen die Auslöseentscheidung anhand von wahrnehmungsbasierten Umfeldsensoren wie Kamera oder Radar. Zusätzlich zur Unfallvermeidung enthalten die aktiven Sicherheitssysteme auch das Potenzial zur Unfallfolgenminderung, durch Reduktion der Kollisionsgeschwindigkeit oder Änderung der Kollisionsstellung bei unvermeidbaren Kollisionen [11]. Integrale Sicherheitssysteme kombinieren die Ansätze der Unfallfolgenminderung und der Unfallvermeidung und haben das Potenzial den gesamten Unfall von der Pre-Crash- bis zur Post-Crash-Phase zu adressieren.

Zur Gewährleistung des maximalen Schutzes muss eine gesamtheitliche Betrachtung aller Fahrzustände des Fahrzeugs im Straßenverkehr erfolgen. Botsch et al. gliedern die von der integralen Fahrzeugsicherheit adressierten Fahrzustände in die vier Phasen ein und benennt die Maßnahmen wie folgt [12]:

- Normale Fahrsituation: Hinweise und Unterstützung durch Fahrerassistenzsysteme
- Kollision vermeidbar: Warnung sowie Längs- und Quereingriffe, reversible Aktuatoren
- Kollision unvermeidbar: irreversible Aktuatoren
- Rettung nach der Kollision: Post-Crash-Maßnahmen wie eCall (Emergency Call)

Kramer et al. unterteilen den zeitlichen Ablauf eines Unfallereignisses in die drei Phasen: Pre-Crash, In-Crash und Post-Crash [13]. Gonter et al. definieren die vier Phasen vor dem Unfall am Beispiel einer PKW-Fußgänger-Kollision [10]:

- Keine Gefahr: 2000 ms vor t_0
- Kollision vermeidbar: 1200 ms bis 2000 ms vor t_0
- Kollision teilweise vermeidbar: 500 ms bis 1200 ms vor t_0
- Kollision unvermeidbar: 500 ms vor t_0

Boehmlaender et al. definieren die Phase der Unvermeidbarkeit auch im Bereich bis 500 ms vor t_0 [14]. Diese Zeiten gelten jedoch als Richtwerte und können in den konkreten Unfallszenarien abweichen. Die fünf Phasen eines Verkehrsunfalls von der Normalfahrt bis zur Post-Crash-Phase werden nach [9, 10, 12–15] aggregiert in der Abbildung 2.1 dargestellt.

Zusätzlich werden jeder dieser Phasen die adressierten Fahrerassistenz- und Sicherheitssysteme zugeordnet. Darüber hinaus werden relevante Variablen innerhalb der fünf Phasen dargestellt, die für die Unfallanalyse und die Extraktion von Testszenarien innerhalb dieser Phasen verwendet werden können. Die Zuordnung der Variablen zu den einzelnen Unfallphasen wird in Kapitel 5 bei der Auswahl der geeigneten Datenbasis und Parametrierung der Clustering-Methode berücksichtigt.

In einer sehr frühen Entwicklungsphase eines neuen Fahrzeugprojekts werden alle Gesetzes- und Produkthaftungsanforderungen an das zu entwickelnde Fahrzeug berücksichtigt. Dazu gehören die Gesetzesanforderungen an die Fahrzeugsicherheit. Fahrzeughersteller werden von der Legislative dazu aufgefordert, die stetig strengeren Vorgaben durch Entwicklung sicherheitssteigernder Technologien zu erfüllen und somit die Demokratisierung von Sicherheitssystemen voranzutreiben. Der herstellerübergreifende Fortschritt im Bereich der Sicherheitssysteme beruht also zum einen auf den gesetzlichen Mindestanforderungen für die Fahrzeugsicherheit. Zum anderen werden im Entwicklungsprozess die Testprotokolle von unabhängigen Testorganisationen, wie bspw. Euro NCAP (European New Car Assessment Program), zur Bewertung der Fahrzeugsicherheit berücksichtigt, um eine möglichst hohe Bewertung zu erzielen. Im Jahr 1978 wurde das erste New Car Assessment Program in den Vereinigten Staaten von Amerika von der National Highway Traffic Safety Administration (NHTSA) ins Leben gerufen [16]. Das Ziel des Programms bestand darin, Fahrzeuge transparent und einheitlich im Hinblick auf die Crashsicherheit, also Unfallfolgenminderung, zu bewerten. Fahrzeughersteller wurden herausgefordert, die Sicherheitssysteme über die gesetzlichen Mindestanforderungen hinaus zu entwickeln. Das U.S. NCAP wurde als ein erfolgreiches Modell in anderen Regionen der Welt übernommen. Heute gehören zu den weltweit führenden Organisationen zur Bewertung der Fahrzeugsicherheit die Euro NCAP, Australasian NCAP, China NCAP, IIHS sowie weitere regionale Organisationen. Die Testprotokolle sowie Bewertungsverfahren dieser Organisationen können sich unterscheiden und ergeben regionale Lösungen für die Fahrzeugsicherheit auf unterschiedlichen Märkten der Welt.

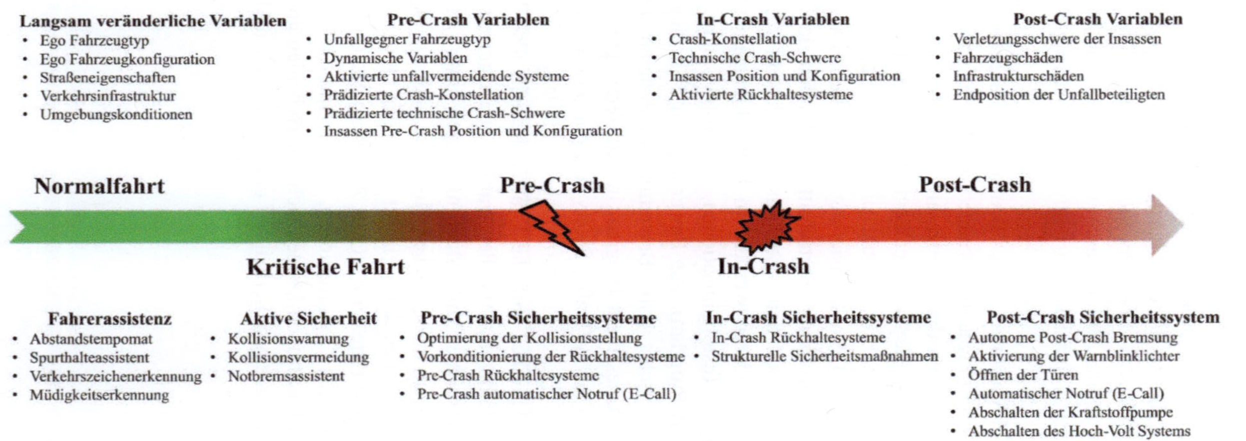

Abbildung 2.1 Schematische Darstellung der 5 Phasen eines Verkehrsunfalls und die adressierten Fahrerassistenz- und Sicherheitssysteme[1]

---

[1] Angepasst nach Putter et al., "Predictive Vehicle Safety—Validation Strategy of a Perception-Based Crash Severity Prediction Function," *Applied Sciences*, vol. 13, no. 11, p. 6750, 2023, unter der Creative Commons Attribution 4.0 Lizenz.

Gesetzliche Anforderungen sowie Bewertungsverfahren der Verbraucherschutzorganisationen werden regelmäßig aktualisiert und verfolgen das Ziel die Schwerpunkte im realen Unfallgeschehen anhand von relevanten Lastfällen zu adressieren. Van Ratingen et al. bieten einen historischen Überblick über das Euro NCAP Programm seit der Gründung im Jahr 1997 und bewerten das Programm retrospektiv im Hinblick auf die Verbesserung der Fahrzeugsicherheit in Europa [17]. Die Autoren kommen zur Schlussfolgerung, dass Euro NCAP maßgeblich zur Steigerung der Fahrzeugsicherheit in Europa beigetragen hat und in der Zukunft eine relevante Rolle bei der Einführung von hochautomatisierten Fahrfunktionen spielen soll.

Hervorzuheben ist, dass Organisationen wie Euro NCAP nicht die funktionale Ausführung einzelner Technologien, sondern die Effektivität der Unfallfolgenminderung und der Unfallvermeidung bewerten. Diese kann mit unterschiedlichen Maßnahmen erzielt werden, und bietet den Fahrzeugherstellern eine Gestaltungsfreiheit bei der Entwicklung innovativer Sicherheitssysteme. Geleitet von der Vision Zero entwickeln Automobilhersteller proaktiv Sicherheitssysteme, die über die externen Anforderungen hinausgehen. Innovationen in der Fahrzeugsicherheit sind notwendig, um den Insassen einen immer höheren Schutz zu gewährleisten und sich vom Wettbewerb abzuheben. Die Entscheidung über die Sicherheitsausstattung einzelner Fahrzeugmodelle beruht zudem auf der Basis einer übergeordneten Sicherheitsstrategie der Fahrzeughersteller [13]. Diese unterteilt sich in interne markenspezifische sowie modellspezifische Anforderungen. Bereits in der frühen Entwicklungsphase eines neuen Fahrzeugprojekts wird das angestrebte Sicherheitsziel definiert, das zum SOP (Start of Production) realisiert werden soll.

Die unfallfolgenmindernden Sicherheitsmaßnahmen während des Unfalls können in den Insassenschutz und Partnerschutz unterteilt werden [10, 13]. Bei der Auslegung des Insassenschutzes des eigenen Fahrzeuges, werden mehrere Gebiete der passiven Fahrzeugsicherheit verknüpft. Dazu gehören Sicherheitsmaßnahmen in den drei Bereichen [10, 18]:

- Karosserie und Deformationsstrukturen
- Insassenzelle
- Rückhaltesysteme

Die Auslegung der Karosserie und Deformationsstrukturen sowie der Rückhaltesysteme wird dabei direkt und indirekt von der Crash-Sensierung beeinflusst. Bevor die Crash-Sensierung näher betrachtet wird, werden die Grundlagen der Unfallforschung erläutert.

2.1.1 Grundlagen der Unfallforschung

Die Erhebung von Verkehrsunfällen mit Personenschaden oder Sachschaden obliegt in Deutschland der Zuständigkeit der Polizei. Alle polizeilich erhobenen Verkehrsunfälle werden von dem Statistischen Bundesamt erfasst und veröffentlicht. Diese Statistik enthält wertvolle Informationen über die Entwicklung des Unfallgeschehens, liefert jedoch nur einen rudimentären Einblick in den Verlauf, die Ursachen und die Folgen der einzelnen Verkehrsunfälle. Die umfassende Dokumentation von Verkehrsunfällen wird in Deutschland von dem Projekt GIDAS (German In-Depth Accident Study) der Bundesanstalt für Straßenwesen durchgeführt. Dabei gehört GIDAS zu einer der bedeutendsten Forschungsinitiativen zu Verkehrsunfällen weltweit. Das Hauptziel ist die detaillierte Erhebung, Rekonstruktion und Analyse von Verkehrsunfällen, um daraus Erkenntnisse für die unfallvermeidenden sowie unfallfolgenmindernden Maßnahmen abzuleiten [19]. Die Kette von der Erhebung eines einzelnen Unfalls bis zur Unfallanalyse auf Basis vieler Fälle wird in der Abbildung 2.2 nach Johannsen dargestellt [19]. In der Regel stützt sich die Entwicklung von neuen Fahrzeugsicherheitssystemen auf die Erkenntnisse aus der Analyse vieler Unfälle, kann aber auch von Einzelfallanalysen profitieren. Die Unfallanalyse basiert auf den Daten vieler rekonstruierter Einzelfälle. Dabei hängt die Qualität der Unfallrekonstruktion unmittelbar von der Tiefe und Qualität der Unfallerhebung ab.

Die Entwicklungen in der Fahrzeugsicherheit haben wiederum einen kontinuierlichen Einfluss auf das Verkehrsgeschehen und die Unfallfolgen. So nutzen die großen Automobilhersteller und Zulieferer in Deutschland die Daten der GIDAS-Datenbank, um retrospektiv die Effektivität der eigenen Sicherheitssysteme zu bewerten und neue Wirkfelder zu bestimmen [20–22]. Dabei umfasst ein Wirkfeld nach Mauer et al. die Unfälle, auf die ein System Einfluss haben kann [23]. So liegen beispielsweise die Auffahrunfälle auf den Vordermann im Wirkfeld einer Funktion zur autonomen Notbremsung. Die Bestimmung und Quantifizierung der Wirkfelder ist notwendig, um die Sicherheitspotenziale zu erkennen und diese durch geeignete Funktionen zu adressieren.

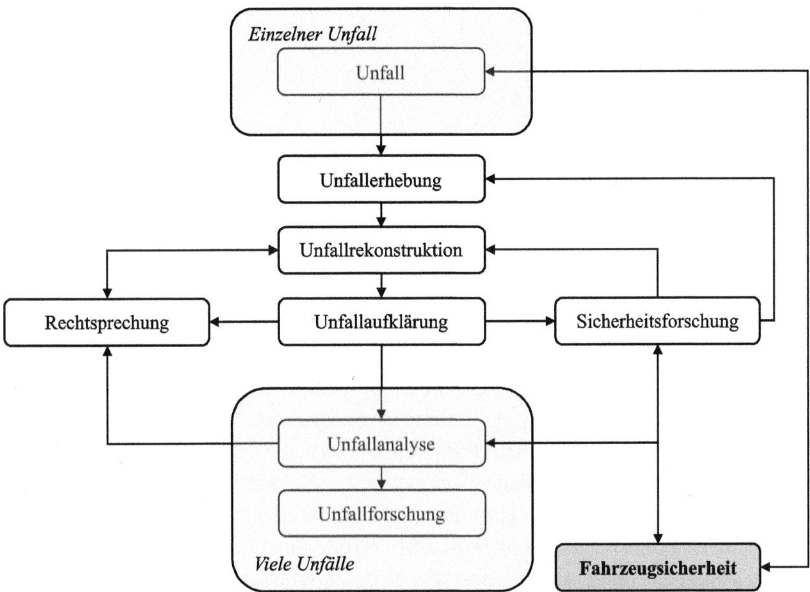

Abbildung 2.2 Zusammenhang zwischen dem einzelnen Unfall, der Unfallforschung und der Fahrzeugsicherheit. (Angepasst nach [19])

Obwohl es unabhängige Organisationen gibt, betreiben einige Automobilhersteller und Zulieferer zusätzlich interne Unfallforschungen zur Erhebung und Analyse von Verkehrsunfällen [21, 22, 24, 25]. Die internen Untersuchungen verfolgen spezifische Ziele, die über allgemeine Erhebungen hinausgehen. So ist durch die Untersuchung der Unfälle eigener, neuer Fahrzeugmodelle eine schnellere Optimierung von Sicherheitskonzepten möglich. Die Erhebung und Analyse einzelner Unfälle geht über die Möglichkeiten öffentlicher Projekte wie GIDAS hinaus. Zum einen ist in einigen Fällen ein tieferer Zugriff auf die fahrzeuginternen Daten möglich. Zum anderen ist eine bessere Kenntnis über die spezifischen Systeme im Fahrzeug vorhanden.

Zum besseren Verständnis der in dieser Arbeit verwendeten tiefenanalytischen Daten werden die Grundlagen der Unfallerhebung und -rekonstruktion sowie die relevanten Unfallparameter erläutert. Burg et al. unterscheiden verschiedene Arten von Unfalldaten nach fünf Hauptkategorien [26]:

- Allgemeine Unfalldaten
- Daten vom Unfallort
- Daten vom Unfallfahrzeug
- Daten von Unfallbeteiligten
- Sonstige Unfalldaten

Die allgemeinen Unfalldaten umfassen unter anderem den Unfallort und die Unfallart, Angaben zu der Unfallursache, den beteiligten Personen und Fahrzeugen sowie Daten zur Umgebung und zu den Wetterbedingungen. Die Daten vom Unfallort umfassen detaillierte Informationen zum Straßentyp, den Verkehrszeichen und möglichen Sichteinschränkungen. Zudem werden Spuren am Unfallort erfasst, darunter Reifenspuren, Kratzspuren sowie die Endstellung von Fahrzeugen oder Endlagen von Personen. Die Daten vom Unfallfahrzeug umfassen detaillierte Informationen zur Fahrzeugkonfiguration und Ausstattung sowie zur Aktivierung der passiven und aktiven Sicherheitssysteme. Zudem wird der Schadensumfang, einschließlich spezifischer Beschädigungen und Deformationen, erhoben. Daten zu den Unfallbeteiligten umfassen persönliche Merkmale wie Alter, Geschlecht, Gewicht und Körpergröße sowie vorhandene Vorerkrankungen und durch den Unfall verursachte Verletzungen. Sonstige Unfalldaten sind spezifische Daten, die nicht bei jedem Unfall erhoben werden und eine detaillierte Analyse des Unfallhergangs ermöglichen, beispielsweise die Auswertung des Unfalldatenspeichers.

Die Qualität der Unfallrekonstruktion ist direkt abhängig von Umfang und Güte der Datenerhebung am Unfallort. Die zentrale Frage jeder Unfallrekonstruktion ist die Beschreibung der Einlaufphase sowie der Kollisionskonfiguration zum Zeitpunkt t_0. Bei der Rekonstruktion von Verkehrsunfällen wird spezielle Rekonstruktionssoftware eingesetzt, die simulativ die Verhältnisse des realen Unfalls nachbilden soll. Die simulative Rekonstruktion eines Verkehrsunfalls liefert nur eine Approximation des realen Unfalls und darf nicht mit im Fahrzeug direkt aufgezeichneten Daten verwechselt werden. Daher muss auch bei der Analyse der Unfalldatenbanken zwischen den am Unfallort erhobenen, im Fahrzeug aufgezeichneten und simulativ rekonstruierten Daten unterschieden werden.

Die im weiteren Verlauf relevanten Variablen zur Beschreibung der Kollisionskonfiguration werden nach GIDAS-Codebook definiert [27]. Die Kollisionsgeschwindigkeit (v_k) gibt die Geschwindigkeit des Fahrzeugs zum Zeitpunkt der Kollision t_0 an. Die Relativgeschwindigkeit in der Kollision (v_{rel}) wird als Betrag der Differenz der Kollisionsgeschwindigkeit beider Kollisionsobjekte definiert und wie folgt berechnet.

$$v_{rel} = \sqrt{v_{k_1}^2 - v_{k_2}^2 - 2v_{k_1} * v_{k_2} \cos{(KWINK)}}$$

KWINK steht dabei für den Kollisionswinkel zwischen den Geschwindigkeitsvektoren beider Fahrzeuge zum Zeitpunkt der Kollision t_0. Der Delta-v (dv) wird als die vektorielle Geschwindigkeitsdifferenz des Fahrzeuges innerhalb der In-Crash-Phase definiert und wie folgt berechnet.

$$dv = \sqrt{v_k^2 - v_{Auslauf}^2 - 2v_k * v_{Auslauf} * \cos{\left(\frac{DWINK * \pi}{180}\right)}}$$

DWINK steht dabei für den Ablenkungswinkel und gibt die Differenz zwischen den Ein- und Auslaufwinkeln des Fahrzeuges während der Kollision an. In der Abbildung 2.3 werden die Berechnung der relativen Kollisionsgeschwindigkeit und des Delta-v grafisch dargestellt.

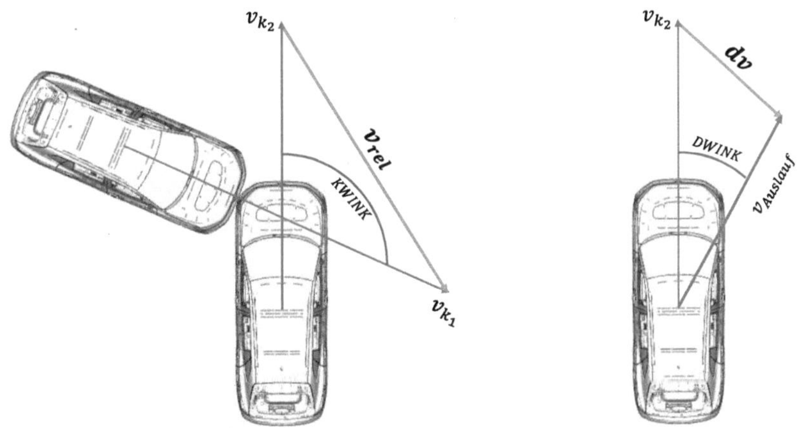

Abbildung 2.3 Darstellung der relativen Kollisionsgeschwindigkeit (links) und Delta-v (rechts). (Angepasst nach GIDAS-Codebook [27])

2.1.2 Crash-Sensierung

Die Relevanz der Crash-Sensierung im Kontext der Insassenschutzstrategie darf nicht unterschätzt werden. Diese bildet den kritischsten Bestandteil einer Rückhaltestrategie, da sie die Auslösung von richtigen Rückhaltesystemen zum richtigen Zeitpunkt ermöglicht. Das wichtigste Element einer konventionellen Crash-Sensierung ist das zentrale Airbagsteuergerät (ZAE). Das Airbagsteuergerät empfängt die Signale der auf dem Airbagsteuergerät verbauten (internen) Crash-Sensoren sowie weiterer im Fahrzeug verbauter (externer) Crash-Sensoren, wertet diese zyklisch aus und trifft die Entscheidung über die Auslösung von Rückhaltesystemen [10]. Ein typisches Sensorset an Crash-Sensoren in modernen PKW besteht nach [13] aus Low-g- und High-g-Beschleunigungssensoren, Drehraten-Sensoren und Druck-Sensoren. Abbildung 2.4 zeigt ein Sensorkonzept aktueller PKW [10]. Wobei das ZAE die zentrale Airbagsteuergerät-Einheit darstellt, P die Positionierung der externen Drucksensoren und G der externen Beschleunigungssensoren zeigt.

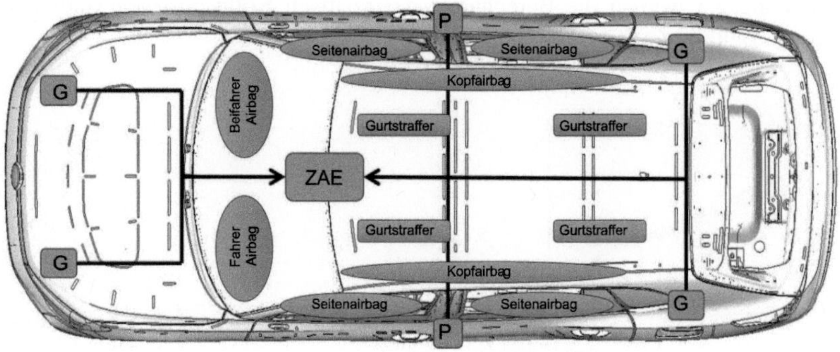

Abbildung 2.4 Sensorkonzept aktueller PKW. (Erstellt nach [13])

Die auf dem Airbagsteuergerät implementierten Algorithmen verfolgen dabei mehrere zentrale Ziele, die wie folgt zusammengefasst werden können:

1) Crash-Detektion
2) Entscheidung über die Auslösung der Rückhaltesysteme
3) Zuordnung des Zeitpunkts zur Auslösung der Rückhaltesysteme

Die Trennfähigkeit unterschiedlicher Crashtypen bzw. Lastfälle ist essenziell bei der Entwicklung und Optimierung von Crash-Sensorik. Diese bildet die Grundlage für eine präzise Detektion und Klassifikation von Aufprallszenarien.

Vereinfacht ausgedrückt, wird ein Crash beim Überschreiten der im Algorithmus festgelegten Schwellen der Beschleunigungs- oder Drucksignale erkannt. Die Beschleunigungssignale werden im weiteren auch Crash-Puls oder Crash-Impuls genannt. In der Praxis bestehen Crash-Algorithmen aus vielen hochkomplexen Regeln, welche die unterschiedlichen Signalverläufe im Crash innerhalb kürzester Zeit auswerten. Zur korrekten Auslösung der notwendigen Rückhaltesysteme wird die Crash-Richtung und die Crash-Schwere berechnet und analysiert. Die Entscheidung über die Auslösung oder Nichtauslösung der Rückhaltesysteme erfolgt auf Basis der detektierten Crashtypen sowie der Sicherheitsausstattung des Fahrzeugs.

In den meisten Fällen wird eine frühestmögliche Auslösung der Rückhaltesysteme direkt nach der Crash-Detektion angefordert. In einigen Fällen ist eine zeitversetzte Auslösung einzelner Rückhaltemittel sinnvoll. Dafür werden die Auslöseverzögerungszeiten definiert. Der genaue Zeitpunkt der Auslösung eines Rückhaltesystems ist entscheidend für die Auslegung des Insassenschutzkonzeptes und wird in dieser Arbeit auch bei der Betrachtung der Pre-Crash-Systeme eine zentrale Rolle spielen.

Die Gesamtheit aller in der realen Welt möglichen Unfallkonstellationen kann bei der Auslegung der Crash-Algorithmen nicht berücksichtigt werden. Sowohl die Anzahl als auch die Komplexität dieser würde die realisierbaren Entwicklungskapazitäten übersteigen. Um dennoch eine zuverlässige Crash-Erkennung bei Unfällen zu ermöglichen, werden Stützstellen zur Abbildung der Realität verwendet [10]. Standardisierte Kataloge von Crash-Lastfällen kommen bei allen Fahrzeugherstellern zum Einsatz, um die Crash-Detektion abzusichern. Diese Lastfälle basieren zum einen auf den bereits erwähnten gesetzlichen Vorgaben sowie den Testprotokollen von Verbraucherschutzorganisationen. Darüber hinaus werden interne und externe Erkenntnisse aus der Fahrzeugsicherheit, der Unfallforschung und der Gebrauchssicherheit berücksichtigt, um den Testfallkatalog zu erweitern und die relevanten Unfallkonstellationen sensorisch abzusichern. Zusätzlich zu dem Katalog der relevanten Crash-Lastfälle, werden die sogenannten No-Fire- und Misuse-Lastfälle getestet [10], bei welchen das Airbagsteuergerät eine Nichtauslösung der Rückhaltemittel detektieren soll. Die No-Fire-Lastfälle sind beispielsweise Parkrempler und Auffahrunfälle bei niedrigen Geschwindigkeiten. Die Misuse-Lastfälle bilden einen breitgefächerten Katalog an unterschiedlichen statischen und dynamischen Situationen im Straßenverkehr. Dazu gehören beispielsweise Wildunfälle, Türschlagversuche oder Fahrt über Schlaglöcher auf der Fahrbahn. Ein typisches Set aus Misuse- und No-Fire-Lastfällen für die Airbag-Applikation wird von Ganter et al. vorgestellt [10].

Demnach werden die für die Applikation von Airbag-Algorithmen herangezogenen Lastfälle in drei Hauptkategorien unterteilt:

1. Misuse- und No-Fire-Lastfälle
2. Must-Fire-Lastfälle mit mittlerer Crashintensität
3. Must-Fire-Lastfälle mit hoher Crashintensität

Die Klassifizierung der Lastfälle in die Must-Fire- und No-Fire-Kategorien wird bei der Betrachtung einer prädiktiven Aktivierung von Rückhaltemitteln vor t_0 eine zentrale Bedeutung einnehmen.

Zum besseren Verständnis der einzelnen Lastfälle werden diese am Beispiel der Anforderungen in der Europäischen Union dargelegt. Die UNECE (United Nations Economic Commission for Europe) definiert mit einer Reihe von UN-Regelungen die Anforderungen an den Insassen- und Fußgängerschutz [28]. Diese sind für alle EU-Mitgliedstaaten gesetzlich bindend und gehören direkt zur Homologation von Fahrzeugen. Die für die Lastfälle der Crash-Sensorik insbesondere relevanten Regelungen werden in der Tabelle 2.1 dargestellt.

Tabelle 2.1   Relevante UN-Regelungen Crash-Sensorik

Regelung	Art des Crashs	Lastfall
UN R94 [29]	Frontaufprall	40 % Offset bei 56 $\frac{km}{h}$
UN R95 [30]	Seitenaufprall	Deformierbare Barriere bei 50 $\frac{km}{h}$
UN R135 [31]	Seitlicher Pfahlaufprall	Starrer Pfahl bei 32 $\frac{km}{h}$
UN R137 [32]	Frontaufprall	40 % Offset bei 64 $\frac{km}{h}$

Beispiele weiterer relevanter Euro NCAP Must-Fire- sowie No-Fire- und Misuse-Lastfällen werden in der Tabelle 2.2 vorgestellt. Die Bewertung der UN- und Euro NCAP-Testprotokolle bezieht sich auf die Prüfkriterien wie Belastungswerte der Dummys sowie Deformationen und Intrusionen der Fahrzeugstruktur. Die Rückhaltesysteme werden nicht direkt, sondern nur in Bezug auf ihre Wirkung auf die Dummy-Belastungswerte, bewertet. Die konstruktiven Maßnahmen sowohl an der Karosserie als auch in der Fahrgastzelle beeinflussen die Rückhaltemittelstrategie zur Erreichung der geforderten Dummy-Belastungswerte. Aus der Rückhaltemittelstrategie werden die internen Anforderungen an die Zündzeiten der Rückhaltesysteme abgeleitet. Folglich wird die Crash-Sensorik zum limitierenden Faktor bei der Realisierung der Insassenschutzstrategie.

Tabelle 2.2 Must-Fire-, No-Fire- und Misuse-Lastfälle zur Applikation von Airbag-Algorithmen

Ursprung	Art des Crashs	Lastfall	Begründung
Euro NCAP [33]	Frontaufprall	50 $\frac{km}{h}$ MPDB, Barriere Offset	Insassenschutz
Euro NCAP [34]	Frontaufprall	50 $\frac{km}{h}$ starre Wand, volle Fahrzeugbreite	Insassenschutz
Euro NCAP [35]	Seitenaufprall	60 $\frac{km}{h}$ Barriere	Insassenschutz
Euro NCAP [36]	Seitenaufprall	32 $\frac{km}{h}$ starrer Pfahl	Insassenschutz
RCAR (No Fire) [37]	Front/Heck	15 $\frac{km}{h}$ Barriere	Versicherung
Misuse [10]	Schlagloch	60 $\frac{km}{h}$	Robustheit
Misuse [10]	Hammerschlag	Statisch	Robustheit

Die Crashstrukturen eines modernen Fahrzeugs sind darauf ausgelegt, bei einem Frontaufprall durch eine gezielte plastische Deformation die kinetische Energie zu absorbieren und die auf den Insassen wirkenden Verzögerungskräfte zu reduzieren [26]. Die Anforderung an die Zündzeit der Rückhaltemittel bei einem Frontaufprall wird in Abhängigkeit von der Insassenvorverlagerung und der Entfaltungszeit der Airbags bestimmt. Ganter et al. geben die typischen Zündzeiten für Rückhaltemittel im Frontaufprall in einem Bereich zwischen 10 ms und 50 ms an [10]. Bei einem Seitenaufprall steht dagegen ein deutlich kürzerer Deformationsweg zur Verfügung. Die Anforderungen an die Crasherkennung in einem Seitenaufprall sind deutlich höher und liegen bei bestimmten Lastfällen im Bereich von wenigen Millisekunden [13].

Zur Erfüllung der Sicherheitsziele führen die Fahrzeughersteller im Entwicklungsprozess eines neuen Fahrzeugprojekts Crash-Versuche durch und optimieren iterativ die Sicherheitssysteme entsprechend den internen und externen Anforderungen. Reale Crash-Versuche erfordern aufgrund der Vielzahl zu erfüllenden Anforderungen und der umfangreichen Anzahl an Lastfällen einen hohen zeitlichen und finanziellen Aufwand. Virtuelle Crash-Tests können besonders in den frühen Phasen des Entwicklungsprozesses eines neuen Fahrzeugprojekts viele Vorteile bringen. Hierzu zählt die Prognose von Deformationsmustern im Crash [38], die eine Grundlage für die Auslegung der Crash-Sensorik darstellt. Der digitale Zwilling des Fahrzeugs kann in einem FEM-Berechnungsprogramm in unterschiedlichen Szenarien gecrasht werden. Virtuelle Crash-Sensoren reproduzieren das Verhalten realer Crash-Sensoren und messen Signalverläufe, die von Crash-Algorithmen analysiert werden. Neben der Auslegung der Crash-Sensoren auf die extern definierten Lastfälle, werden in der Simulation auch andere Kollisionskonfigurationen betrachtet. Die Verwendung von Barrieren und Pfählen anstelle von PKW-PKW-Kollisionen in Euro NCAP- und UNECE-Testprotokollen beruht auf der Notwendigkeit der Reproduzierbarkeit und Standardisierung der Tests. In der virtuellen Auslegung können dagegen unterschiedlichste PKW-PKW-Kollisionen simulativ bewertet werden. Auch die Absicherung von Misuse-Lastfällen wird simulativ unterstützt [39, 40]. So schließt sich die Lücke zwischen den wenigen vorgegebenen Stützstellen und der Auslegung der Sicherheitssysteme für eine möglichst große Bandbreite an Unfällen.

Pre-Crash-Sicherheitssysteme werden im Zeitraum vor der Kollision aktiviert und können mit der beschriebenen In-Crash-Sensorik nicht adressiert werden. Die Grundlagen der Pre-Crash-Sicherheitssysteme werden im nächsten Unterkapitel erläutert.

2.1.3   Pre-Crash-Sicherheitssysteme

Teile des vorliegenden Unterkapitels basieren auf dem Journalartikel „Predictive Vehicle Safety—Validation Strategy of a Perception-Based Crash Severity Prediction Function", der im Rahmen dieser Dissertation entstanden ist [41].

Das Konzept der wahrnehmungsbasierten Pre-Crash-Sicherheitssysteme reicht mindestens fünf Jahrzehnte zurück [42]. Der Einsatz von Radar zur prädiktiven Sensierung von Kollisionen wird von Grimes et al. bereits im Jahr 1972 kritisch diskutiert [42]. Die Autoren betonen die Unfähigkeit der damals zur Verfügung stehenden Radarsensoren, Hindernisse korrekt zu erfassen und in gefährliche und ungefährliche Kategorien zu klassifizieren. Im Jahr 2000 beschreibt Moritz eine Strategie zur Auslösung von reversiblen Pre-Crash-Systemen anhand von Informationen der Radarsensoren [43] und betont die Einschränkungen in der Präzision solcher Systeme.

Nach dem aktuellen Stand der Technik werden weitere Umfeldsensoren, wie Kamera- oder LIDAR-Sensoren zur Perzeption der Umgebung und Erstellung der Objektlisten verwendet [44]. Die Sensordatenfusion aus Kamera, Radar und LIDAR nimmt bei der Entwicklung von hochautomatisierten und autonomen Fahrzeugen eine zentrale Rolle ein. In der Pre-Crash-Sensorik kommt ein Sensorset, bestehend aus Kamera- und Radarsensoren zum Einsatz. Kamerabasierte Bildverarbeitung ermöglicht eine präzise Objektklassifizierung mit den Methoden des maschinellen Lernens. Radarsensoren liefern robuste Distanz- und

Geschwindigkeitsmessungen dieser Objekte. Die Sensordatenfusion ermöglicht zudem eine redundante Verifizierung der Objekte und dient der Absicherungsstrategie von Fahrerassistenz- und Sicherheitsfunktionen. Somit erhalten einzelne Pre-Crash-Systeme nicht die sensorischen Rohdaten, sondern bereits verarbeitete Objektlisten. Diese enthalten Informationen wie die Objektklasse, Distanz, relative Geschwindigkeit und TTC (Time to Collision) zum Objekt.

In Abbildung 2.5 wird eine mehrstufige Pre-Crash-Prädiktion sowie die dafür erforderlichen und prädizierten Informationen schematisch dargestellt. Der Unterschied zwischen den drei Vorhersage-Stufen wird folglich näher erläutert:

1. Crash-Prädiktion
2. Crash-Schwere-Prädiktion
3. Verletzungsschwere-Prädiktion

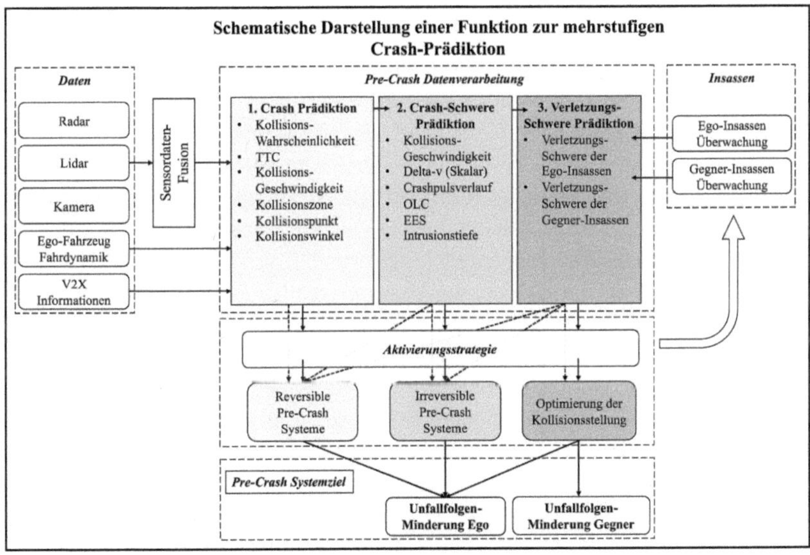

Abbildung 2.5 Schematische Darstellung einer mehrstufigen Crash-Prädiktion und generischer Pre-Crash-Systeme. (Angepasst nach [41] und [45][2])

[2] Angepasst nach Putter et al., "Predictive Vehicle Safety—Validation Strategy of a Perception-Based Crash Severity Prediction Function," *Applied Sciences*, vol. 13, no. 11, p. 6750, 2023, unter der Creative Commons Attribution 4.0 Lizenz.

Die Crash-Prädiktion verfolgt das Ziel, die Wahrscheinlichkeit einer bevorstehenden Kollision in Echtzeit zu prädizieren. Als relevante Signale werden die Kollisionswahrscheinlichkeit, die TTC und die Kollisionskonfiguration prädiziert. Die Kollisionskonfiguration wird im Weiteren durch die prädizierten In-Crash-Variablen definiert. Dazu gehören die relative Kollisionsgeschwindigkeit, der Kollisionswinkel sowie die Kollisionszone bzw. der Kollisionspunkt für beide unfallbeteiligten Fahrzeuge zum Zeitpunkt t_0. Eine Crash-Prädiktion erfordert keine Kenntnis über die Struktureigenschaften der beiden kollidierenden Fahrzeuge. Die Vorhersage erfolgt ausschließlich auf Signalen der Ego-Fahrdynamik sowie der von Sensordatenfusion bestimmten Umgebungsinformationen. Ein Trajektorien-Generator berechnet in Echtzeit die möglichen fahrdynamischen Zustände für das Ego- und Gegner-Fahrzeug, die zu einer Kollision oder Kollisionsvermeidung führen können. Die Crash-Prädiktion ermöglicht die Aktivierung von reversiblen Pre-Crash-Systemen.

Die Prädiktion der Crash-Schwere gestaltet sich als eine deutlich komplexere, nachgelagerte Aufgabe. Zusätzlich zu den im ersten Schritt prädizierten Informationen sollen die technischen Crash-Schwere-Maße prädiziert werden. Neben der Kollisionsgeschwindigkeit gehören dazu bspw. der Delta-v-Wert, der Crashpulsverlauf, das EES, die Insassenvorverlagerung in der Kollision, auch OLC (Occupant Load Criterion) genannt, und die Intrusionstiefe. Insbesondere die Crashpulse sowie der daraus bestimmbare OLC-Wert sind für die Auslösung der Rückhaltesysteme relevant. Die Vorhersage der Crashpulse erfordert neben der präzise prädizierten Kollisionskonfiguration die Kenntnis über die strukturellen Eigenschaften des Gegner-Fahrzeugs. Eine robuste Crash-Schwere-Prädiktion ist die Voraussetzung für die Aktivierung von irreversiblen Pre-Crash-Systemen.

Die Vorhersage der möglichen Verletzungsschwereverteilung in der Abhängigkeit von der prädizierten Kollisionskonfiguration und der Crash-Schwere würde die Optimierung der Kollisionsstellung ermöglichen. Diese Art der Prädiktion erfordert die ersten zwei Prädiktionsstufen sowie zusätzliche Informationen über die Insassenkonfiguration. Ein Ansatz des maschinellen Lernens zur Schätzung der Trajektorie der niedrigsten Verletzungsschwere für unvermeidbare Kollisionen wird in [46] vorgestellt. Eine in Echtzeit prädizierte Verletzungsschwere ist in der Forschung denkbar, jedoch aufgrund der Komplexität der Modelle zum aktuellen Stand der Technik für Echtzeit-Anwendungen nicht realisierbar. Darüber hinaus entsteht ein Interessenkonflikt zwischen der Sicherheit von Ego- und Gegnerinsassen. Der Schutz anderer Verkehrsteilnehmer wird zudem durch die Norm ISO/PAS 21448 direkt adressiert und darf nicht vernachlässigt werden. Der Interessenkonflikt kann durch die technische Crash-Schwere-Prädiktion nicht gelöst, sondern lediglich sichtbar gemacht werden.

Zur Optimierung der Kollisionsstellung wäre somit die Vorhersage nicht nur von Ego-, sondern auch von Gegnerinsassen notwendig. Dies ist aufgrund der Komplexität der Modelle zum derzeitigen Stand der Technik nicht möglich und gehört daher nicht zum Umfang der in dieser Arbeit betrachteten Funktion. Darüber hinaus wurden ethische Herausforderungen bei der Entscheidungsfindung bei Unfällen mit automatisierten Fahrzeugen identifiziert und sind bis heute ein ungelöstes Problem [47].

In Serienfahrzeugen eingesetzte Pre-Crash-Systeme können als reversible und wenig invasive Pre-Crash-Systeme betrachtet werden. Zur besseren Differenzierung der in dieser Arbeit betrachteten Systeme wird im Folgenden eine eigene Arbeitsdefinition vorgeschlagen, welche Pre-Crash-Systeme in drei Kategorien unterteilt:

- Reversibel und minimal-invasiv
- Reversibel und invasiv
- Irreversibel

Reversible und minimal-invasive PCS sind bspw. der reversible Gurtstraffer mit einem niedrigen Gurtkraftniveau sowie die Vorkonditionierung des Fahrzeugs vor der Kollision [6–8]. Der reversible Gurtstraffer mit einem hohen Gurtkraftniveau wird im Rahmen dieser Arbeit als invasives PCS definiert. Irreversible Sicherheitssysteme sind bspw. die Zündung von Airbags oder die pyrotechnische Gurtstraffung vor der Kollision. Weitere Beispiele für Pre-Crash-Systeme sind die Airbag-Vorkonditionierung [45], die Minderung der Crash-Schwere bei unvermeidbaren Kollisionen durch Optimierung der Kollisionsstellung [46] sowie die prädiktive Sitzverstellung in hochautomatisierten Fahrzeugen [48].

Ein ganzheitlicher Top-down-Ansatz, bei dem der Insassenschutz im Vordergrund steht, wurde von Grotz et al. vorgestellt [49]. Dieser soll durch wahrnehmungsbasierte Crash-Prädiktion und Optimierung von Rückhaltestrategien erreicht werden. Anhand einiger Beispielszenarien werden PKW-PKW-Kollisionen mit FEM-Berechnungssoftware simuliert. Daraufhin folgen Simulationen mit virtuellen Dummy-Modellen, um die Wirksamkeit der Rückhaltesysteme bei nominalen und optimierten Zündzeiten anhand der Verletzungswerte der Dummys zu bewerten. Durch die Analyse der Verletzungswerte können Grotz et al. ein Sicherheitspotenzial optimierter Rückhaltestrategien aufzeigen. Die Autoren stellen drei Ausführungsstufen von wahrnehmungsbasierten Schutzstrategien vor [49]:

1. Zündung nach t_0 mit einer früheren Zündzeit
2. Zündung vor t_0 bei konventionellen Innenraumkonzepten
3. Zündung vor t_0 zur Ermöglichung neuer Innenraumkonzepte

Die Vorteile einer prädiktiven Auslösung der Rückhaltemittel werden in vielen weiteren Studien diskutiert. Mages, Seyffert und Class zeigen den Vorteil einer reduzierten Vorverlagerung der Insassen bei einem Frontaufprall für eine reversible Pre-Crash-Gurtvorspannung im Vergleich zu herkömmlichen Gurtsystemen [50]. Die Auswirkungen einer automatischen Notbremsung (AEB) in Kombination mit unterschiedlichen Gurtkräften von 0 N, 300 N und 600 N bei schweren Frontalaufprällen wurden von [51] untersucht. Das Risiko einer Rippenfraktur reduzierte sich dabei proportional zur Erhöhung der Gurtkraft.

Der Einsatz solcher PCS erfordert jedoch eine präzise Prädiktion nicht nur der Kollision und der Kollisionsstellung, sondern auch der technischen Schwere der Kollision. Orientiert man sich an der konventionellen In-Crash-Sensierung, so könnte die vorausschauende Berechnung der Beschleunigung während der Kollisionsphase als Ersatzsignal zur Aktivierung von irreversiblen Rückhaltesystemen in der Pre-Crash-Phase dienen. Eine Abschätzung der Crash-Schwere einer Kollision, basierend auf der vorhergesagten Kollisionskonfiguration, wurde von Müller et al. vorgestellt [52]. Der Ansatz kombiniert **maschinelles Lernen** (**ML**) und ein 2D-Masse-Feder-Dämpfer-Modell, um die Verteilung der zu erwartenden Crashimpulse nach dem Crash vorherzusagen.

Weitere Anwendungsbeispiele prädiktiver ML-Modelle finden sich in der Automobilindustrie auch außerhalb des Bereichs der Fahrzeugsicherheit. So untersuchen beispielsweise Altun et al. die Verwendung **künstlicher neuronaler Netzwerke** (**KNN**) zur Vorhersage dynamischer Belastungen auf Strukturkomponenten im Fahrzeug [53].

Die Methoden zur Absicherung von PCS werden in Abschnitt 3.1 erläutert, wobei der Fokus insbesondere auf invasive und irreversible Pre-Crash-Systeme gesetzt wird.

2.2 Maschinelles Lernen zur Mustererkennung

Teile des vorliegenden Unterkapitels basieren auf dem Journalartikel „Predictive Vehicle Safety—Validation Strategy of a Perception-Based Crash Severity Prediction Function", der im Rahmen dieser Dissertation entstanden ist [41].

Maschinelles Lernen eröffnet neue Möglichkeiten zur Prädiktion und Mustererkennung komplexer Zusammenhänge, welche in der Fahrzeugsicherheit und Unfallforschung Anwendung finden. Zum Verständnis des Standes der Wissenschaft in Abschnitt 3.2 sowie der in Abschnitt 5.3 eingesetzten Verfahren des maschinellen Lernens werden in diesem Kapitel die notwendigen Grundlagen erläutert.

2.2.1 Verfahren des maschinellen Lernens

Die Methoden des maschinellen Lernens finden im Rahmen der Unfalldatenanalyse vermehrt Einsatz. Überwachte Algorithmen des maschinellen Lernens sind beispielsweise die Klassifikation oder Regression. Bei Anwendung auf Unfalldaten verfolgen diese in der Regel das Ziel, ein Modell zu erstellen, welches die unfallbezogenen Merkmale auf der Grundlage definierter Inputs vorhersagt. Zum Beispiel die Vorhersage der Verletzungsschwere der Insassen auf Basis der technischen Unfallschwere einer Kollision. Algorithmen des überwachten Lernens benötigen jedoch gelabelte Trainingsdaten, um ein mathematisches Modell zu erstellen. Zu den am häufigsten verwendeten Algorithmen des überwachten maschinellen Lernens für Unfalldaten gehören Classification and Regression Trees (CART), Random Forest, k-Nearest Neighbors (k-NN) und Support Vector Machines (vgl. Abschnitt 3.2).

Unüberwachtes Lernen hingegen zielt darauf ab, Muster in nicht gelabelten Daten zu erkennen. Im Gegensatz zum überwachten Lernen gibt es keine explizite Trennung zwischen Trainings- und Testdatensatz. Stattdessen werden alle verfügbaren Daten genutzt, um Muster innerhalb des Datensatzes zu erkennen. Die Validierung erfolgt anhand von spezifischen Clusterqualitätskriterien. Eine der Hauptanwendungen des unüberwachten Lernens auf Verkehrsunfalldaten besteht in der Identifikation unbeobachteter Muster innerhalb von Unfallereignissen. Ein häufig verwendetes Verfahren des unüberwachten maschinellen Lernens ist die Clusteranalyse oder das Clustering. Die Clusteranalyse ist eine explorative Datenanalysetechnik, die darauf abzielt, einen Datensatz in möglichst unterschiedliche Gruppen zu unterteilen, wobei die Datenpunkte innerhalb der Gruppen so ähnlich wie möglich und die Cluster möglichst unterschiedlich sein sollten. Die grundlegenden Konzepte des Clusterings und der Validierung von Clustering-Ergebnissen werden von Halkidi et al. vorgestellt [54]. Die Hauptgruppen von Clustering-Algorithmen lassen sich in folgende Kategorien unterteilen:

- partitionierendes Clustering
- hierarchisches Clustering
- dichtebasiertes Clustering
- modellbasiertes Clustering
- gridbasiertes Clustering
- graphbasiertes Clustering

Jede der Hauptgruppen hat ihre Stärken und wird für unterschiedliche Arten von Datenanalysen verwendet. Im Folgenden werden die in Abschnitt 5.3 verwendeten Clustering-Gruppen näher erläutert.

2.2.1.1 Partitionierende Clustering-Verfahren

Der **K-Means-Algorithmus** wurde erstmals im Jahr 1957 von Lloyd vorgeschlagen [55], wobei der Begriff K-Means erst später eingeführt wurde [56]. K-Means gehört zu den bekanntesten Clustering-Algorithmen aus der Gruppe der partitionierenden Verfahren. Er basiert auf einer iterativen Optimierung und weist Datenpunkte Clustern zu, basierend auf der Minimierung der Datenpunktestreuung innerhalb eines Clusters (**Intra-Cluster-Varianz**) und der zuvor definierten Anzahl von Clustern k. Der Kern des Algorithmus basiert auf der Minimierung der **Sum of Squared Errors (SSE)** innerhalb der Cluster und entspricht der Optimierung der folgenden Zielfunktion [57].

$$J = \sum_{i=1}^{k} \sum_{x \in C_i} \| x - \mu_i \|^2$$

Mit:

- J = Summe der quadrierten Abstände
- k = Anzahl der Cluster
- C_i = Cluster i
- x = Datenpunkt im Cluster C_i
- μ_i = Mittelpunkt des Clusters C_i
- $\| x - \mu_i \|^2$ = quadratischer euklidischer Abstand zwischen Punkt x und Cluster-Zentrum m_i

Der Algorithmus kann in den folgenden vier Schritten beschrieben werden [57]:

1. Zufällige Auswahl von k Cluster-Zentren μ_i
2. Zuweisung der Punkte x zu den Clustern. Dabei wird ein Punkt x einem Cluster C_i zugeordnet, wenn der Abstand zu μ_i kleiner ist als zu jedem anderen Cluster-Zentrum
3. Berechnung neuer Repräsentanten der Cluster μ_i
4. Wiederholung der Schritte 2 und 3 bis zur Konvergenz

Abbildung 2.6 zeigt eine zweidimensionale Visualisierung der Ergebnisse des K-Means-Algorithmus mit vier Clustern.

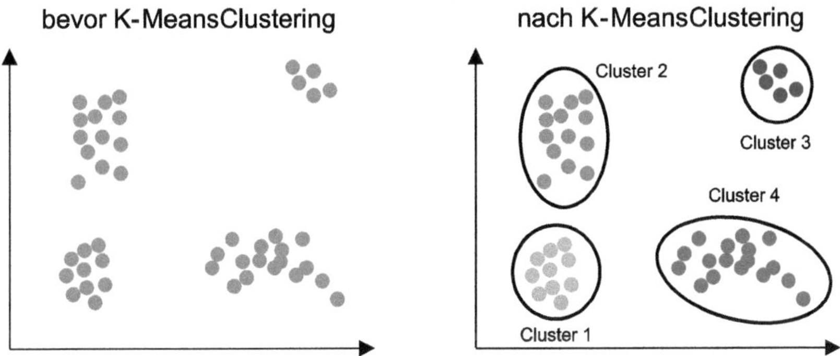

Abbildung 2.6 K-Means-Algorithmus mit 4 Clustern

Der K-Means-Algorithmus ist einfach zu implementieren, gut skalierbar auf größere Datensätze und lässt sich flexibel für viele Anwendungsfälle einsetzen. Zu den Nachteilen von K-Means gehört der allgemeine Nachteil der partitionierenden Clustering-Verfahren, dass die Anzahl der Cluster bereits vor der Durchführung angegeben werden muss. Zudem ist der Algorithmus empfindlich gegenüber großen Ausreißern, die die Cluster-Zentren stark verschieben können. Des Weiteren ist der Algorithmus empfindlich gegenüber der Initialisierung und kann bereits zu Beginn in lokale Minima fallen [58]. Einige dieser Nachteile werden durch modifizierte Algorithmen wie K-Means++ und K-Medoids adressiert [57].

K-Means++ ist eine optimierte Version des K-Means-Algorithmus und wählt nur das erste Cluster-Zentrum komplett zufällig. Die nächsten Cluster-Zentren werden mit einer höheren Wahrscheinlichkeit für weiter entfernte Punkte von bereits zugeordneten Cluster-Zentren gewählt [57].

Der **K-Medoids**-Algorithmus wählt im Gegensatz zum im K-Means berechneten arithmetischen Mittelwert einen tatsächlich vorhandenen Datenpunkt als Cluster-Zentrum. Zudem können beliebige Distanzmaße, wie beispielsweise die Manhattan-Distanz, definiert werden. Der Algorithmus ist robuster gegenüber Ausreißern, performt jedoch langsam bei großen Datensätzen [54].

2.2.1.2 Hierarchische Clustering-Verfahren

Die **hierarchische Clusteranalyse** hat einige Stärken gegenüber den partitionierenden Clustering-Verfahren. Zum einen ist die Angabe der Cluster-Anzahl nicht erforderlich, was eine nachträgliche Entscheidung über die Anzahl der Cluster ermöglicht. Zum anderen wird eine vollständige Cluster-Hierarchie durch Dendrogramme visualisiert und ermöglicht so einen detaillierten Einblick in die Clusterbeziehungen [57]. Zudem kann hierarchisches Clustering auch kleine Cluster gut erkennen. Das hierarchische Clustering wird in zwei Hauptkategorien unterteilt. **Divisive Verfahren (Top-down Ansatz)**, in dem alle Datenpunkte zunächst zu einem Cluster gehören und dann schrittweise in kleinere Cluster aufgeteilt werden. **Agglomerative Verfahren (Bottom-up Ansatz)**, in dem jeder Datenpunkt zunächst ein eigenes Cluster bildet und dann schrittweise zu immer größeren Clustern aggregiert wird.

Zu den Nachteilen gehört neben dem höheren Rechenaufwand auch die nicht iterative Vorgehensweise bei der Clusterbildung. Zusammengeführte Cluster können im Gegensatz zu K-Means nicht mehr neu zugeordnet werden. Die Wahl der richtigen **Linkage-Methode** hat einen entscheidenden Einfluss auf das Clustering-Ergebnis. Diese bestimmt, wie der Abstand zwischen den Clustern berechnet wird. Auch die mögliche Auswahl der Distanz- und Ähnlichkeitsmaße beim hierarchischen Clustering ist vielfältig.

Die für diese Arbeit relevanten Linkage-Methoden werden in einer kurzen Übersicht erläutert. Beim **Single-Linkage** wird der minimale Abstand aller Elementpaare aus den beiden Clustern berechnet. Das Verfahren neigt zur Kettenbildung und ist anfällig für Ausreißer, erkennt jedoch komplexe Cluster-Formen. **Complete-Linkage** berechnet den maximalen Abstand aller Elementpaare aus den beiden Clustern. Kompakte, gut getrennte Cluster werden dadurch bevorzugt, was zur Bildung gleichmäßiger Cluster-Größen führen kann. Beim **Centroid-Linkage** wird der Abstand der Zentren der beiden Cluster berechnet. Das Verfahren ist weniger anfällig für Kettenbildung als Single-Linkage. Beim **Average-Linkage** werden die Abstände von allen Elementen beider Klassen zueinander berechnet. Daraus wird der durchschnittliche Abstand aller Elementpaare berechnet. Dabei können die Cluster unschärfer definiert sein als bei Complete-Linkage. Das Verfahren ist gut geeignet für unterschiedliche Cluster-Größen [57]. Die **Ward-Linkage**-Methode wählt die Fusion so, dass die Zunahme der Gesamtvarianz innerhalb der Cluster minimiert wird [59]. Das Verfahren tendiert zu kompakten, gleichmäßig großen Clustern und eignet sich besonders für metrische Daten mit homogenen Gruppierungen.

2.2.2 Bewertungsmetriken des maschinellen Lernens

Bei Klassifikations- und Regressionsverfahren des maschinellen Lernens werden üblicherweise ein Trainingsdatensatz zum Trainieren und ein Testdatensatz mit unbekannten Daten zum Testen des Modells verwendet. So kann die Generalisierungsfähigkeit des Modells auf unbekannten Daten validiert werden.

Da beim unüberwachten maschinellen Lernen keine Labels verwendet werden, stellt die Validierung von Clustering-Ergebnissen ein herausforderndes Problem dar. Die Validierung hängt dabei stark von den verwendeten Daten und dem Ziel der Cluster-Analyse ab. Im Vordergrund steht die Bewertung, ob die Zuordnung der Datenpunkte zu unterschiedlichen Clustern sowie die Anzahl der Cluster korrekt erfolgt ist.

Halkidi et al. präsentieren die drei Hauptansätze zur Untersuchung der Validität der Cluster [54]. Diese basieren auf externen, internen und relativen Gütekriterien. Für **externe Validierungskriterien** ist wie bei Klassifikation und Regression der Vergleich mit bekannter Wahrheit, also extern bereitgestellten Labels notwendig. **Interne Validierungskriterien** bewerten die Qualität einer Cluster-Analyse ohne die Verwendung von externen Labels. Interne Kriterien basieren auf der Bewertung der Ähnlichkeit innerhalb eines Clusters (Kohäsion) sowie der Distanz zwischen den Clustern (Separation) [57]. **Relative Validierungskriterien** vergleichen verschiedene Clustering-Ergebnisse miteinander auf der Suche nach dem besten Modell. So können bspw. auch identische Clustering-Verfahren mit unterschiedlicher Anzahl der Cluster verglichen werden.

Die mathematischen Grundlagen der in Abschnitt 5.3 verwendeten Validierungskriterien werden genauer erläutert. Zunächst werden die Begriffe **Kohäsion** und **Separation** nach Pfitzner et al. eingeführt [60]. Die Cluster-Kohäsion ist ein Maß für die interne Ähnlichkeit innerhalb eines Clusters und gibt an, wie stark die Datenpunkte im Cluster verwandt sind. Sie wird bspw. durch die bereits erläuterte SSE gemessen.

Die Cluster-Separation ist ein Maß für die Inter-Cluster-Unähnlichkeit. Sie gibt an, wie gut die einzelnen Cluster voneinander getrennt sind. Sie wird üblicherweise durch die **Between Cluster Sum of** Squares (**BSS**) gemessen.

$$BSS = \sum_{i=1}^{k} |C_i| * \| \mu_i - \mu \|^2$$

Mit:

- k = Anzahl der Cluster
- $|C_i|$ = Anzahl der Datenpunkte im Cluster C_i
- μ = Gesamtschwerpunkt (Mittelwert aller Datenpunkte im Datensatz)
- $\| \mu_i - \mu \|^2$ = quadratischer euklidischer Abstand zwischen dem Cluster-Zentrum μ_i und dem Gesamtschwerpunkt μ

Die gesamte Streuung der Daten kann als Summe aus **WCSS** und **BSS**, auch **TSS** (**Total Sum of Squares**) genannt, angegeben werden.

$$TSS = WCSS + BSS$$

Der **Distortion-Score** wird insbesondere beim partitionierenden Clustering verwendet, um die Qualität der Cluster zu bewerten. Er basiert auf der WCSS und misst die Verzerrung (Distortion) innerhalb der Cluster. Ein abnehmender Distortion-Score weist auf eine bessere Clusterzuordnung hin und hilft bei der Identifizierung der optimalen Clusteranzahl. Ein hoher Distortion-Score bedeutet, dass die Datenpunkte von ihren Cluster-Zentren weit entfernt sind. Er ist, wie in der unten stehenden Formel dargestellt, definiert. Wobei N die Gesamtanzahl der Datenpunkte angibt.

$$D = \frac{WCSS}{N}$$

Rousseeuw präsentiert den **Silhouette-Koeffizienten** als eine weitere Metrik zur Bewertung der Qualität eines Clustering. Dieser misst die Kohäsion und Separation der einzelnen Datenpunkte und ist besonders für die Bewertung von hierarchischem und partitionierendem Clustering geeignet. Der Silhouette-Koeffizient ist also ein allgemeines Maß dafür, wie nah ein Datenpunkt im Vergleich zu anderen Clusterzentren an seinem eigenen Clusterzentrum liegt [61]. Der Wertebereich reicht von $-1{,}00$ (Minimalwert) bis $1{,}00$ (Maximalwert).

Ein großer Silhouette-Koeffizient nahe 1,00 bedeutet, dass die Clusterbildung eine sehr starke Struktur aufweist, während 0,00 überhaupt keine Struktur erkennen lässt. Ein negativer Silhouette-Koeffizient gibt an, dass ein Objekt dem falschen Cluster zugewiesen wurde. Der **Silhouette-Score** berechnet den Mittelwert aller Silhouette-Koeffizienten innerhalb der geclusterten Daten. Der Silhouette-Koeffizient wird wie folgt berechnet.

$$s(x_i) = \frac{b(x_i) - a(x_i)}{\max(a(x_i), b(x_i))}$$

Mit:

- $a(x_i)$ = die mittlere Intra-Cluster Distanz
- $b(x_i)$ = die kleinste Inter-Cluster Distanz

Der Silhouette-Score wird wie folgt definiert.

$$S = \frac{1}{N} \sum_{i=1}^{N} s(x_i)$$

Eine weitere Validierungsmetrik, die sich insbesondere für große Datensätze als effizient erweist, ist der **Calinski-Harabasz-Index** (CHI). Ein hoher CHI-Wert weist auf eine starke Kohäsion und gute Clustertrennung hin. Der Calinski-Harabasz-Index basiert auf der Gesamtvarianz (TSS).

$$CHI = \frac{BSS/(k - 1)}{WCSS/(N - k)}$$

Stand der Wissenschaft und Ableitung der Forschungsfragen 3

In diesem Kapitel wird der Stand der Technik und der Wissenschaft zur Absicherung von Pre-Crash-Systemen sowie zur Extraktion von repräsentativen Testszenarien aus Unfalldaten dargestellt. Im Hinblick auf das in Kapitel 1 definierte Ziel der Arbeit wird der Stand der Wissenschaft kritisch diskutiert. Basierend auf den identifizierten Forschungslücken werden die zentralen Forschungsfragen dieser Arbeit abgeleitet.

3.1 Methoden zur Validierung von Pre-Crash-Systemen

Teile des vorliegenden Unterkapitels basieren auf dem Journalartikel „Predictive Vehicle Safety—Validation Strategy of a Perception-Based Crash Severity Prediction Function", der im Rahmen dieser Dissertation entstanden ist [41].

In diesem Unterkapitel werden die Methoden zur Absicherung von Pre-Crash-Systemen erläutert, der Fokus liegt dabei insbesondere auf invasiven und irreversiblen Pre-Crash-Systemen. Zur besseren Einordnung werden zunächst die relevanten internationalen Normen zum Entwickeln und Absichern von sicherheitsrelevanten Funktionen vorgestellt.

Sicherheitskritische elektrische und elektronische (E/E) Systeme in Straßenfahrzeugen werden gemäß den in der Norm **ISO 26262:2018** [62] festgelegten internationalen Anforderungen an die funktionale Sicherheit entwickelt. Die Norm adressiert sowohl systematische als auch zufällige Fehler auf System-, Hardware- und Softwareebene, um die Anforderungen an die funktionale und technische Sicherheit zu gewährleisten. Im Rahmen dieses Prozesses erfolgt eine **Gefährdungsanalyse und Risikobewertung (GuR)**, um potenzielle Gefahren

R. Putter, *Prädiktive Unfallerkennung – Validierungsmethodik und Sicherheitspotenziale*, AutoUni – Schriftenreihe 182, https://doi.org/10.1007/978-3-658-50650-6_3

sowie deren Risiken unter den realen Betriebsbedingungen zu identifizieren. Auf Grundlage der GuR wird das System in eine der **Automotive Safety Integrity Level (ASIL)** Kategorien klassifiziert. Die ASIL-Klassifizierung dient der Spezifikation der Sicherheitsanforderungen an das System und gibt das tolerierbare Risiko sowie die akzeptable Wahrscheinlichkeit eines Systemausfalls vor. Die ASIL-Klassifizierung stellt eine Risikobewertung dar, welche auf den drei Faktoren Schwere der möglichen Verletzungen (**S**), Expositionswahrscheinlichkeit (**E**) und Kontrollierbarkeit (**C**) basiert. Die niedrigste sicherheitsrelevante ASIL-Klassifizierung gemäß ISO 26262 ist ASIL A, wobei ASIL D die höchste Stufe darstellt. Darüber hinaus wird die Kategorie QM (Qualitätsmanagement) für Systeme mit geringer Sicherheitsrelevanz verwendet. Diese Kategorie fällt unter die Verantwortung des übergeordneten Qualitätsmanagements.

Neben der ISO 26262 adressiert die Norm **ISO 21448 (SOTIF)** die Sicherheit der beabsichtigten Funktionalität in Straßenfahrzeugen [63]. Die Norm behandelt funktionale Unzulänglichkeiten des Systems auf Fahrzeugebene sowie den vorhersehbaren Missbrauch. Die SOTIF-Norm soll die etablierten Normen wie ISO 26262 nicht ersetzen, sondern ergänzen, indem Aspekte adressiert werden, die nicht auf klassische Systemausfälle zurückzuführen sind. Insbesondere bei der Entwicklung fortschrittlicher **Fahrerassistenzsysteme (FAS)** und des **hochautomatisierten Fahrens (HAF)** findet die SOTIF-Norm ihre Anwendung. Im Rahmen der SOTIF-Analyse werden die Systemgrenzen, insbesondere Sensoren, Steuergeräte und Aktoren, berücksichtigt. Zu diesem Zweck wird die beabsichtigte Funktionalität des Systems definiert und eine nach SOTIF erweiterte Gefährdungsanalyse und Risikobewertung (**SOTIF GuR**) durchgeführt, welche zusätzliche Gefährdungen und Risiken im Vergleich zur ISO 26262 identifizieren kann. Die SOTIF-Norm konzentriert sich auch auf das szenariobasierte Testen und klassifiziert die relevanten Anwendungsfälle in vier Kategorien: bekannte sichere Szenarien, bekannte unsichere Szenarien, unbekannte unsichere Szenarien und unbekannte sichere Szenarien. Während bekannte sichere Szenarien maximiert werden sollten, sind bekannte unsichere Szenarien durch Funktionsmodifikation zu minimieren. Unbekannte unsichere Szenarien sollen durch eine gezielte Suche nach weiteren möglichen Testszenarien identifiziert werden. Die unbekannten sicheren Szenarien sollen dabei systematisch in die bekannten sicheren Szenarien überführt werden. Diese Kategorisierung dient der systematischen Analyse potenzieller Risiken, die über die klassischen Systemausfälle hinausgehen und die Herausforderungen von wahrnehmungsbasierten Funktionen adressieren. Da es sich bei Pre-Crash-Systemen auch um wahrnehmungsbasierte und sicherheitsrelevante Systeme handelt, ist die Entwicklung ausschließlich nach ISO 26262 nicht ausreichend, und die Norm ISO 21448 sollte nach Grotz et al. ebenfalls berücksichtigt werden [49]. Das Optimierungsziel der Szenarienverteilung nach SOTIF wird in der Abbildung 3.1 dargestellt.

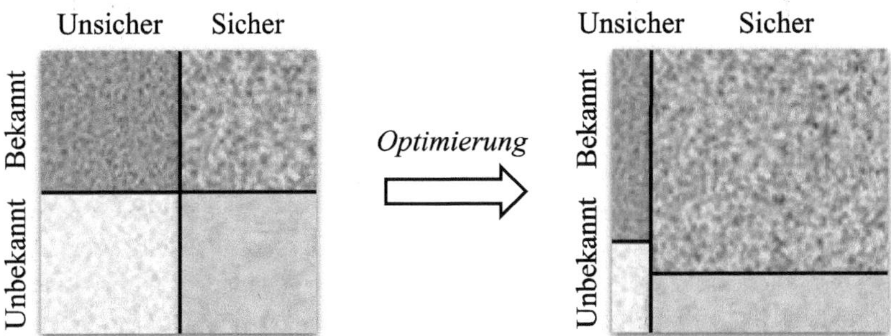

Abbildung 3.1 Optimierung der Szenarien-Verteilung nach SOTIF. (Erstellt nach ISO 21448 [63])

Die SOTIF-Norm kommt insbesondere bei der Entwicklung von FAS-/ HAF-Systemen zur Anwendung. Daher werden zunächst die gängigen Validierungsmethoden automatisierter Fahrfunktionen erläutert. Diese Tests können auf unterschiedlichen Ebenen stattfinden, die anhand eines V-Modells dargestellt werden. Das V-Modell, welches ursprünglich für die Softwareentwicklung konzipiert wurde [64], ist ein etabliertes Entwicklungsmodell in der Automobilindustrie und stellt einen wesentlichen Bestandteil in der Software- und Systementwicklung sicherheitskritischer Fahrzeugsysteme dar. Das Modell ist ein zentraler Bestandteil der Automotive SPICE (ASPICE)-Standards für die Bewertung und Verbesserung von Software-Entwicklungsprozessen in der Automobilindustrie [65].

Unterschiedliche Simulationsumgebungen und Tools können verwendet werden, um diverse virtuelle Fahrzeugdynamikmodelle, Sensoren, Steuergeräte und Fahrermodelle in Verkehrsumgebungen zu replizieren. Der Reifegrad der Testumgebung kann entlang der **XiL**-Verifikations- und Validierungsmethoden (**X-in-the-Loop**) beschrieben werden. Riedmaier et al. untersuchen, wie unterschiedliche XiL-Methoden für die virtuelle Zulassung automatisierter Fahrfunktionen genutzt werden können [66]. Am Beispiel einer automatisierten Längsführungsfunktion wird gezeigt, dass die Tests eine hohe Übereinstimmung zwischen realen und virtuellen Testverfahren zeigen.

Dabei können **MiL (Model-in-the-Loop)**-Testverfahren für die erste Validierung von Algorithmen und Systemverhalten bspw. durch den Einsatz mathematischer Testverfahren zur Überprüfung von Modelllogik durchgeführt werden. **SiL** (Software-in-the-Loop) beschreibt die Validierung der Softwareimplementierung innerhalb einer Simulationsumgebung mit dem Ziel, die Softwarelogik und das Algorithmusverhalten zu testen. **HiL (Hardware-in-the-Loop)**-Testverfahren basieren auf der Integration realer Hardwarekomponenten, wie Steuergeräte, Aktoren oder Sensoren und überprüfen die Software-Hardware-Kombination unter realitätsnahen Bedingungen. **ViL** (Vehicle-in-the-Loop) kommt bei der Validierung des Gesamtfahrzeugs zum Einsatz und findet im realen Fahrzeug oder in einer möglichst realistischen Testumgebung, etwa auf Prüfständen, statt. Die ViL-Tests dienen der Gesamtvalidierung und werden zusammen mit Testfahrten im Feld zur finalen Freigabe für die Serienproduktion verwendet.

Krishna Hema ordnet die ISO 26262 und ISO 21448 entlang des V-Modells ein [67]. Die Prozesskette wird modifiziert nach [67] und [68] mit Zuordnung der einzelnen XiL Testmethoden in der Abbildung 3.2 dargestellt. Dabei sollen die Erkenntnisse über die Unzulänglichkeiten des zu testenden Systems iterativ für die funktionalen Modifikationen zurückfließen.

Dona et al. präsentieren einen Überblick über den aktuellen Stand der Validierungsmethoden für virtuelle Testumgebungen für automatisierte Fahrsysteme [69]. Aufgrund der Einschränkungen physischer Tests wird die virtuelle Validierung als notwendig für die Zulassung von hochautomatisierten Fahrzeugen betrachtet. Als am weitesten verbreitete Methode wird die Validierung durch Reaktionsanalyse identifiziert. Dabei wird bewertet, ob die Simulationsergebnisse des Systems den erwarteten Ergebnissen entsprechen. Beispielsweise, ob ein Fahrerassistenzsystem angemessen auf ein vorgegebenes Szenario reagiert. Die Sensitivitäts- und Unsicherheitsanalyse, also die Untersuchung der Modellrobustheit gegenüber Variationen in den Eingangsparametern, wird dagegen als eine noch wenig entwickelte Methode zur Validierung von FAS-/HAF-Systemen identifiziert. Die Autoren weisen zudem auf die Unzulänglichkeiten von aktuellen Verfahren zur Validierung virtueller Sensormodelle hin [69]. Ein umfassender Überblick über die virtuellen Sensormodelle zum Testen von FAS-/HAF-Systemen wird von Schlager et al. vorgestellt [44]. Dabei werden signifikante Abweichungen zwischen realen und virtuellen Sensormodellen identifiziert, insbesondere bei der Berücksichtigung spezifischer Sensoreffekte und potenzieller Fehlerquellen. Die Autoren stellen ebenso fest, dass keine einheitliche Methode zur Validierung virtueller Sensormodelle existiert.

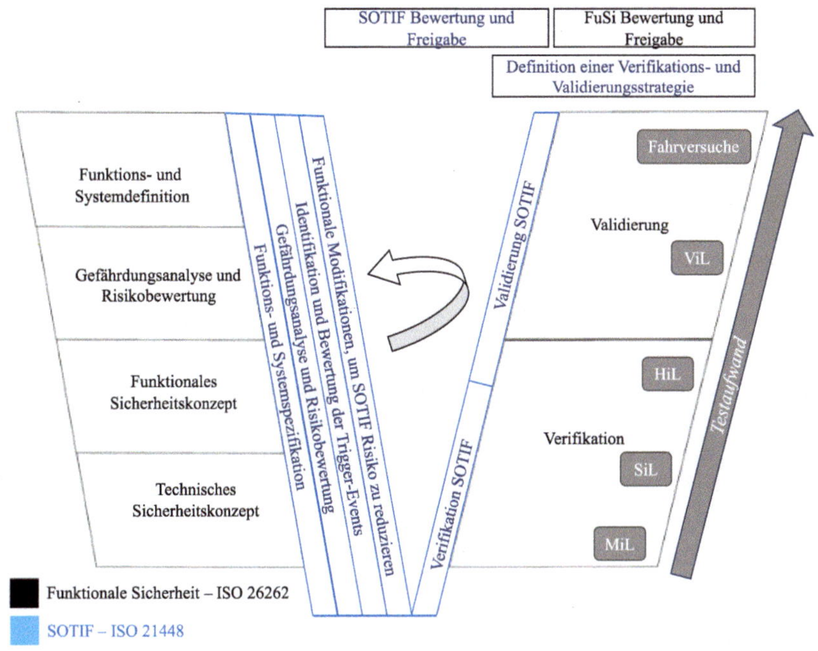

Abbildung 3.2 Validierungsprozess entlang von ISO 26262 und ISO 21448. (Angepasst nach [67] und [68])

Hallerbach et al. präsentieren eine simulationsbasierte Methodik zur Identifikation kritischer Szenarien für kooperative und automatisierte Fahrzeuge [68]. Es wird ein Ansatz verfolgt, bei dem anhand von synthetisch erzeugten Szenarien die Simulationen durchgeführt werden, um potenziell gefährliche Situationen frühzeitig im Entwicklungsprozess zu identifizieren. Dabei werden unterschiedliche Risikofaktoren, wie Sensorfehler, Kartenfehler oder das Fehlverhalten anderer Verkehrsteilnehmer berücksichtigt. Es werden jedoch keine realen und repräsentativen Unfallszenarien simuliert.

Unabhängig von der konkreten Testumgebung wird zur Reduktion der Komplexität des Testumfanges häufig der szenariobasierte Ansatz zur Absicherung komplexer Fahrfunktionen verwendet. Der szenariobasierte Ansatz findet Anwendung in vielen Arbeiten zur simulativen Effektivitätsbewertung von Fahrerassistenz- und aktiven Sicherheitsfunktionen [11, 70–72]. Dabei können sowohl aus realen Fahrdaten extrahierte als auch generische Szenarien zum Testen der Funktionen verwendet werden.

Menzel et al. präsentieren einen Ansatz zur Definition der Anforderungen an Darstellung von Szenarien entlang des Entwicklungsprozesses nach Norm ISO 26262 [73]. Es werden drei Abstraktionsebenen für Szenarien vorgeschlagen, die sich im Verlauf des Entwicklungsprozesses ineinander überführen lassen. Dabei definieren die Autoren die drei Ebenen als funktionale Szenarien, logische Szenarien und konkrete Szenarien.

Funktionale Szenarien bilden die abstrakteste Ebene von Szenarien und beschreiben generische Verkehrssituationen ohne konkrete Parameter. Beispielsweise „Ein Fahrzeug biegt an der Kreuzung nach links ab und bremst plötzlich". Diese Szenarien sollen in der Phase der Anforderungsspezifikation und Konzeptentwicklung verwendet werden. **Logische Szenarien** werden innerhalb eines vorgegebenen Parameterraums definiert. Beispielsweise „Ein Fahrzeug biegt an der Kreuzung mit einer Geschwindigkeit von 15 $\frac{km}{h}$ bis 30 $\frac{km}{h}$ nach links ab und bremst mit einer Verzögerung von 6 $\frac{m}{s^2}$ bis 10 $\frac{m}{s^2}$". Logische Szenarien kommen bspw. beim virtuellen Testen der Funktion zum Einsatz. **Konkrete Szenarien** sind vollständig spezifiziert und geben konkrete Werte für alle Parameter vor. Diese können sowohl zum virtuellen Testen verwendet werden, kommen aber auch häufig bei HiL-Tests und realen Fahr- und Crash-Versuchen zum Einsatz. Amersbach und Winner schlagen die Verwendung von konkreten Szenarien für Verifikations- und Validierungstests der Funktion vor [73]. Die Euro NCAP-Lastfälle sind vollständig spezifiziert und können auch als konkrete Testszenarien betrachtet werden.

Die Begriffe **Szene, Situation** und **Szenario** wurden von Ulbrich et al. im Kontext des automatisierten Fahrens definiert [74]. Dabei wird die Szene als eine Momentaufnahme aller relevanten statischen und dynamischen Elemente in der Umgebung beschrieben. Die Situation interpretiert die Szene in Bezug auf die Ziele und Aufgaben des Fahrzeugs. Ein Szenario ist die zeitliche Abfolge mehrerer Szenen und zeigt die Veränderung von Ereignissen über einen Zeitraum.

Zur Definition von Szenarien bzw. der Parameterräume schlagen Scholtes et al. ein Sechs-Ebenen-Modell vor [75], welches das Fünf-Ebenen-Modell von Schuldt erweitert [76]. Das Szenario kann durch die sechs folgenden Ebenen vollständig spezifiziert werden [75]:

1. Straßennetz (L1)
   - Geometrie, Topologie und Topografie der Straßen
2. Verkehrsinfrastruktur (L2)
   - Feste Objekte

3. Temporäre Modifikationen von L1 und L2 (L3)
   - Vorübergehende Änderungen wie z. B. Baustellenschilder, temporäre Markierungen
4. Dynamische Objekte (L4)
   - Verkehrsteilnehmer wie Fahrzeuge und Fußgänger, aber auch Tiere und andere bewegliche Hindernisse
5. Umweltbedingungen (L5)
   - Beleuchtung, Niederschlag, Straßenoberflächenzustand
6. Digitale Informationen (L6)
   - V2X-Informationen

Jedoch gibt es nur wenige Arbeiten, die sich explizit mit der Validierungsmethodik für Pre-Crash-Systeme im Kontext einer wahrnehmungsbasierten Crash-Schwere-Prädiktion befassen. Die meisten Studien konzentrieren sich auf allgemeine Methoden, die Validierung der Prädiktion wird nicht hinreichend adressiert.

Gietelink et al. präsentieren bereits im Jahr 2004 einen Vorschlag zur Validierung von Pre-Crash-Systemen, der SiL- und HiL-Tests kombiniert [45]. Zu den prädizierten Parametern zählen die Kollisionswahrscheinlichkeit und Time-to-Collision. Eine Prädiktion der relativen Geschwindigkeit zum Zeitpunkt der Kollision wird nicht explizit erwähnt, ebenso fehlt die Aussage zur Vorhersage der Crashpulse. Es bleibt also unklar, auf Basis welcher konkreten Prädiktionswerte die frühzeitige Auslösung der Rückhaltesysteme erfolgen soll. Die Autoren betonen jedoch die Notwendigkeit zur Einordnung der Testszenarien in die drei Kategorien: Unfallszenarien, Beinaheunfälle und normale Fahrt [45].

Grotz et al. verfolgen den szenariobasierten Ansatz und extrahieren reale Unfallszenarien aus der Unfalldatenbank GIDAS (German In-Depth Accident Study), um die Wirksamkeit innovativer Rückhaltestrategien zu validieren [49]. Simulativ wird zunächst die Performance der Kollisionsprädiktion anhand dieser Szenarien bewertet. Zu den prädizierten Parametern zählen Kollisionswahrscheinlichkeit, Time-to-Collision, relative Kollisionsgeschwindigkeit, Kollisionsposition, Kollisionswinkel und Überlappung zum Kollisionsobjekt. Die durchgeführten Simulationen helfen dabei, die Performance der Kollisionsprädiktion zu bewerten. Die technische Crash-Schwere, beispielsweise in Form von Delta-v oder Crashpulsen, ist jedoch nicht Bestandteil der beschriebenen Prädiktion. Es bleibt also auch hier unklar auf Basis welcher Parameter die Auslösung der PCS erfolgen soll und wie diese abgesichert werden sollen.

Sequeira et al. präsentieren einen weiteren Ansatz, bei dem die Validierung der Pre-Crash-Prädiktion auf Basis eines Kontaktsensors zum Crashzeitpunkt t_0 erfolgt. Dieser Ansatz kombiniert die Pre-Crash-Vorhersage mit In-Crash-Plausibilisierung der Kollision und ähnelt der Anwendungsstrategie der assistierten Systeme von Grotz et al. [49].

Bei der Validierung von wahrnehmungsbasierten Pre-Crash-Systemen können und müssen die erläuterten Anforderungen sowie Testmethoden von FAS-/HAF-Systemen betrachtet werden. Es ergeben sich jedoch weitere Anforderungen, die in der Natur der Pre-Crash-Systeme liegen. Beim Testen von FAS-/HAF-Systemen wird die Absicherung der normalen Fahrt sowie der kritischen Fahrsituationen adressiert. Unfallszenarien werden dabei nur im Kontext der Unfallvermeidung beim Absichern der aktiven Sicherheitssysteme (bspw. AEB) betrachtet. Wahrnehmungsbasierte Pre-Crash-Systeme betrachten Unfallszenarien im Kontext der Unfallfolgenminderung und erfordern somit beim Testen sowohl die Kenntnis über die Pre-Crash-Phase, sowie die genaue Kollisionskonfiguration und im Optimalfall auch über die Unfallfolgen. Die möglichen Datenquellen für Testszenarien im Kontext der Pre-Crash-Systeme werden im nächsten Unterkapitel erläutert.

3.1.1 Quellen für Testszenarien im Kontext der Pre-Crash-Systeme

Für den Test von Pre-Crash-Systemen sind repräsentative Szenarien erforderlich. Eine der größten Herausforderungen beim Szenario-Mining für Sicherheitssysteme ist die Sammlung von qualitativ hochwertigen und detaillierten Daten aus der realen Welt in großem Umfang. Mai et al. klassifizieren die verfügbaren Datenquellen entsprechend verschiedener Phasen des Verkehrs und ordnen sie den drei Granularitätsebenen – makroskopisch, mesoskopisch und mikroskopisch – zu [77]. Eine modifizierte Übersicht mit weiteren Beispielen von Datenquellen ist in der Abbildung 3.3 dargestellt.

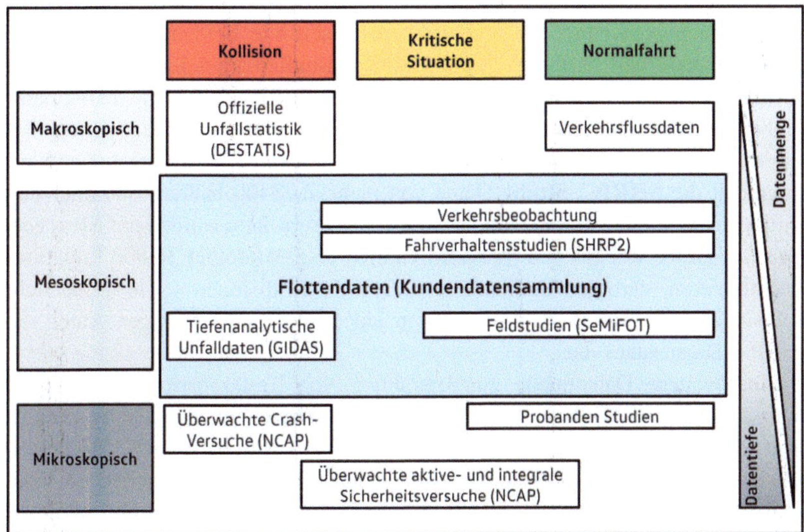

Abbildung 3.3 Darstellung der Datenquellen für Fahrszenarien und Beispiele konkreter Datenbanken. (Angepasst nach [41] und [77][1])

Ein bekanntes Defizit des Szenario-Minings ist die inverse Proportionalität zwischen der verfügbaren Datenmenge und deren inhaltlicher Tiefe. Während das Statistische Bundesamt alle von der Polizei erhobenen Verkehrsunfälle erfasst und in der DESTATIS-Datenbank veröffentlicht, reicht die Datentiefe dieser Quelle nicht aus, um konkrete Testszenarien abzuleiten. Entscheidend für die Extraktion der Szenarien ist nicht die Datenmenge, sondern die Kombination aus Repräsentativität der Daten und der Datentiefe. Diese Anforderungen können durch tiefenanalytische Unfalldatenbanken erfüllt werden. Ein Beispiel hierfür ist die GIDAS-Datenbank, welche umfassende und detaillierte Informationen zu Verkehrsunfällen mit Personenschaden enthält. Die Unfälle werden direkt am Unfallort erhoben, dokumentiert und anschließend rekonstruiert, um Informationen über alle fünf in der Abbildung 2.1 dargestellten Phasen zu erhalten.

---

[1] Angepasst nach Putter et al., "Predictive Vehicle Safety—Validation Strategy of a Perception-Based Crash Severity Prediction Function," *Applied Sciences*, vol. 13, no. 11, p. 6750, 2023, unter der Creative Commons Attribution 4.0 Lizenz.

Die GIDAS-Datenbank umfasst jedoch weder Verkehrsunfälle ohne Personenschaden noch weitere kritische Fahrsituationen wie Beinaheunfälle. Naturalistische Fahrverhaltensstudien sowie Probandenstudien adressieren hingegen die Normalfahrt, enthalten jedoch auch kritische Fahrsituationen, welche im regulären Straßenverkehr vorkommen. Bei groß angelegten Erhebungskampagnen von Verkehrsdaten kommt es neben kritischen Fahrsituationen auch zu Verkehrsunfällen. So enthält die **SHRP 2-Studie** Daten von mehr als 3400 Fahrern und über fünf Millionen einzelnen Fahrten. Die Fahrzeuge der Probanden wurden mit Messtechnik ausgestattet, um aus den regulären Fahrten insgesamt über 36.000 Ereignisse zu extrahieren, darunter Normalfahrten, Beinahe-Kollisionen sowie tatsächliche Kollisionen [78]. Unfallereignisse stellen jedoch nur einen geringen Anteil des SHRP 2-Datensatzes dar.

Eine weitere Datenquelle zur Extraktion von Testszenarien sind gezielte Fahrversuche sowie Erprobungskampagnen im Rahmen entwicklungsbegleitender Dauerläufe. Diese Fahrten werden für eine gezielte Erprobung und Absicherung von unterschiedlichen sicherheitsrelevanten Funktionen und Systemen im Fahrzeug durchgeführt. Des Weiteren werden reale Crash-Versuche für die finale Freigabe von relevanten Systemen der passiven Sicherheit durchgeführt. Eine Aufzeichnung der Erprobungsdaten ermöglicht die nachträgliche SiL- oder HiL-Simulation der Fahrszenarien mit der Integration neuer Sicherheitsfunktionen auf Software- und Hardwareebene.

Eine innovative und vielversprechende Quelle zur Extraktion realer Fahrdaten ist die Datenerhebung durch Automobilhersteller innerhalb ihrer eigenen Kundenfahrzeugflotte. Moderne Fahrzeuge sind mit fortschrittlichen Fahrdynamik-, Innenraum- und Umfeldsensoren ausgestattet, die die Erfassung realer Fahrdaten auf der makroskopischen, mesoskopischen und zum Teil sogar der mikroskopischen Ebene technisch ermöglichen würden. Eine gezielte Datenausleitung kann mit Zustimmung der Kunden und unter Berücksichtigung der Datenschutzrichtlinien erfolgen.

So veröffentlicht der Automobilhersteller Tesla einen Fahrzeugsicherheitsbericht mit Informationen über Unfälle und Fahrzeugbrände aus der eigenen Fahrzeugflotte [79]. Der Hersteller gibt an, Daten aus der weltweiten Fahrzeugflotte zu analysieren, um bei der Entwicklung von Sicherheitsfunktionen repräsentative Situationen aus der realen Welt zu adressieren. Auch die Volkswagen AG veröffentlicht das Vorhaben zur Nutzung von Sensordaten aus Kundenfahrzeugen im Straßenverkehr mit dem Ziel, die Sicherheit aller Verkehrsteilnehmer zu erhöhen [80]. Mozgova stellt einen Ansatz zur intelligenten Analyse von Fahrzeugdaten und technischen Vererbung mit dem Ziel der Optimierung neuer Generationen von Produkten [81]. Neben der Überwachung der

Verkehrsszenarien in der Fahrzeugflotte, können die Fahrzeugdaten während des gesamten Fahrzeuglebenszyklus gesammelt und zur nachfolgenden Entwicklung neuer Generationen von Sicherheitsfunktionen eingesetzt werden.

3.2   Maschinelles Lernen zur Extraktion von Testszenarien aus Unfalldaten

Während Abschnitt 3.1 die systematische Validierung von Pre-Crash-Systemen behandelt, fokussiert sich das folgende Unterkapitel auf datengetriebene Methoden zur Szenarienextraktion aus Unfalldaten.

Die Methoden des maschinellen Lernens finden eine breite Anwendung in der Unfallanalyse. Eines der häufigsten Anwendungsbeispiele besteht in der Vorhersage unfallbezogener Merkmale auf Grundlage gegebener Eingangsvariablen. Auf diese Weise können beispielsweise Modelle trainiert werden, welche die Verletzungsschwere der Insassen bei einem Unfall anhand von diversen Crash- und personenbezogenen Einflussfaktoren vorhersagen. In diesem Unterkapitel wird der aktuelle Stand der Wissenschaft auf dem Gebiet des maschinellen Lernens zur Unfallanalyse, mit dem Fokus auf die Vorhersage von Mustern innerhalb des Unfallgeschehens und der Extraktion von Testszenarien aus Unfalldaten, vorgestellt.

Bei der Betrachtung des Standes der Wissenschaft können die Publikationen anhand ihrer Zielsetzung des maschinellen Lernens in zwei übergeordnete Gruppen unterteilt werden. Die erste Gruppe umfasst die Arbeiten, welche im Fokus der Untersuchung die Einflussfaktoren auf die Unfallschwere betrachten sowie Muster innerhalb des Unfallgeschehens untersuchen. Die zweite Gruppe adressiert Arbeiten, die den Fokus auf die Identifikation von Unfallszenarien legen.

Der ermittelte Stand der Wissenschaft der Gruppe 1 wird in Tabelle 3.1 für überwachte ML-Verfahren sowie in Tabelle 3.2 für unüberwachte ML-Verfahren dargestellt. Die Studien werden nach dem Hauptziel der Untersuchung, den verwendeten Verfahren des maschinellen Lernens und der Datenbasis zugeordnet. Die maschinellen Lernverfahren werden in den Übersichtstabellen zum besseren Überblick über den Stand der Wissenschaft aufgeführt, jedoch nicht im Einzelfall detailliert erläutert.

Santos et al. analysieren Unfalldaten auf makroskopischer Ebene, um anhand von Informationen wie Wetterbedingungen, Straßenzustand und Verkehrsaufkommen die Unfallhotspots mit überwachten und unüberwachten ML-Ansätzen vorherzusagen [82]. Die Autoren geben an, dass insbesondere Entscheidungsbäume sowie Random Forest Algorithmen die beste Performance liefern. Kumeda et al. vergleichen unterschiedliche überwachte ML-Ansätze zur Klassifizierung von makroskopischen Verkehrsunfällen nach der Verletzungsschwere [83]. Die Autoren geben an, dass insbesondere das regelbasierte Verfahren Fuzzy-FARCHD die beste Performance bei der Klassifizierung liefert.

Al Mamlook et al. untersuchen makroskopische Unfalldaten unter Einsatz überwachter ML-Verfahren mit dem Fokus auf Fahrer über 60 Jahre [84]. Dabei werden die drei Variablen Alter der Personen, Alter der Fahrzeuge und Verkehrsaufkommen als relevante Faktoren für die Klassifizierung der Verletzungsschwere identifiziert. Das Light Gradient Boosting Machine (LightGBM)-Verfahren erzielt dabei die höchste Genauigkeit. Labib et al. vergleichen unterschiedliche Modelle zur Vorhersage der Unfallschwere anhand von makroskopischen Unfalldaten aus Bangladesch und identifizieren elf Hauptfaktoren, darunter Straßenbedingungen, Wetterverhältnisse und Fahrzeugtyp [85].

Iranitalab und Khattak vergleichen die Leistungsfähigkeit von vier Methoden des überwachten maschinellen Lernens zur Vorhersage der Schwere von Verkehrsunfällen [86]. Darüber hinaus wurden Clustering-Verfahren verwendet, um die Unfälle in ähnliche Gruppen zu unterteilen, wodurch die Vorhersagegenauigkeit der Klassifikationsmodelle optimiert wurde. Dabei wurden nur Unfälle mit Beteiligung von zwei Fahrzeugen betrachtet.

Jeong et al. klassifizieren die Verletzungsschwere bei Verkehrsunfällen mit dem Fokus auf den Umgang mit unausgeglichenen Datenklassen [87]. Die Autoren zeigen auf, dass eine hohe Genauigkeit (Accuracy) fehlleitend sein kann, da besonders relevante schwere Unfälle selten auftreten und nicht unbedingt korrekt vorhergesagt werden können. Wenn in einem Datensatz 95 % der Fälle leichte Unfälle und 5 % der Fälle tödliche Unfälle sind, könnte ein Modell immer leichte Unfälle vorhersagen und trotzdem eine sehr hohe Genauigkeit haben, was irreführend ist. Dementsprechend muss die Prädiktionsgüte der Modelle für einzelne Klassen einzeln detailliert betrachtet werden. Dabei wurden Verfahren wie Over-Sampling zur künstlichen Erhöhung der seltenen Fälle oder Under-Sampling zur künstlichen Reduktion der häufigen Fälle verwendet, um die Klassifikationsgenauigkeit für seltene Klassen zu verbessern [87].

Li et al. untersuchen verschiedene Verfahren der Support Vector Machines zur Vorhersage von Verletzungsschwere bei Verkehrsunfällen und zeigen eine höhere Genauigkeit als herkömmliche statistische Methoden [88]. Zhang et al.

thematisieren die Problematik von Black-Box-Modellen im Zusammenhang mit maschinellem Lernen auf Unfalldaten und untersuchen die Leistungsfähigkeit der ML-Modelle zur Vorhersage der Verletzungsschwere gegenüber statistischen Modellen. Dabei wird der Fokus auf die Interpretierbarkeit der ML-Ergebnisse gesetzt [89].

Delen et al. untersuchen die wichtigsten Risikofaktoren für die Verletzungsschwere bei PKW-Unfällen [90]. Auf Basis der Ergebnisse verschiedener prädiktiver ML-Modelle wurde eine Sensitivitätsanalyse durchgeführt, dabei konnten die Geschwindigkeit in der Kollision, Fahrzeugtyp sowie Fahrverhalten, bspw. in Bezug auf Ablenkung oder Alkoholkonsum, als die wichtigsten Faktoren zur Vorhersage der Verletzungsschwere identifiziert werden. Rahim und Hassen untersuchen die Leistungsfähigkeit von Deep-Learning Methoden zur Vorhersage von Unfallschwere bei Verkehrsunfällen im Vergleich zu traditionellen maschinellen Lernverfahren [91]. Dabei wurden insgesamt 98 Variablen als Input-Features verwendet, wodurch eine Dimensionsreduktion erforderlich war. Die Deep-Learning Methoden zeigten eine höhere Leistungsfähigkeit, insbesondere bei der Vorhersage von schweren Unfällen.

Mokhtarimousavi et al. fokussieren sich speziell auf Verkehrsunfälle in Baustellenbereichen und untersuchen die Einflussfaktoren auf die Unfallschwere unter Anwesenheit beteiligter Arbeiter. Die Erkenntnisse der Studie sollen zur Entwicklung gezielter Maßnahmen zur Verbesserung der Sicherheit in Arbeitszonen beitragen [92]. Fiorentini und Losa untersuchen den Einfluss unausgeglichener Datensätze auf die Vorhersage der Unfallschwere mit ML-Modellen [93]. Dabei entfernen die Autoren mittels Random Undersampling (RUMC) zufällig Datenpunkte aus der Klasse der häufig vorkommenden Unfälle zur Verbesserung der Vorhersageleistung.

Xie et al. untersuchen Bayessche neuronale Netze zur Vorhersage von Verkehrsunfällen auf spezifischen Straßenabschnitten und modellieren die unfallbedingten Risikofaktoren [94]. Da diese Studie nicht direkt die Verletzungsschwere vorhersagt, sondern lediglich die Faktoren, die zu Unfällen führen, kann die verwendete Datenbasis auf mesoskopischer Granularitätsebene eingestuft werden [94]. Weitere Studien untersuchen die Klassifizierung von Unfallszenarien in unterschiedlichen Ländern [95, 96].

Tabelle 3.1 Einflussfaktoren auf die Unfallschwere, überwachte ML-Verfahren

Quelle	Ziel der Untersuchung	Verwendete Verfahren	Datenbasis
[82]	Vorhersage von Unfall-Hotspots	Entscheidungsbäume, Random Forests, logistische Regression, Naive Bayes, DBSCAN, hierarchisches Clustering	Makroskopische Unfalldaten aus Portugal, 2016 bis 2019 (28102 Fälle)
[83]	Vorhersage von Unfallschwere	Random Forests, Fuzzy-FARCHD, Hierarchical LVQ, RBF Network, Multilayer Perception, Naïve Bayes	Makroskopische Unfalldaten aus England, 2016 (555 Fälle)
[84]	Vorhersage von Verletzungsschwere bei älteren Fahrern	Entscheidungsbäume, Random Forest, logistische Regression, Naive Bayes, LightGBM	Makroskopische Unfalldaten aus USA mit älteren Fahrern, 2010 bis 2017 (106274 Fälle)
[85]	Vorhersage von Unfallschwere	Entscheidungsbäume, KNN, Naive Bayes, AdaBoost	Makroskopische Unfalldaten aus Bangladesh, 2001 bis 2015 (43089 Fälle)
[86]	Vorhersage von Unfallschwere mit zusätzlicher Vorgruppierung mit Clustering-Verfahren	Multinomial logit model (MNL), Nearest Neighbor Classification (NNC), Support Vector Machines (SVM), Random Forests sowie K-Means Clustering und Latent Class Clustering	Makroskopische Unfalldaten aus USA, 2012 bis 2015 (68448 Fälle)
[87]	Vorhersage von Unfallschwere	Logistische Regression, Entscheidungsbaum, neuronales Netzwerk, Gradient-Boosting-Modell, Naive Bayes	Makroskopische Unfalldaten aus USA, 2016 und 2017 (297113 Fälle)
[88]	Vorhersage von Unfallschwere	Support Vector Machines, logistische Regressionsmodelle	Makroskopische Unfalldaten aus USA, 2004 bis 2006, (5538 Fälle)

(Fortsetzung)

Tabelle 3.1 (Fortsetzung)

Quelle	Ziel der Untersuchung	Verwendete Verfahren	Datenbasis
[89]	Vorhersage von Unfallschwere	KNN, Entscheidungsbäume, Random Forests, Support Vector Machines	Makroskopische Unfalldaten aus USA (5538 Fälle)
[90]	Identifikation der Einflussfaktoren auf die Verletzungsschwere mittels Sensitivitätsanalyse	Neuronale Netzwerke, Support Vector Machines, Entscheidungsbäume, logistische Regression	Makroskopische Unfalldaten aus USA (NASS GES), 2011 und 2012 (279470 Fälle)
[91]	Vorhersage von Unfallschwere	t-SNE, Convex Hull Algorithm, KNN, Support Vector Machines, Entscheidungsbäume, Random Forests	Makroskopische Unfalldaten aus USA (LDOTD), 2014 bis 2019 (10048 Fälle)
[92]	Vorhersage von Unfallschwere in Baustellenbereichen	Logit Model, Cuckoo Search, Support Vector Machines	Makroskopische Unfalldaten aus USA, 2015 bis 2017 (12042 Fälle)
[93]	Vorhersage von Unfallschwere	RUMC, KNN, Random Forests, logistische Regression, Entscheidungsbaum	Makroskopische Unfalldaten aus UK, 2005 bis 2018 (6515 Fälle)
[94]	Vorhersage von Unfällen	Bayes'sche neuronale Netze, Backpropagation neuronale Netze, Negative-Binomial-Regression	Mesoskopische Unfalldaten aus USA, (122 Fälle)
[96]	Identifikation versteckter Muster in Unfalldaten	Entscheidungsbäume, Naive Bayes, Rule Induction	Makroskopische Unfalldaten aus Philippinen, 2014 bis 2017 (713 Fälle)
[95]	Vorhersage von Unfallschwere	CART, Random Forests	Unfalldaten auf Äthiopien, 2004 bis 2008 (14254 Fälle)

Suarez-Del Fueyo et al. untersuchen die Verletzungsmuster von schwer verletzten angegurteten Fahrzeuginsassen ab der Verletzungsstufe MAIS 3+ mittels K-Means-Clusteranalyse, wobei insgesamt sechs Cluster mit unterschiedlichen Verletzungsmustern gebildet wurden [97]. Für die Untersuchung wurden 1350 schwere PKW-Unfälle aus der tiefenanalytischen Datenbank NASS-CDS herangezogen. In einer weiteren Studie untersuchen Suarez-Del Fueyo et al. die Verletzungsmuster von schwer verletzten Fahrzeuginsassen für unterschiedliche tiefenanalytische Unfalldatenbanken GIDAS und NASS-CDS [98]. Dabei wird auf regionale Unterschiede zwischen den USA und Deutschland verwiesen, wie unterschiedliche Sicherheitsstandards, Fahrzeugflotten und Fahrbedingungen.

Sakhare und Kasbe bieten einen Überblick über die Anwendung von hybriden Data-Mining-Methoden zur Untersuchung von Unfalldaten [99]. Der Fokus liegt auf der Erkennung von Risikofaktoren für Unfälle und der Identifikation von Unfallhotspots. Dabei betonen die Autoren die Relevanz der Qualität verfügbarer Daten für die Aussagekraft der Analyse. Depaire et al. untersuchen die Anwendung der Latent-Class-Clustering-Methoden zur Identifizierung homogener Unfallgruppen [100]. Dabei wird zunächst das gesamte Unfallgeschehen in sieben Cluster unterteilt und anschließend die Verletzungsschwere innerhalb der Cluster untersucht.

Uno et al. untersuchen komplexe multidimensionale Zusammenhänge in tödlichen Verkehrsunfällen und stellen eine Clustering- und Visualisierungsmöglichkeit mittels Self Organizing Maps auf regionalen Karten vor [101]. Die optimale Anzahl der Cluster wird auch hier mit einer niedrigen Anzahl zwischen zwei und vier angegeben, wobei die Genauigkeit der Klassifikationsmodelle nur wenig ansteigt. Assi et al. untersuchen die Leistungsfähigkeit von unterschiedlichen Klassifikationsmodellen zur Vorhersage der Verletzungsschwere von Verkehrsunfällen, wobei zunächst Clustering-Analyse zur Gruppierung der Unfalldaten durchgeführt wurde. Die optimale Anzahl der Cluster wird mit dem Silhouette-Score definiert [102].

Tabelle 3.2 Einflussfaktoren auf die Unfallschwere, unüberwachte ML-Verfahren

Quelle	Ziel der Untersuchung	Verwendete Verfahren	Datenbasis
[97]	Clusteranalyse von Verletzungsmustern schwer Verletzter	K-Means	Mesoskopische Unfalldaten aus USA, 2000 bis 2015 (1350 Fälle)
[98]	Clusteranalyse von Verletzungsmustern schwer Verletzter	K-Means	Mesoskopische Unfalldaten aus USA und Deutschland, 2000 bis 2015 (jeweils 1350 und 74 Fälle)
[99]	Mustererkennung in Unfällen und Identifizierung von Unfallhotspots	Hybrider Ansatz, KNN, Entscheidungsbäume, Self Organizing Maps, K-Means	Unfalldaten aus UK, 2005 bis 2015
[100]	Identifizierung homogener Gruppen von Verkehrsunfällen	Latent Class Clustering	Makroskopische Unfalldaten aus Belgien (Region Brüssel), 1997 bis 1999 (4028 Fälle)
[101]	Clustering und Visualisierung von Unfällen zur Mustererkennung	Self Organizing Maps	Makroskopische Unfalldaten aus USA, 2010 (16180 Fälle)
[102]	Clustering und Klassifikation zur Vorhersage der Verletzungsschwere	Fuzzy C-Means, Feed-Forwards Neural Networks, Support Vector Machines	Makroskopische Unfalldaten aus UK, 2011 bis 2016 (10000 Fälle)

In der Tabelle 3.3 wird der Stand der Wissenschaft der Gruppe 2 dargestellt und im Folgenden erläutert. Watanabe et al. clustern naturalistische Fahrdaten (SHRP 2) zur Identifikation von relevanten Testszenarien für prädiktive Sicherheitsfunktionen, mit dem Fokus auf Auffahrunfälle [103]. Die optimale Anzahl an Clustern wird je nach Verfahren mit 12 bzw. 60 Clustern definiert. In einer weiteren Studie untersuchen Watanabe et al. PKW-Fußgänger-Beinaheunfälle [104]. Die optimale Anzahl der Cluster wird anhand des Silhouette-Scores für unterschiedliche Verfahren zwischen 2 bis 15 definiert, was eine hohe Streuung darstellt. Die Autoren betonen, dass diese Clusteranzahl nicht ausreichend ist, um die Szenarien ohne Informationsverlust zu beschreiben.

Auch Esenturk et al. clustern Unfalldaten zur Identifikation von Mustern und Definition von Testszenarien für vernetzte und automatisierte Fahrzeuge [105]. Dabei wurden insgesamt sechs Cluster definiert, welche unterschiedliche Merkmale fokussieren, wie bspw. Unfälle bei Nacht, Unfälle bei schlechten

Wetterbedingungen oder Unfälle auf Autobahnen. Es wird ein COOLCAT-Clustering-Verfahren verwendet, welches sich speziell für hochdimensionale kategoriale Daten eignet.

Weber et al. verfolgen ebenfalls den Ansatz Clustering-basierter Extraktion von Verkehrsszenarien und verwenden dafür naturalistische Fahrdaten aus Deutschland und den USA [106]. Der Fokus liegt auf Kreuzungsszenarien innerorts. Dabei wird mittels hierarchischem Clustering die optimale Anzahl der Cluster mit 41 definiert. Hauer et al. clustern Verkehrsdaten von Fahrzeugtrajektorien auf Autobahnen zur Identifikation von repräsentativen Autobahnszenarien zum Testen von automatisierten Fahrzeugen [107]. Kerber et al. betrachten Clustering im Kontext der Definition eines Parameterraums für Testszenarien [108]. Balasubramanian et al. verwenden einen hybriden Ansatz aus Clustering und Klassifikation zur Identifikation von Testszenarien für automatisiertes Fahren [109].

Weitere Studien betrachten das Clustering im Kontext der Mustererkennung oder Definition von Testszenarien für automatisierte Fahrzeuge [110, 111].

Montanari et al. stellen einen Ansatz der automatisierten Segmentierung von Fahrzeugsensordaten zur Identifikation von Testszenarien für hochautomatisierte Fahrfunktionen [112]. Dabei untersuchen die Autoren keine öffentlichen Unfall- oder Verkehrsdatenbanken, sondern greifen auf reale Fahrdaten von internen Versuchsträgern zurück. Im Gegensatz zu anderen Studien werden diese Daten auf mikroskopischer Ebene anhand von hunderten bis tausenden Signalen vom Fahrzeugbus untersucht. Die Autoren heben hervor, dass Fahrdaten einzelner Fahrzeuge nicht repräsentativ sind und die Untersuchung auf einer großen Fahrzeugflotte reproduziert werden muss.

Kruber et al. untersuchen Clustering-Verfahren auf synthetisch generierten Szenarien, geben jedoch an, dass die Methode auf diverse Datenquellen übertragbar ist [113] und erweitern den Ansatz in [114]. Nitsche et al. fokussieren sich beim Clustering speziell auf die Pre-Crash-Phase von Kreuzungsunfällen und nutzen tiefenanalytische Unfalldatenbanken aus dem Vereinigten Königreich [115]. Ähnliche Clustering-Methoden werden auch zur Mustererkennung bei Autobahnstaus angewendet [116].

Sui et al. fokussieren sich beim Clustering auf Unfälle zwischen PKW und Zweirädern in China, mit dem Ziel, einen Szenarienkatalog zum Testen von Notbremsfunktionen zu definieren [117] und die von China NCAP nicht adressierten Unfallsituationen zu identifizieren. Die optimale Anzahl der Cluster wird auf sechs festgelegt, basierend auf der Analyse des Silhouetten-Scores und der Fallanzahl innerhalb der einzelnen Cluster.

Dadwal et al. analysieren die Unfalldaten des Statistischen Bundesamtes unter Einsatz hybrider ML-Ansätze [118]. Dabei wurden adaptive Clustering-Methoden verwendet, welche die Unfallhäufungen und geografischen Daten berücksichtigen.

Sasidharan et al. heben die Heterogenität von Unfalldaten und die damit verbundenen Interpretationsschwierigkeiten bei der Betrachtung des gesamten Unfallgeschehens hervor [119]. Zur Verringerung der Datenheterogenität werden Clustering-Methoden eingesetzt, um homogene Gruppen innerhalb von Fußgängerunfällen zu identifizieren. Chang et al. setzen den Fokus auf Motorradunfälle [120].

Sander und Lubbe untersuchen das Potenzial von Clustering-Methoden zur Definition von repräsentativen Szenarien zum Testen von Notbremsassistenzsystemen speziell bei Kreuzungsunfällen [121]. Dabei wurden die Unfalldatenbanken GIDAS und GIDAS-PCM untersucht und Variablen auf mesoskopischer Ebene wie Kollisionsgeschwindigkeit, Kollisionswinkel, Crashzone als Input-Features verwendet. Die Autoren definieren die optimale Anzahl an Clustern unter anderem mit dem Silhouetten-Score. Für unterschiedliche Methoden und Input-Feature-Sets wird die optimale Anzahl an Clustern zwischen 15 und 150 definiert, was eine sehr hohe Streuung zeigt.

Leledakis et al. präsentieren eine Clustering-Methode zur Identifikation von Kollisionskonfigurationen bei PKW-Unfällen [122]. Dabei werden sowohl reale wie auch synthetische Unfalldaten verwendet, um das Unfallgeschehen nicht nur retrospektiv zu analysieren, sondern auch die Veränderungen prospektiv vorherzusagen.

Bei dem Review der relevanten Arbeiten konnten mehrere zentrale Herausforderungen und Defizite identifiziert werden. Unfalldaten sind stark unausgeglichen, die Mehrheit der Unfälle sind Unfälle ohne Verletzte oder mit leichten Verletzungen, während schwere und tödliche Unfälle in der Gesamtdatenbasis einen geringen Teil ausmachen. Dabei tendieren Klassifikationsmodelle dazu, die am häufigsten vorkommende Klasse der leichten Unfälle zu häufig zu prädizieren und die schweren Unfälle nicht robust genug zu erkennen [87, 91, 93, 102].

Die meisten Studien betrachten die Vorhersage der Verletzungsschwere als ein Klassifikationsproblem, einzelne Studien, z. B. [97] und [98], machen daraus ein Clusteringproblem.

Weiterhin sind viele ML-Verfahren mit hoher Genauigkeit, wie bspw. neuronale Netze, Black-Box-Modelle, die keine transparente Interpretierbarkeit der Ergebnisse ermöglichen. Verständliche und nachvollziehbare Modelle sind jedoch notwendig, um Risikofaktoren klar zu identifizieren [86, 89–91].

Tabelle 3.3 Identifikation von Unfallszenarien, unüberwachte und gemischte ML-Verfahren

Quelle	Ziel der Untersuchung	Verwendete Verfahren	Datenbasis
[103]	Clustering von Verkehrsdaten zur Identifikation von Testszenarien	K-Covers, K-Medoids, t-SNE	Mesoskopische Daten über Unfälle und Beinaheunfälle aus USA
[104]	Clustering von Verkehrsdaten zur Identifikation von Testszenarien	Hierarchisches Clustering, K-Means	Mesoskopische Daten über Beinaheunfälle aus USA
[105]	Clustering von Unfalldaten zur Identifikation von Testszenarien	COOLCAT Clustering	Makroskopische Unfalldaten aus UK, 2016 bis 2018 (389238 Fälle)
[106]	Clustering von Verkehrsdaten zur Identifikation von Testszenarien	K-Means, DBSCAN, hierarchisches Clustering	Verkehrsdaten aus Deutschland und USA
[107]	Clustering von Verkehrsdaten zur Identifikation von Testszenarien	K-Means, hierarchisches Clustering	Verkehrsdaten aus Deutschland
[108]	Clustering von Verkehrsdaten zur Identifikation von Testszenarien	Hierarchisches Clustering	Verkehrsdaten aus Deutschland
[109]	Clustering von Verkehrsdaten zur Identifikation von Testszenarien	Hybride Ansätze, KNN, Random Forests	Verkehrsdaten aus Deutschland
[111]	Clustering von Verkehrsdaten zur Identifikation von Testszenarien	K-Means Clustering	Verkehrsdaten aus mehreren Quellen
[110]	Clustering von Unfalldaten zur Identifikation von Mustern	K-Means	Makroskopische Unfalldaten aus Indien, 2015 bis 2016

(Fortsetzung)

Tabelle 3.3 (Fortsetzung)

Quelle	Ziel der Untersuchung	Verwendete Verfahren	Datenbasis
[112]	Clustering von Fahrzeugsensordaten zur Identifikation von Testszenarien	Hierarchisches Clustering	Mikroskopische Fahrdaten aus Deutschland
[113], [114]	Clustering von synthetischen Daten zur Identifikation von Testszenarien	Modifizierte Random Forrests, hierarchisches Clustering	Synthetisch generierte Verkehrsszenarien
[115]	Clustering von Unfalldaten zur Identifikation von Testszenarien	K-Medoids	Mesoskopische Unfalldaten aus UK, 1999 bis 2010 (1054 Fälle)
[116]	Clustering von Verkehrsdaten zur Identifikation von Mustern in Autobahnstaus	K-Means, hierarchisches Clustering	Verkehrsdaten aus Niederlanden, 2016
[117]	Clustering von Unfalldaten zur Identifikation von Testszenarien	K-Medoids	Mesoskopische Unfalldaten aus China, 2011 bis 2016 (672 Fälle)
[118]	Clustering von Unfalldaten zur Unfallvorhersage	Hybride Ansätze, DBSCAN, K-Means, Self Organizing Maps, grid growing, Gated Recurrent Unit, logistische Regression	Makroskopische Unfalldaten aus Deutschland, 2016 bis 2019 (28540 Fälle)
[119]	Clustering von Unfalldaten zur Identifikation von Mustern bei Fußgängerunfällen	Latent Class Clustering	Makroskopische Unfalldaten aus Schweiz, 2009 bis 2012 (9659 Fälle)
[120]	Clustering von Unfalldaten zur Identifikation von Mustern bei Motorradunfällen	Latent Class Clustering, Latent Segmentation	Makroskopische Unfalldaten aus Australien, 2012 bis 2016 (7470 Fälle)

(Fortsetzung)

Tabelle 3.3 (Fortsetzung)

Quelle	Ziel der Untersuchung	Verwendete Verfahren	Datenbasis
[121]	Clusteranalyse zur Definition von Testszenarien für AEB-Funktion	Hierarchisches Clustering, Partitionierendes Clustering, Latent Class Clustering	Mesoskopische Unfalldaten aus Deutschland, 1999 bis 2016 (1237 Fälle)
[122]	Clustering von Unfalldaten zur Identifikation von Kollisionskonfiguration	K-Means Clustering	Unfalldaten aus Schweden, 2007 bis 2017

In den meisten Studien werden makroskopische Datenbanken verwendet, da diese mehr Unfälle enthalten und häufig einfacher verfügbar sind. Die Qualität und Granularität der Daten unterscheidet sich stark in den verschiedenen Datensätzen, sodass viele Datensätze unvollständige oder teilweise inkonsistente Informationen enthalten [82], [100]. Viele Studien nutzen Umgebungsinformationen wie bspw. Straßentyp- und Verlauf, Wetterbedingungen, Lichtverhältnisse und Tageszeit sowie Fahrzeugklassen und Alter zur Prädiktion der Verletzungsschwere. Nur wenige Studien untersuchen mesoskopische Unfalldaten wie die genaue Kollisionskonfiguration, die Ausstattung der Fahrzeuge oder die Insassenkonfiguration im Crash.

Zudem wird deutlich, dass sowohl das Unfallgeschehen, die Verkehrsmuster wie auch die Struktur der Datensätze sich regional stark unterscheiden kann, wodurch trainierte Modelle nicht direkt auf andere Regionen übertragbar sind [98, 110, 117, 119, 120].

Eine weitere Herausforderung wird in der Evaluierung und Interpretierbarkeit der Clustering-Ergebnisse gesehen. Als Ergebnis der Clustering-Analyse wird in den meisten Studien eine geringe Anzahl an Clustern als optimale Anzahl mithilfe diverser mathematischer Bewertungsmetriken definiert [98, 100, 102, 117]. Dabei kann eine geringe Anzahl von Clustern keinesfalls das gesamte relevante Unfallgeschehen repräsentieren, insbesondere, wenn alle Unfälle ohne Vorfilterung hinsichtlich der Art der Verkehrsbeteiligung berücksichtigt werden.

Einige Studien konzentrieren sich nicht nur auf Unfälle, sondern auch auf die Normalfahrt und kritische Fahrsituationen, da der Fokus auf der Identifikation von Testszenarien für automatisierte Fahrfunktionen liegt [106–109, 111, 112, 116].

Die Arbeiten zur Identifikation der Testszenarien definieren diesen Begriff sehr breit, von Informationen zum Unfalltyp, Straßennetzwerk und Umgebungsvariablen [106, 115, 117] bis zu konkreten Informationen zur Fahrdynamik und Kollisionskonfiguration der Fahrzeuge [121, 122].

Die Wahl des richtigen Modells hängt von dem Hauptziel der Untersuchung und der Datenbasis ab. Der Datentyp spielt bei der Auswahl des passenden Clustering-Algorithmus eine entscheidende Rolle, da das Grundprinzip von Clustering auf Ähnlichkeits- und Distanzmaßen basiert. So müssen für verschiedene Skalenniveaus der Daten unterschiedliche Algorithmen angewendet werden. Für numerische Daten ist bspw. der K-Means-Algorithmus gut geeignet, während kategoriale Daten besser mit spezialisierten Algorithmen wie COOLCAT oder hierarchischem Clustering analysiert werden können [105]. Die meisten Studien zum Clustering verwenden aufgrund der verfügbaren Datenbasis sowie der Zielsetzung der Untersuchung kategoriale oder gemischte Variablen für die Cluster-Analysen [103, 105, 115, 117, 119, 120].

3.3 Identifizierte Forschungsfragen und Aufbau der Arbeit

Obwohl die Validierung der Crash-Prädiktion für die Entwicklung neuartiger Pre-Crash-Systeme und damit für die Sicherheit im Straßenverkehr von großer Bedeutung ist, existieren derzeit nur wenige wissenschaftliche Arbeiten, die sich explizit mit dieser Frage befassen. Diese Arbeit adressiert die bestehenden Forschungslücken. Auf Grundlage der identifizierten Defizite aus dem Stand der Wissenschaft werden in diesem Unterkapitel die Forschungsfragen systematisch abgeleitet.

Um ein sicherheitsrelevantes Pre-Crash-System zu entwickeln, müssen internationale Standards für die Entwicklung und Validierung von Straßenfahrzeugsystemen (ISO 26262, ISO 21448) sowie die gesetzlichen Vorschriften an die Fahrzeugsicherheit (UNECE R94, R95, R135, R137) erfüllt werden. Für eine erfolgreiche Serienfreigabe muss im Validierungsprozess nachgewiesen werden, dass die Funktion zur Prädiktion der Crash-Schwere in Kombination mit PCS zur Auslösung der Rückhaltesysteme mindestens genauso sicher ist wie herkömmliche Sicherheitssysteme. Entscheidend ist dabei die Effektivität der Funktion zur Vorhersage der Kollision und der Crash-Schwere in unterschiedlichen Fahrsituationen. Dabei müssen die **falsch-negativen (FN)** und **falsch-positiven (FP)** Auslösungen minimiert und die **richtig-negativen (RN)** und **richtig-positiven (RP)**

Auslösungen maximiert werden. Für die Validierung der Funktion wird in dieser Arbeit ein datengetriebener, szenariobasierter Validierungsansatz verwendet.

Synthetische Szenarien können für sämtliche Verkehrssituationen innerhalb des definierten Parameterraums generiert werden. Als problematisch wurde jedoch das Phänomen der Parameterraumexplosion bei der Szenario-Generierung für hochautomatisierte Fahrsysteme im Projekt PEGASUS [123] identifiziert. Im Rahmen der bestehenden technischen Möglichkeiten ist es nicht realisierbar, die gesamte Bandbreite aller möglichen Szenarien innerhalb jeglicher Parameterraumbereiche zu testen [123]. Des Weiteren schreibt die SOTIF-Norm die Kategorisierung der möglichen Szenarien in vier Kategorien vor. Als Konsequenz sollen in dieser Arbeit repräsentative und relevante Szenarien für die zu testende Funktion zur Crash-Schwere-Prädiktion identifiziert werden.

Basierend auf dem erläuterten Stand der Technik, kann die Performance-Bewertung einer Funktion zur Crash- und Crash-Schwere-Prädiktion in die zwei Aspekte **Bewertung der Prädiktion der Kollision (1)** und **Bewertung der Prädiktion der Kollisionsschwere (2)** unterteilt werden. Eine Wirksamkeitsbewertung der Prädiktion kann nur anhand der Kombination aus Prädiktion und einer Partnerfunktion, also einem aktiven Pre-Crash-System, erfolgen. Als dritter Bewertungspunkt wird also die **Bewertung der Wirksamkeit des Gesamtsystems (3)** identifiziert. Weiterhin bleibt die Frage nach der konkreten Bewertungsmethodik sowie einem verlässlichen Validierungskonzept offen.

Da im aktuellen Stand der Technik kein standardisierter Testumfang für Pre-Crash-Systeme definiert ist, die auf eine wahrnehmungsbasierte Crash-Schwere-Prädiktion gekoppelt sind, wird in dieser Arbeit eine mögliche Validierungsstrategie entwickelt. Die Forschungsfragen werden auf Grundlage der aus dem Stand der Wissenschaft abgeleiteten Defizite hergeleitet.

3.3.1   Forschungsfrage 1

Defizit 1: Bei der Suche nach repräsentativen und relevanten Unfallszenarien für die Funktion zur prädiktiven Unfallerkennung und Crash-Schwere-Schätzung wurde das grundlegende Dilemma des szenariobasierten Testens identifiziert. Die Datenmenge realer Szenarien ist negativ proportional zur Datentiefe. Synthetisch generierte Szenarien sind dagegen nicht repräsentativ und führen schnell zu einer Parameterraumexplosion. Frühere Studien zur Extraktion von Testszenarien aus Unfalldaten mittels maschineller Lernverfahren adressieren nicht das spezifische Wirkfeld der in dieser Arbeit zu validierenden Funktion, bei der nur PKW-PKW-Unfälle betrachtet werden. Einige Arbeiten konzentrieren sich auf die konkrete Kollisionskonfiguration. Keine der untersuchten Arbeiten beschäftigt sich jedoch ausreichend tief mit der Identifikation von repräsentativen PKW-PKW-Unfallszenarien, welche sowohl eine konkrete Kollisionskonfiguration beschreiben als auch gleichzeitig die Variation der Pre-Crash-Phasen, die zu dieser Kollisionskonfiguration führen, berücksichtigen. Diese Lücke wird in Kapitel 5 adressiert. Aus diesem Defizit lässt sich folgende Forschungsfrage ableiten:

Forschungsfrage 1: *Lassen sich repräsentative und relevante Unfallszenarien, im Wirkfeld der Funktion zur prädiktiven Crash-Schwere-Schätzung, aus tiefenanalytischen Unfalldatenbanken extrahieren, um daraus einen Testfallkatalog abzuleiten?*

3.3.2 Forschungsfrage 2

Defizit 2: Das zweite Defizit liegt in der Gestaltung eines strukturierten und nachvollziehbaren Prozesses zur Validierung invasiver und irreversibler Pre-Crash-Systeme auf Basis prädiktiver Unfallerkennung. Insbesondere die Vorgehensweise bei der Bewertung der Prädiktionsgüte sowie der positiven Risikobilanz für irreversible Pre-Crash-Systeme ist im bestehenden Stand der Technik nicht hinreichend tief adressiert. Diese Lücke wird in Kapitel 6 adressiert. Aus diesem Defizit lässt sich folgende Forschungsfrage ableiten:

Forschungsfrage 2: *Kann die Validierung der Funktion zur prädiktiven Crash-Schwere-Schätzung anhand von konkreten Testszenarien in der virtuellen Simulation erfolgen und wann gilt eine Unfallschwere-Prädiktion als zuverlässig genug für die Auslösung sicherheitsrelevanter Systeme?*

3.3.3 Forschungsfrage 3

Defizit 3: Internationale Standards und Normen wie ISO 26262 und ISO 21448 legen fest, welche Schritte bei der Entwicklung und Absicherung einer neuen sicherheitsrelevanten Funktion eingehalten werden müssen, spezifizieren jedoch nicht vollständig deren konkrete Umsetzung. Die dritte Forschungsfrage leitet sich aus diesem Defizit sowie aus den ersten zwei Forschungsfragen ab und besteht in der Einordnung der entwickelten Validierungsmethodik in die internationalen Normen und Standards zur Entwicklung und Freigabe sicherheitsrelevanter Funktionen.

Forschungsfrage 3: *Wie kann die Validierungsmethodik in die internationalen Normen und Standards wie ISO 26262 und ISO 21448 sowie UNECE- und Euro NCAP-Anforderungen eingeordnet werden?*

Forschungsfrage 3 wird auf Grundlage der Ergebnisse dieser Arbeit in Abschnitt 7.1.3 beantwortet.

Eine Übersicht über den strukturellen Aufbau dieser Arbeit liefert die Abbildung 3.4.

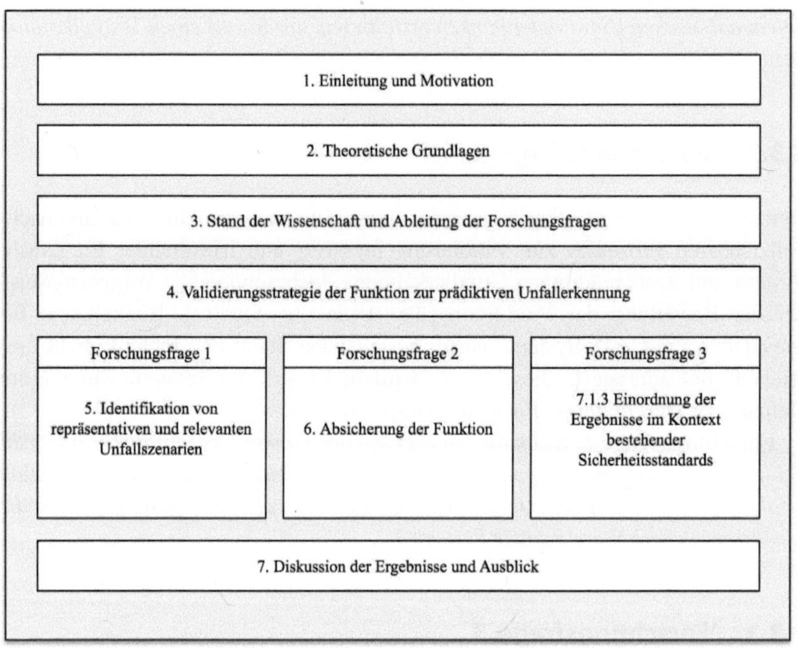

Abbildung 3.4   Struktureller Aufbau der Arbeit

Validierungsstrategie der Funktion zur prädiktiven Unfallerkennung

Nachdem in den Kapiteln 2 und 3 die theoretischen Grundlagen und der aktuelle Stand der Wissenschaft diskutiert, sowie die zentralen Forschungsfragen formuliert wurden, wird in diesem Kapitel die entwickelte Validierungsmethodik zur Beantwortung der Forschungsfragen vorgestellt. Zunächst wird in Abschnitt 4.1 das Gesamtkonzept erläutert, bevor die einzelnen methodischen Schritte detailliert herausgearbeitet werden.

4.1 Übersicht der Validierungsmethodik

Teile des vorliegenden Unterkapitels basieren auf dem Journalartikel „Predictive Vehicle Safety—Validation Strategy of a Perception-Based Crash Severity Prediction Function", der im Rahmen dieser Dissertation entstanden ist [41].

Wie bereits erläutert, definieren internationale Standards und Normen zwar die Entwicklungsschritte für sicherheitsrelevante Funktionen, legen deren konkrete Umsetzung jedoch nicht vollständig fest. Die in dieser Arbeit vorgeschlagene Methodik zielt darauf ab, konkrete Schritte für die Validierung einer wahrnehmungsbasierten Funktion zur Prädiktion der Crash-Schwere zu definieren.

Die Funktion wird dabei als Bestandteil eines prädiktiven Sicherheitssystems im Kontext des Gesamtfahrzeugs betrachtet. Daher werden auch die sicherheitsrelevanten Pre-Crash-Partnerfunktionen im Validierungsprozess berücksichtigt. Der Fokus der vorgeschlagenen Validierungsmethodik liegt auf der Identifikation repräsentativer sowie relevanter Testszenarien für die spezifizierte Funktion unter Test.

Im ersten Schritt werden die Funktion sowie deren Wirkfeld und die spezifischen Betriebsbedingungen definiert. Im zweiten Schritt soll eine Gefährdungs-

R. Putter, *Prädiktive Unfallerkennung – Validierungsmethodik und Sicherheitspotenziale*, AutoUni – Schriftenreihe 182, https://doi.org/10.1007/978-3-658-50650-6_4

und Risikoanalyse durchgeführt werden. Um dies zu gewährleisten, müssen zunächst die relevanten und repräsentativen Situationen im Wirkfeld der Funktion gefunden werden. Dafür werden im Schritt drei die Anforderungen an die Testszenarien gestellt und basierend darauf die Datenbeschaffung sowie die Identifikation relevanter Testszenarien in den Schritten vier und fünf durchgeführt. Basierend darauf soll eine Rückkopplung zur Gefährdungs- und Risikoanalyse erfolgen und die Sicherheitsziele der Funktion abgeleitet werden. Im sechsten Schritt wird die Funktion anhand der definierten Szenarien in einer MiL- oder SiL-Umgebung getestet. Anschließend erfolgt die Bewertung der Effektivität der Funktion im Schritt sieben.

Das Testing kann Effektivitätslücken im Wirkfeld aufzeigen und zu funktionalen Modifikationen führen. Für die finale Freigabe sind anschließend in den Schritten acht und neun, unter der Definition der vollständigen funktionalen und technischen Sicherheitskonzepte, HiL- und ViL-Tests sowie die finalen Freigabetests notwendig. Abbildung 4.1 zeigt die definierten Schritte der Validierungsstrategie, die in den weiteren Abschnitten ausführlich erläutert werden.

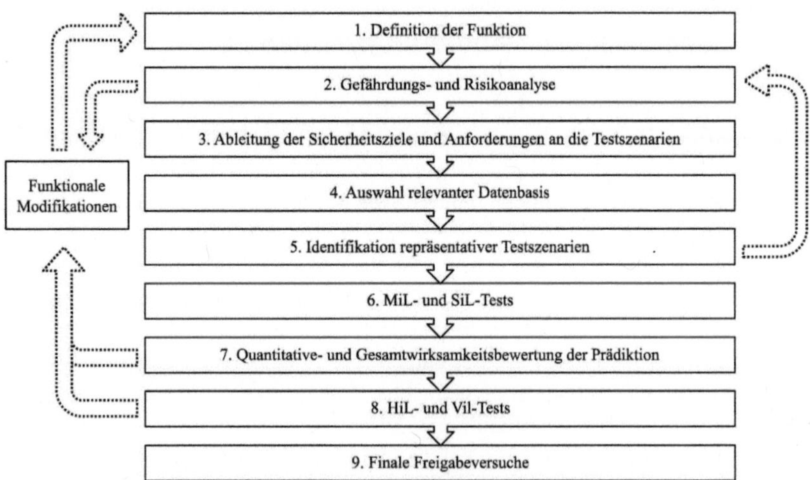

Abbildung 4.1 Übersicht der Strategie zum szenariobasierten Testen der Funktion

4.1.1 Definition der Funktion

Die Schritte zur Definition der beabsichtigten Funktionalität sind in den Normen ISO 26262 und ISO 21448 beschrieben. Die Normen definieren die Beschreibung der Ziele, Anforderungen und einer detaillierten Beschreibung der beabsichtigten Funktionalität sowie die Analyse der Abhängigkeiten und Wechselwirkungen mit anderen Funktionen und Systemen, um potenzielle Sicherheitsrisiken zu identifizieren und zu minimieren.

Funktionale Beschreibung und spezifische Betriebsbedingungen
Der Crash-Schwere-Schätzer berechnet als Basisdienst für diverse Partnerfunktionen die **Wahrscheinlichkeit, den Zeitpunkt, die Trefferlage und die technische Schwere** einer bevorstehenden Kollision. Die Partnerfunktionen können diese Informationen dazu nutzen, prädiktive Sicherheitsmaßnahmen rechtzeitig vor dem Unfall einzuleiten oder die Auslösekonzepte an den Unfall zu optimieren. Die zu ermittelnden Parameter sind:

- Kollisionswahrscheinlichkeit in Prozent
- Prädizierter Zeitpunkt der Kollision als Time to Collision
- Trefferlage, bspw. als Kollisionsrichtung (Front, Heck, linke Seite, rechte Seite), Kollisionszone oder konkreter Kollisionspunkt am Fahrzeug
- Relative Kollisionsgeschwindigkeit
- Technische Crash-Schwere, bspw. als Delta-v, Crashpuls oder OLC

Die Auswahl der Absicherungsstrategie und der Datenbasis für die Erstellung des Testfallkatalogs richtet sich nach den **spezifischen Betriebsbedingungen** und dem **Wirkfeld** der Funktion. Diese definieren zudem die **Schnittstellen und Abhängigkeiten** der Funktion. Nach SAE J3016 (Society of Automotive Engineers) werden die spezifischen Betriebsbedingungen, unter denen ein automatisiertes System sicher arbeiten kann, unter dem Begriff **ODD (Operational Design Domain)** definiert [124]. Da der Crash-Schwere-Schätzer eine wahrnehmungsbasierte Funktion ist, wird die Definition der ODD für wahrnehmungsbasierte automatisierte Fahrfunktionen betrachtet. Die ODD-Parameter definieren die äußeren Rahmenbedingungen einer Funktion oder eines Systems. Es wird deutlich, dass sich die Definition von ODD stark mit dem 6-Ebenen-Modell zur Definition von Testszenarien überschneidet [75]. Die wesentlichen ODD-Parameter für die Funktion Crash-Schwere-Schätzer sind:

- Wetter- und Sichtverhältnisse

  ○ Funktioniert bei Tageslicht oder ausreichender externer Beleuchtung in der Nacht und unter normalen Wetterbedingungen
  ○ Einschränkungen bei starkem Nebel, Schnee oder Regen
  ○ Einschränkungen bei Glatteis

- Straßen- und Verkehrsbedingungen

  ○ Funktioniert auf befestigten Straßen innerorts und außerorts

- Fahrzeug- und Systemfähigkeiten

  ○ Umgebungssensoren und Fahrzeugbewegungssensoren müssen aktiv und funktionsfähig sein

- Szenario-Einschränkungen

  ○ Nur PKW-PKW-Kollisionen werden prädiziert
  ○ Keine Anhänger oder größeren Anbauten beim Gegner-PKW
  ○ Keine Kollisionen im instabilen Fahrzustand (bspw. Untersteuern, Übersteuern, Schleudern) von Ego- oder Gegner-Fahrzeug

Das **Wirkfeld** beschreibt dabei die technischen Fähigkeiten der Funktion oder des Systems innerhalb des definierten ODD. Für die Funktion Crash-Schwere-Schätzer wird das Wirkfeld definiert durch:

- Sensordaten und Erfassungsbereich

  ○ Identifikation und Klassifizierung relevanter Objekte im Umkreis bis zu 200 m
  ○ Dynamische Erfassung und Berechnung von Position, Geschwindigkeit, Richtung und Beschleunigung der klassifizierten Objekte

- Prädiktive Berechnung

  ○ Prädiktion der Kollision im Bereich von bis zu 200 m und 360 ° um das Fahrzeug

- ○ Prädiktion der Kollision im zeitlichen Bereich von bis zu 1500 ms vor der Kollision
- ○ Prädiktion mit Beschleunigungen nur im Bereich zwischen $-9{,}81\ \frac{m}{s^2}$ und $9{,}81\ \frac{m}{s^2}$ und innerhalb des kammschen Kreises

- Interaktion mit anderen Funktionen

  - ○ Übergabe der prädizierten Parameter an die Partnerfunktionen
  - ○ Insassen sollen gegurtet sein, um die Sicherheitsstrategie zu gewährleisten

Im weiteren Verlauf der Arbeit wird der Begriff Wirkfeld als Synonym zu ODD verwendet.

Interne und externe Einflussfaktoren

Die Qualität der Prädiktion ist direkt abhängig von der Qualität der sensorischen Objekterfassung sowie der Verfügbarkeit dieser bei unterschiedlichen Betriebsbedingungen. Des Weiteren besteht eine direkte Abhängigkeit von der Auswahl und Parametrierung der Prädiktionsmodelle. Die Modelle müssen mit einer Reihe an Annahmen arbeiten, da nicht alle benötigten Informationen vor der Kollision sensorisch erfasst werden können. Die Prädiktionsmodelle werden in zwei grundlegende Kategorien unterteilt:

1. Fahrdynamikmodell zur Prädiktion der Kollision anhand der Trajektorienvorhersage
2. Physikalisches Modell für die Kollisionsdynamik und die Berechnung der Crash-Schwere

Systemgrenzen

Die Funktion ist nicht für alle denkbaren Szenarien ausgelegt und hat klare **Systemgrenzen**. So befinden sich die Kollisionen mit LKW, Fußgängern, Zweirädern und anderen stationären Objekten nicht im ODD der Funktion. Einschränkungen durch Sensorausfälle oder unvorhergesehene Szenarien müssen erkannt und berücksichtigt werden. Die Limitierungen der Sensoren und Algorithmen sind als SOTIF-spezifische Aspekte zu betrachten. So kann anhand einer falschen Prädiktion der Kollision ein Rückhaltemittel irrtümlich falsch-positiv oder falsch-negativ ausgelöst bzw. nicht ausgelöst werden. Für diese Fälle muss eine Sicherheitsstrategie erarbeitet werden. Das unsichere Systemverhalten durch unvorhergesehene Szenarien muss möglichst antizipiert werden. **Unklare Verkehrssituationen** können als funktionale Szenarien definiert werden, die eine Reihe spezifischer Fragestellungen erzeugen. Diese sind beispielsweise:

- Was passiert, wenn sich das Gegner-Fahrzeug plötzlich im instabilen Fahrzustand befindet und das sensorisch nicht erfasst wird?
- Wie wird mit verdeckten Hindernissen umgegangen? Beispielsweise PKW, die hinter anderen Objekten verdeckt sind und innerhalb kürzester Zeit (wenige Hundert Millisekunden) zum potenziellen Kollisionsobjekt werden.
- Was passiert bei mehreren prädizierten Kollisionen mit unterschiedlichen PKW, welche womöglich zeitgleich oder fast zeitgleich geschehen?
- Können Wechselwirkungen mit anderen Systemen in der Pre-Crash-Phase die Qualität der Crash-Schwere-Schätzung beeinflussen? Beispielsweise, wie interagiert die Prädiktion der Kollision mit anderen unfallvermeidenden Systemen? Kann die Berechnung der möglichen Trajektorien durch die Auslösung der AEB- oder Lane-Assist-Funktionen optimiert werden?

4.1.2   Gefährdungs- und Risikoanalyse

Die Gefährdungs- und Risikoanalyse erfolgt auf der Grundlage der Richtlinien ISO 26262 und ISO 21448. Die im Punkt 1 definierten ODD und Wirkfeld beziehen sich primär auf die Funktion Crash-Schwere-Schätzer und schließen nachgelagerte Partnerfunktionen, wie beispielsweise die Funktion zur Pre-Crash-Auslösung der Rückhaltesysteme, nicht ein. Für eine vollständige GuR müssen das ODD und Wirkfeld im Kontext des Gesamtsystems definiert werden. Zur Veranschaulichung der unterschiedlichen Anforderungen werden sechs Beispiele von Partnerfunktionen beschrieben, die sich hinsichtlich der ASIL-Klassifizierung des Gesamtsystems von QM bis ASIL D unterscheiden.

Systeme wie der vorausschauende eCall, bei dem der Notruf bereits vor dem Crash ausgelöst wird, oder der reversible Gurtstraffer mit einem geringen Kraftniveau können als Pre-Crash-Systeme der Stufe QM klassifiziert werden. Abhängig von der ASIL-Klassifizierung des anvisierten Pre-Crash-Systems variieren die Anforderungen an die akzeptable Ausfallwahrscheinlichkeit des Systems und damit die Anforderungen an die Robustheit und Präzision der Funktion zur Crash-Schwere-Schätzung.

Reversible Sicherheitsgurte mit hoher Kraft, die den konventionellen pyrotechnischen Sicherheitsgurt ersetzen sollen, werden jedoch mit ASIL B eingestuft [125]. Es reicht also nicht aus, nur zu betrachten, ob das Pre-Crash-System reversibel oder irreversibel ist. Die relevante Frage ist, ob durch die Soll- oder Fehlfunktionalität des Systems ein Verletzungsrisiko für alle beteiligten Verkehrsteilnehmer besteht und welche Risikofaktoren dazu führen können. Dies wurde in Abschnitt 2.1.3 bereits als invasive oder minimal-invasive Pre-Crash-Systeme definiert. Zur systematischen Bewertung von Pre-Crash-Systemen wird in dieser Arbeit vorgeschlagen, die Gefährdungsstufe anhand der fünf Risikomerkmale zu bestimmen:

- Reversibilität
- Starke Ablenkung
- Rückfallebene
- Verletzungsrisiko durch das Pre-Crash-System für Insassen des Ego-Fahrzeugs
- Verletzungsrisiko durch das Pre-Crash-System für Insassen des Gegner-Fahrzeugs

Sechs Beispiele für Pre-Crash-Systeme und die Klassifizierung anhand der fünf definierten Risikomerkmale sind in Tabelle 4.1 aufgeführt.

Während die Hotspotkarte kritischer Situationen oder der reversible Gurtstraffer mit niedrigem Kraftniveau mit QM klassifiziert sind, erhält die Pre-Crash-Auslösung des Airbags eine ASIL-D-Klassifizierung. Die Rückfallebene bezeichnet ein sekundäres System, das aktiviert werden kann, wenn das primäre System ausfällt. Bei einer falsch-positiven Auslösung des Airbags vor dem Crash, wenn das System aufgrund einer falschen Vorhersage aktiviert wird, besteht keine Rückfallebene, da der Airbag bereits entfaltet wurde. Darüber hinaus kann eine falsch-positive Pre-Crash-Auslösung des Airbags zu einer Kollision führen, die nicht nur die Insassen des Ego-Fahrzeugs, sondern auch andere Verkehrsteilnehmer gefährdet und zu einem hohen Verletzungsrisiko führt. Bei einer falsch-negativen Auslösung, also keiner Pre-Crash-Auslösung des Airbags, ist die konventionelle In-Crash-Auslösung des Airbags als Rückfallebene weiterhin möglich.

Tabelle 4.1 Pre-Crash-Systeme und ihre Risikomerkmale

Pre-Crash-System	Reversibel	Stark ablenkend	Rückfall-Ebene	Verletzungs-Risiko Ego	Verletzungs-Risiko Gegner	ASIL-Klassifizierung
Hotspotkarte kritischer Situationen	Ja	Nein	Nicht relevant	Nein	Nein	QM
Prädiktiver eCall	Ja	Nein	Ja	Nein	Nein	QM
Reversibler Gurtstraffer (geringe Kraft)	Ja	Nein	Ja	Nein	Nein	QM
Reversibler Gurtstraffer (hohe Kraft)	Ja	Ja	Nein (für FP) Ja (für FN)	Ja	Nein	$\geq$ ASIL B
Pre-Crash Airbag Auslösung	Nein	Ja	Nein (für FP) Ja (für FN)	Ja	May	ASIL D
Optimierung der Kollisionsstellung	Nein	Ja	Nein	Ja	Ja	$\geq$ ASIL B

Zur Erläuterung der ASIL-Zuordnung wird eine Gefährdungs- und Risiko-analyse nach ISO 26262 für die Funktion Crash-Schwere-Schätzer als Lieferant der relevanten Auslösesignale für die Funktion reversibler Gurtstraffer mit hohem Gurtkraftniveau in Tabelle 4.2 beispielhaft vorgestellt. Hierfür werden die potenziellen Fehlfunktionen eines sicherheitsrelevanten Systems identifiziert und den möglichen Fahrsituationen im Verkehr zugeordnet. Anschließend wer-den die **Parameter E, S** und **C** bewertet. Basierend auf diesen Werten wird die ASIL-Risikoklasse bestimmt. Im Kontext einer Crash-Prädiktion sind die Fehl-funktionen Crash-Erkennung ohne relevanten Crash (falsch-positiv) und keine Crash-Erkennung bei einem relevanten Crash (falsch-negativ) naheliegend. Eine weitere Fehlfunktion ist die falsche zeitliche Zuordnung eines auslöserelevan-ten Crashs. Die Auslösung der Gurtstraffung ist zwar korrekt, findet jedoch zum falschen Zeitpunkt statt. Eine weitere Fehlfunktion ist die Crash-Erkennung bei einem nicht auslöserelevanten Crash. Dies kann aufgrund von falsch prädizierter Crash-Schwere oder nicht korrekter Objektklassifizierung erfolgen. Beispiels-weise bei einem Auffahrunfall im niedrigen Geschwindigkeitsbereich oder bei der Klassifizierung eines Zweirads als PKW.

Zur Bewertung der **Exposition (E-Parameter)** gemäß ISO 26262-3 kann der Katalog des VDA (Verband der Automobilindustrie) als Leitfaden herangezogen werden. Dieser erläutert die typischen Fahrsituationen und deren Einstufung nach dem E-Parameter. Die im Katalog nicht beschriebenen Situationen, welche sich jedoch im Wirkfeld oder ODD der Funktion befinden, müssen zusätzlich defi-niert werden. Die Parameter **S (Schweregrad)** und **C (Kontrollierbarkeit)** sind nicht standardisiert und gehören in hohem Maße zum Know-how der Automobil-hersteller bzw. der Systemlieferanten. Die Einschätzungen werden sowohl anhand von Analysen öffentlicher Daten als auch anhand unternehmensspezifischer Daten und Erwartungswerten bestimmt. Krampe und Junge präsentieren Ansätze zur datenbasierten Bestimmung des S-Parameters auf Grundlage realer Unfall und Verletzungsdaten [126, 127]. Anhand der beispielhaften Gefährdungs- und Risi-koanalyse kann die maximale Risikoklasse mit ASIL B bestimmt werden. Relevant ist für eine Funktionsentwicklung immer die höchste identifizierte Risikoklasse, daher ist es essenziell, alle relevanten Fehlfunktionen zu betrachten.

So erfüllt eine nach ASIL B entwickelte und validierte Funktion zur Crash-Schwere-Schätzung die Sicherheitsanforderungen für die reversible Gurtstraffung mit hohem Kraftniveau, nicht jedoch für die Pre-Crash-Aktivierung der Air-bags. Alternativ können auch nur einzelne Signale gemäß dem erforderten ASIL-Niveau abgesichert werden. Basierend auf den ersten Ergebnissen der Gefährdungs- und Risikoanalyse können bereits in diesem Stadium funktionale Modifikationen des Systems vorgenommen werden, bevor weitere Entwicklungs-

Tabelle 4.2 Gefährdungsanalyse und Risikobewertung prädiktiver Unfallerkennung

Fehlfunktion	Situation	E	S	C	Risikoklasse	Gefahr
Crash-Erkennung ohne auslöserelevante Hindernisse und ohne Crash	Normalbetrieb	E4	S1	C3	ASIL B	Unerwartete Auslösung der Gurtstraffung mit hoher Kraft
Crash-Erkennung mit auslöserelevanten Hindernissen und ohne Crash	kritische Fahrsituation	E3	S1	C3	ASIL A	Unerwartete Auslösung der Gurtstraffung mit hoher Kraft
Keine Crash-Erkennung mit auslöserelevanten Hindernissen und mit Crash	relevanter Crash	E1	S3	C3	ASIL A	Fehlende Auslösung der Gurtstraffung mit hoher Kraft
Falsche zeitliche Zuordnung des Crashs mit auslöserelevanten Hindernissen und mit Crash	relevanter Crash	E1	S3	C3	ASIL A	Auslösung der Gurtstraffung mit hoher Kraft zum falschen Zeitpunkt
Crash-Erkennung mit auslöserelevanten Hindernissen und mit einem nicht auslöserelevanten Crash	nicht relevanter Crash	E1	S1	C3	QM	Auslösung der Gurtstraffung mit hoher Kraft zum falschen Zeitpunkt

und Validierungsschritte erfolgen. Zur vollständigen Gefährdungs- und Risikoanalyse nach ISO 26262 und ISO 21448 sollen weitere funktionale Szenarien auf semantischer Ebene identifiziert werden, während für das Testen der Funktion logische und konkrete Szenarien erforderlich sind [73].

4.1.3 Sicherheitsziele und Anforderungen an die Testszenarien

Mindestens drei Sicherheitsziele werden anhand der durchgeführten Gefährdungs- und Risikoanalyse definiert.

1) Verhinderung einer unerwarteten Crash-Erkennung ohne relevanten Crash
   a. Im Normalbetrieb und bei kritischen Fahrsituationen
   b. Bei nicht auslöserelevanten Crashs
2) Sicherstellung einer Crash-Erkennung bei einem relevanten Crash
3) Sicherstellung einer korrekten Crash-Schwere und zeitlichen Zuordnung bei einem relevanten Crash

Diese sollen szenariobasiert abgesichert werden. Zur Definition der Testszenarien wird ein datengetriebener Ansatz verfolgt. Die Anforderungen an die zu extrahierenden Testszenarien werden aus der im Schritt 1 spezifizierten beabsichtigten Funktionalität und den Sicherheitszielen abgeleitet. Nach Gietelink et al. [45] müssen Testszenarien für die Funktion zur Crash-Schwere-Schätzung reale Fahrsituationen abbilden und werden in drei Kategorien unterteilt:

- Kollisionsszenario
- Kritische Fahrsituation
- Normale Fahrt

Als **Kollisionsszenarien** sollten alle relevanten Kollisionen im definierten ODD und Wirkfeld der Funktion ermittelt werden. Die Kollisionsszenarien bilden die Grundlage für die Absicherung der richtig-positiven Kollisionsprädiktion.

Kritische Fahrsituationen reichen von diversen potenziellen Konflikten bis hin zu Beinaheunfällen. Wie von Hruschka et al. diskutiert, können diverse **Kritikalitätsmetriken** zur Extraktion kritischer Fahrsituationen aus einem Datensatz eingesetzt werden [128]. Als gebräuchlichste Metriken mit Fokus auf die Kollisionsvermeidung werden dabei genannt: die Zeit bis zur Kollision TTC (Time to Collision), die Zeit bis zu einer definierten Distanz TTD (Time to Distance), die Zeit bis zum Bremsen TTB (Time to Brake) und die Zeit bis zum Lenken TTS (Time to Steer). Komplexere Metriken, wie z. B. der Schweregrad des Unfalls und die Verteilung der möglichen Kollisionskonfigurationen, bewerten das Risiko einer kritischen Situation auf der Grundlage der prädizierten Unfallschwere. Die Validierung des Pre-Crash-Systems erfordert eine Vielzahl kritischer Testszenarien, die unterschiedliche Kritikalitätsstufen von gering bis hoch abdecken. Die kritischen Fahrsituationen bilden eine spezifische Basis für das Absichern der richtig-negativen Kollisionsprädiktion, bei welchen die Kollisionswahrscheinlichkeit einen sehr hohen Wert erreichen kann, jedoch zu keinem Zeitpunkt die Unvermeidbarkeit der Kollision prädiziert werden darf.

Die **Normalfahrt** repräsentiert die Bandbreite verschiedener normaler Fahrzustände innerhalb des ODD der Funktion und bildet eine breitere Grundlage für das Absichern der richtig-negativen Szenarien. Sie umfasst dabei unterschiedliche Umwelt-, Straßen-, Verkehrsinfrastruktur-, Verkehrsfluss-, Beleuchtungs- und weitere relevante Bedingungen.

Unter Berücksichtigung der möglichen Pre-Crash-Systeme werden die Auslöseanforderungen der konkreten Szenarien in **Must-Fire**, **May-Fire** und **No-Fire** unterteilt. Ausschließlich für PCS, die als QM klassifiziert sind, kann der Zustand May-Fire vorbehalten werden. Abbildung 4.2 zeigt die drei Kategorien der Testszenarien sowie die Einstufung der PCS nach QM oder ASIL A+ (Klassifizierung mit ASIL A oder höher), geknüpft an die Must-Fire-, May-Fire- und No-Fire-Anforderungen. Die unterste Ebene der Aktion zeigt an, ob das PCS ausgelöst oder nicht ausgelöst wurde. Die grünen Pfeile kennzeichnen die korrekte Vorhersageklasse und entsprechende Aktion (RP und RN), während die roten Pfeile die falsche Vorhersageklasse und Aktion (FP und FN) darstellen. Die gestrichelte Linie ist den May-Fire-Anforderungen vorbehalten, da diese sowohl im Falle einer Auslösung als auch bei einer Nichtauslösung als richtig-positiv gewertet werden können.

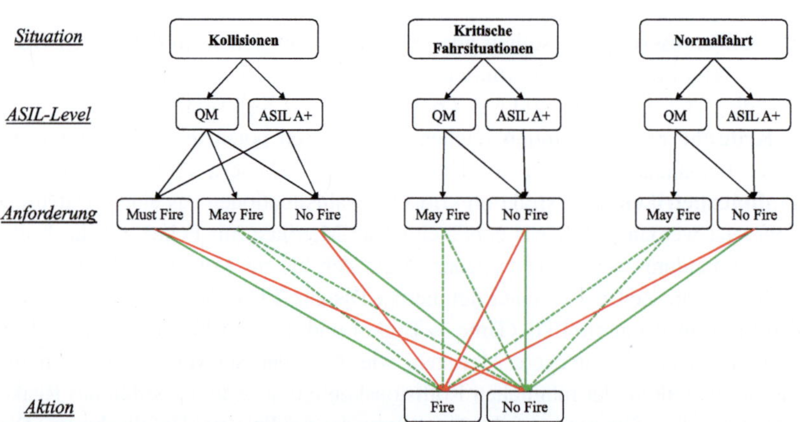

Abbildung 4.2 Klassifizierung der Test-Szenarien für Pre-Crash-Systeme in Must-Fire-, May-Fire- und No-Fire-Anforderungen

Daraus abgeleitet ergeben sich die Anforderungen an die Informationen, die in den drei Kategorien der Fahrsituationen enthalten sein müssen. Kritische Fahrsituationen sowie die Normalfahrt können mit dynamischen und statischen Informationen des 6-Ebenen-Modells nach Scholtes et al. vollständig spezifiziert werden. Für Kollisionsszenarien werden jedoch zusätzliche In-Crash-Informationen der konkreten Kollision benötigt. Für QM-klassifizierte Pre-Crash-Systeme ist bereits die **Grundwahrheit der Kollisionskonfiguration** ausreichend. Für die Prüfung von ASIL A+ Pre-Crash-Systemen ist es zusätzlich notwendig, die **Grundwahrheit der technischen Crash-Schwere** zu definieren, wie beispielsweise den Crashpuls oder den Delta-v-Wert.

Im Gegensatz zu dem 6-Ebenen-Modell von Scholtes et al. liegt zunächst der Fokus auf der Beschreibung der konkreten Kollisionskonfiguration der repräsentativen PKW-PKW-Kollisionen. Ausgehend von der Kollisionskonfiguration sollen anschließend die Pre-Crash-Phasen der Szenarien extrahiert werden. Der Fokus liegt dabei nicht auf der vollständigen Beschreibung aller sechs Ebenen, sondern auf dem Nachweis der Repräsentativität und der Relevanz der extrahierten Kollisionsszenarien, selbst wenn diese nicht nach allen sechs Ebenen des Modells im Detail spezifiziert werden können.

Die Schritte 4 bis 7 aus Abbildung 4.1 werden in den Kapiteln 5 bis 7 ausführlich erläutert:

- Schritt 4: Auswahl und Vorverarbeitung relevanter Unfalldaten im Wirkfeld der Funktion sowie Herleitung der Repräsentativitätsgrenzen werden in Abschnitten 5.1 und 5.2 beschrieben.
- Schritt 5: Identifikation relevanter und repräsentativer Unfallszenarien durch Clustering-Analyse wird in Abschnitt 5.3 behandelt.
- Schritt 6: Konvertierung von Unfallszenarien und Aufbau der virtuellen Testfälle für die Simulation wird in Abschnitt 6.1 dargestellt.
- Schritt 7: Simulative Bewertung der Funktion erfolgt in Abschnitt 6.2.
- Schritte 8 und 9: Ausblick auf HiL- und ViL-Tests sowie die finalen Freigabetests werden in Abschnitt 6.3 und 7.1.3 gegeben.

Identifikation von repräsentativen und relevanten Unfallszenarien

5

Basierend auf den vorläufigen Überlegungen zu den Anforderungen an die Testszenarien für eine Funktion zur Crash-Schwere-Schätzung soll nun die geeignete Datenbasis zur Extraktion der konkreten Szenarien ausgewählt werden.[1]

Tiefenanalytische Unfalldaten auf mesoskopischer Ebene sind erforderlich, um die detaillierten Informationen über die In-Crash- und Pre-Crash-Phase der Kollisionsszenarien zu erhalten. In dieser Arbeit liegt der Fokus zunächst auf dem Unfallgeschehen in Deutschland, daher wird die Datenbank GIDAS betrachtet. Die Datenbank wird verwendet, um Erkenntnisse über die detaillierten Unfallabläufe zu gewinnen. Diese enthält Unfälle mit Personenschaden, welche in den Regionen Hannover und Dresden, mit rund 1.000 Unfällen pro Standort jährlich, erhoben wurden [129]. Pro Unfall werden dabei bis zu 3.500 einzelne Parameter erfasst und rekonstruiert. Enthalten sind Daten zum Unfallhergang, zur Verletzungsschwere und zur technischen Unfallschwere sowie detaillierte Informationen zu den beteiligten Personen und Fahrzeugen. Die Unfälle werden auf allen Straßenkategorien innerorts, außerorts und auf Autobahnen erhoben. Zudem findet die Unfallerhebung zu jeder Tageszeit und bei allen Wetterbedingungen statt. Die Erhebungsmethodik von GIDAS zielt darauf ab, das deutsche Verkehrsunfallgeschehen möglichst repräsentativ abzubilden, jedoch sind einige

---

[1] Die Analysen wurden mit einer gültigen Lizenz zur Nutzung der Daten für die GIDAS-Datenbank (221231_GIDAS2022, 230131_GIDAS-PCM_5.0_2022_2) und DESTATIS-50 %-Datenbank (©Statistisches Bundesamt, Wiesbaden) erstellt.

Ergänzende Information Die elektronische Version dieses Kapitels enthält Zusatzmaterial, auf das über folgenden Link zugegriffen werden kann https://doi.org/10.1007/978-3-658-50650-6_5.

Einschränkungen der Repräsentativität bekannt und werden in Abschnitt 5.2 näher erläutert.

Ein spezifisches Format für die detaillierte Beschreibung der Pre-Crash-Unfallphase wird von der VUFO (Verkehrsunfallforschung an der TU Dresden) als GIDAS-PCM (Pre-Crash-Matrix) [11, 130] veröffentlicht. Das PCM kombiniert rekonstruierte Zeitreihendaten und zeitlich unabhängige Pre-Crash-Unfallinformationen. Es beschreibt die Pre-Crash-Phase ca. 5 Sekunden vor der Kollision bis zum Kollisionszeitpunkt t_0 und enthält die Informationen über die Verkehrsteilnehmer, ihre Geometrie und Fahrdynamik sowie die Umgebungsinformationen [131]. Die GIDAS-PCM-Datenbank ist eine Untermenge der GIDAS-Datenbank. Während die GIDAS-Datenbank Informationen zu etwa 40.000 rekonstruierten Verkehrsunfällen mit Verletzten enthält, besteht die GIDAS-PCM-Datenbank derzeit aus einer Teilmenge von ca. 11.000 Kollisionsszenarien, von denen ca. 40 % auf PKW-PKW-Kollisionen entfallen [132]. Die PCM-Szenarien dienen in vielen Studien der simulativen Erprobung von Fahrerassistenz- und aktiven Sicherheitssystemen in virtueller Umgebung [11, 66, 72, 133].

Die GIDAS-Datenbank wird als geeignete Datenbasis gewählt, da diese sowohl eine hohe Anzahl der Unfälle als auch eine hohe Datentiefe aufweist. Zudem kann die GIDAS-PCM-Datenbank als eine Untermenge der GIDAS-Datenbank verwendet werden, um die relevanten Unfälle als simulativ ausführbare Testszenarien zu benutzen.

5.1   GIDAS PKW-PKW-Unfälle

In diesem Unterkapitel sollen zunächst die Filterkriterien für den Abzug von relevanten PKW-PKW-Kollisionen aus der GIDAS-Datenbank definiert werden. Anschließend wird der Datenabzug hinsichtlich des Unfallgeschehens durch deskriptive Analysen ausgewertet.

5.1.1   Datensatz-Definition der PKW-PKW-Unfälle

Aufgrund der angestrebten Sollfunktionalität des Systems unter Test werden ausschließlich PKW-PKW-Unfallszenarien betrachtet. Diese können in der GIDAS-Datenbank jedoch auf unterschiedliche Art gefiltert werden. Relevant ist dabei der Aufbau der GIDAS-Datenbank, in welcher pro Unfalldatensatz Informationen zu mehreren Kollisionssequenzen enthalten sein können. Dies hängt davon ab, ob der Unfall nur eine Kollision enthält oder nach der Primärkollision noch weitere Kollisionen folgen. Dabei können die Sekundärkollisionen mit unterschiedlichen Verkehrsteilnehmern oder Objekten stattfinden. Die rekonstruierten Kollisionssequenzen enthalten die konkreten dynamischen Informationen über die Unfalleinlaufphase sowie die eindeutige Definition der Kollisionskonfiguration, u.a. durch die Kollisionsgeschwindigkeit, Kollisionswinkel und Kollisionszone.

So ergeben sich bei einer Filterung der Kollisionen nach der Fahrzeugart „PKW" für Ego und Gegner mehrere Möglichkeiten. Beispielsweise kann die PKW-PKW-Kollision erst als Sekundärkollision erfolgen, obwohl die erste Kollision zwischen einem PKW und einem Objekt oder einem PKW und anderem Verkehrsteilnehmer war. Des Weiteren ist bei der Zuordnung der Unfallschwere nicht immer eindeutig klar, welche Kollision zu welcher Verletzung oder Deformation der Fahrzeuge geführt hat. Die medizinische Verletzungsschwere wird pro Unfall zugeordnet und nicht auf der Kollisionsebene.

Folgende Möglichkeiten ergeben sich bei der Betrachtung der PKW-PKW-Kollisionen:

1. PKW-PKW-Kollision bei Unfällen, an denen genau zwei PKW beteiligt sind und nur eine Kollision pro Unfalldatensatz erfolgt
2. PKW-PKW-Kollisionen bei Unfällen, an denen genau zwei PKW beteiligt sind und weitere Kollisionen mit Objekten möglich sind
3. PKW-PKW-Kollisionen bei Unfällen mit mehr als zwei Beteiligten und weitere Kollisionen mit Objekten oder Verkehrsteilnehmern sind möglich

Die Variante 1 erlaubt eine eindeutige Zuordnung der Kollisionen zur resultierenden Unfallschwere, da nur eine Kollision pro Unfall möglich ist, reduziert jedoch den Umfang des Datensatzes. Die Variante 2 erlaubt keine eindeutige Zuordnung der Kollisionen zu der resultierenden Unfallschwere, der Datensatz wird jedoch weiterhin reduziert. Die Variante 3 behält die größte Datenmenge bei, da zunächst alle Unfälle mit PKW-PKW-Kollisionen betrachtet werden, jedoch ist die Zuordnung der Kollisionen zu den Unfallfolgen nicht immer eindeutig.

Für die Varianten 2 und 3 können mehrere Kollisionssequenzen pro Unfall hinterlegt werden, diese werden dabei chronologisch nummeriert. Hier bestehen weiterhin mehrere Möglichkeiten, nach der Kollision zu filtern. So kann beispielsweise die erste Kollision oder die schwerste Kollision hinsichtlich des Schadens oder der Verletzungsschwere, nach Einschätzung der Rekonstruktion, ausgewählt werden.

Für den Datenabzug in dieser Arbeit wird die Variante 3 gewählt, um eine möglichst große Menge an PKW-PKW-Unfällen zu betrachten. Dabei wird pro

Unfall nur die schwerste Kollision hinsichtlich des Schadens am Fahrzeug selektiert. Diese Variable bietet eine höhere Zuverlässigkeit als die schwerste Kollision hinsichtlich der Verletzungsschwere. Dafür wird die GIDAS-Variable KNR (Vorgangsnummer) nach der Variable KOLLS (Schwerster Vorgang hinsichtlich Schaden) gleichgesetzt. Zusammengefasst lassen sich folgende Filterkriterien anhand der GIDAS-Variablen definieren (s. Tabelle 5.1).

Tabelle 5.1 Erste Filterung der GIDAS-Datenbank, schwerste PKW-PKW-Kollisionen

GIDAS-Variable	Definition	Auswahl
ANZKOLL	Anzahl der Kollisionen	beliebig
FART	Fahrzeugart	3 (PKW)
GFART	Gegner Fahrzeugart	3 (PKW)
KNR	Vorgangsnummer	KNR = KOLLS

Zunächst wird der GIDAS-Datensatz aller Unfälle in den Jahren 2000 bis 2019 gewählt. Tabelle 5.2 stellt den Datenauszug nach der ersten Filterung dar. Insgesamt umfasst der Auszug 9.671 Kollisionen bzw. Unfälle mit einer Gesamtzahl von 27.803 beteiligten Personen. Die GIDAS-Erhebungsmethodik sieht vor, dass ausschließlich Unfälle mit Personenschaden erhoben werden. Bei Unfällen mit mehreren beteiligten Personen werden jedoch auch unverletzte Personen dokumentiert. So umfasst die gewählte Datenbasis insgesamt 13.185 unverletzte, 12.420 leichtverletzte, 2.097 schwerverletzte und 82 getötete Personen. Bei 19 Personen wurde die Verletzungsschwere als unbekannt codiert.

Tabelle 5.2 GIDAS schwerste PKW-PKW-Kollisionen, 2000–2019

Variable	Anzahl
Kollisionen gesamt	9.671
Personen gesamt	27.803
Personen unverletzt	13.185
Personen leicht verletzt	12.420
Personen schwer verletzt	2.097
Personen getötet	82
Personen Verletzung Unbekannt	19

Weiterhin werden die Daten vorverarbeitet, um die Daten besser analysieren zu können.

Tabelle A1, einsehbar in Anhang im elektronischen Zusatzmaterial, enthält die Definition der einzelnen GIDAS-Variablen einschließlich deren Einheiten. Tabelle A2 im elektronischen Zusatzmaterial zeigt zudem die Vorverarbeitung der Variablen. Dabei werden die Kollisionswinkel, Schwimmwinkel und Ablenkungswinkel in das Bogenmaß konvertiert und anschließend in ihre X- und Y-Komponenten zerlegt. Die Kodierungen der Winkel von 360 ° werden durch 0 ° ersetzt. Zusätzlich werden die Berühr- und Stoßpunkte der Kollision relativ zur jeweiligen Fahrzeugbreite, Fahrzeuglänge und Fahrzeughöhe normiert.

Anschließend werden unplausibel rekonstruierte Fälle entfernt. Hierfür erfolgt die Auswahl der relevanten GIDAS-Variablen, die zur Beschreibung der Kollisionskonfiguration nötig sind. Unplausibel ist es beispielsweise, wenn die Kollisionsgeschwindigkeit oder der Delta-v-Wert in der Rekonstruktion mit unbekannt angegeben wird (s. Filterung anhand der Variablen VK, VREL und DV). Des Weiteren sind Rekonstruktionen unplausibel, die angeben, dass der Berührpunkt sich deutlich außerhalb der maximalen Fahrzeuglänge oder Fahrzeugbreite befindet (s. Filterung der Variablen BRPX1 bzw. BRPY1). Unplausibel ist auch, wenn die Richtung der Kraft in der Kollision nicht rekonstruiert werden kann (s. Variable VDI1). Die zweite Filterung aufgrund der unplausibel rekonstruierten GIDAS-Variablen ist im elektronischen Zusatzmaterial in Tabelle A3 dargestellt.

Im nächsten Schritt erfolgt die dritte Filterung der Daten in Bezug auf die definierte Operational Design Domain (ODD) und das Wirkfeld. Dabei werden Schleuderunfälle, Unfälle mit PKW mit Anhänger sowie Unfälle mit nicht gegurteten Personen ausgeschlossen. Der Vergleich zwischen Filter 2 und 3 wird in der Tabelle 5.3 dargestellt.

Tabelle 5.3 Vergleich der Verletzungsschwere, GIDAS Filter 2 und Filter 3

Variable	Filter 2	Filter 3	Differenz absolut	Differenz relativ
Kollisionen	8.290	7.733	557	6,72 %
Personen gesamt	23.649	20.039	3.610	15,26 %
Unverletzt	11.016	9.307	1.709	15,51 %
Leichtverletzt	10.719	9.219	1.500	13,99 %
Schwerverletzt	1.826	1.460	366	20,04 %
Getötet	76	46	30	39,47 %

Zwischen Filterung 2 und Filterung 3 wird die Gesamtanzahl der Kollisionen um 6,72 % reduziert. Die Anzahl der beteiligten Personen reduziert sich jedoch um 15,26 %. Dabei wird besonders die Auswirkung der ausgeschlossenen Unfälle auf die Anzahl der schwerverletzten und getöteten Personen deutlich. Der Datensatz reduziert sich um ca. 20 % der schwerverletzten und ca. 40 % der getöteten Personen. Diese Auswirkung ist besonders auf die ausgeschlossenen Schleuderunfälle zurückzuführen, welche häufig für schwere und tödliche Verletzungen verantwortlich sind. Diese können jedoch nicht direkt vom prädiktiven System anhand wahrnehmungsbasierter Sensorik adressiert werden und müssen somit ausgeschlossen werden. Es ist jedoch deutlich, dass weiterhin eine große Anzahl von leichten und schweren Unfällen innerhalb der gefilterten Datenbasis liegt und von der prädiktiven Funktion adressiert werden kann.

5.1.2   Deskriptive Analyse des definierten Datensatzes

Nachdem die Datenbasis klar definiert und der Abzug der PKW-PKW-Kollisionen erstellt wurde, folgt die deskriptive Analyse, um eine systematische und objektive Beschreibung des Unfallgeschehens innerhalb des Wirkfelds der Funktion zu ermöglichen. Der Fokus liegt auf der Identifikation von Mustern und Trends innerhalb des Abzuges, beispielsweise der Verteilung unterschiedlicher Unfalltypen sowie der Analyse typischer Kollisionskonfigurationen. Zudem werden die Unfallbeteiligten charakterisiert und die Kollisionsparameter hinsichtlich der Verletzungsschwere analysiert. Die deskriptive Analyse soll als Grundlage für die Identifikation relevanter Einflussgrößen für weiterführende maschinelle Lernverfahren zur Erstellung des Szenario-Kataloges dienen.

Die betrachtete Datenbasis umfasst Unfälle in den Jahren 2000 bis 2019, die beteiligten PKW können jedoch ein deutlich älteres Baujahr haben. Wie in Abschnitt 2.1 erläutert, hat die Organisation Euro NCAP bereits seit der Gründung im Jahr 1997 zur Erhöhung der passiven Fahrzeugsicherheit beigetragen. Im Rahmen der Unfallanalyse mit PKW-PKW-Kollisionen können diese in **Pre-NCAP-** und **Post-NCAP-Fahrzeuge** differenziert werden. Pre-NCAP-Fahrzeuge sind Modelle, die vor der Etablierung der NCAP-Sicherheitsbewertungen entwickelt wurden und typischerweise geringere Sicherheitsstandards aufweisen. Post-NCAP-Fahrzeuge wurden nach der Einführung dieser Bewertungen entwickelt und bieten verbesserte Sicherheitsmerkmale gemäß der Crashtest-Anforderungen. Für die Unterscheidung der Fahrzeuge wird eine unternehmsintern festgelegte Definition der Pre-NCAP- und Post-NCAP-Fahrzeuge verwendet.

Tabelle 5.4 präsentiert eine differenzierte Beschreibung der Verletzten in PKW-PKW-Kollisionen, wobei zwischen Pre-NCAP- und Post-NCAP-Fahrzeugen nach vier Konstellationen unterschieden wird. Beide Fahrzeuge sind Pre-NCAP-Fahrzeuge (**Pre/Pre**), beide Fahrzeuge sind Post-NCAP-Fahrzeuge (**Post/Post**), das Ego-Fahrzeug ist ein Post-NCAP- und das Gegner-Fahrzeug ein Pre-NCAP-Modell (**Post/Pre**) sowie das Ego-Fahrzeug ist ein Pre-NCAP und das Gegner-Fahrzeug ein Post-NCAP Modell (**Pre/Post**). Dies ermöglicht eine Betrachtung der Verletzungsfolgen in Abhängigkeit von der Sicherheitsklassifizierung der kollidierenden Fahrzeuge. Dabei werden die Anzahl und die Anteile der Verletzten innerhalb der jeweiligen Konstellationen angegeben.

Auffällig ist der niedrigste Anteil der Schwerverletzten mit 5,64 % bei der Post/Pre-Konstellation, während der höchste Anteil mit 8,71 % bei der Pre/Post Konstellation auftritt. In den Pre/Pre- und Post/Post-Konstellationen liegen die Anteile mit 7,64 % bzw. 7,01 % deutlich näher beieinander. Dies deutet darauf hin, dass Kollisionen zwischen Fahrzeugen unterschiedlicher NCAP-Kategorien eine erhöhte Verletzungsschwere für die Pre-NCAP-Fahrzeuge begünstigen können. Dies weist auf eine nicht optimale Crash-Kompatibilität zwischen diesen Fahrzeuggenerationen.

Die ausgewogene Crash-Kompatibilität innerhalb der Gruppen (7,64 % vs. 7,01 %) kann zunächst nur mit Annahmen erklärt werden. Zum einen sind Fahrzeuge mit ähnlichen Sicherheitsstandards besser aufeinander abgestimmt. Zum anderen kann die Fahrzeugmasse eine relevante Rolle spielen. Dazu wird die GIDAS-Variable **GEWGES** betrachtet. Diese gibt das Crashgewicht des Fahrzeugs zum Zeitpunkt der ersten Kollision an. Das Gewicht wird nicht gemessen, sondern im Rahmen der Unfallrekonstruktion auf Grundlage von Annahmen geschätzt. Dazu gehört zum einen das im Fahrzeugschein definierte Fahrzeuggewicht, aber auch die Schätzung der Zuladung basierend auf der Anzahl der Insassen und weiterer Objekte im Fahrzeug. Nach Filterung aller Fahrzeuge mit unbekannter Masse können die Mittelwerte der Fahrzeuggewichte für die Pre-NCAP-Fahrzeuge mit 1.290 kg und Post-NCAP-Fahrzeuge mit 1.498 kg berechnet werden. Die hohe Differenz der Fahrzeugmassen könnte einen relevanten Einfluss auf die Verletzungsschwere haben. Hinzu kommt jedoch, dass weitere Einflussfaktoren, wie unterschiedliche Unfallsituationen oder Kollisionsgeschwindigkeiten, bei Pre-NCAP- und Post-NCAP-Fahrzeugen sich unterscheiden können.

Tabelle 5.4   Verletzungsschwereverteilung bei Pre-NCAP- und Post-NCAP-PKW-Unfällen

Verletzungsschwere	Pre/Pre		Post/Post		Post/Pre		Pre/Post	
	Anzahl	Anteil	Anzahl	Anteil	Anzahl	Anteil	Anzahl	Anteil
Unverletzt	3.277	47,14 %	2625	45,69 %	1803	49,37 %	1558	43,48 %
Leicht	3.121	44,90 %	2708	47,14 %	1635	44,77 %	1707	47,64 %
Schwer	531	7,64 %	403	7,01 %	206	5,64 %	312	8,71 %
Getötet	22	0,32 %	9	0,16 %	8	0,22 %	6	0,17 %
Gesamt	6.951		5.745		3.652		3.583	

Es stellt sich nun die Frage, ob bei der Erstellung des Szenario-Katalogs nur Fahrzeuge der Post-NCAP-Generation betrachtet werden sollen, da Fahrzeuge der Pre-NCAP-Generation zwar in dem GIDAS-Abzug ab dem Jahr 2000 noch häufig vorkommen, jedoch kaum noch im aktuellen Unfallgeschehen vertreten sind. Zur Beantwortung dieser Frage werden für die vier Konstellationen zusätzlich die unterschiedlichen Unfalltypen und die mittleren relativen Kollisionsgeschwindigkeiten betrachtet.

Die mittlere relative Kollisionsgeschwindigkeit beträgt 45,3 $\frac{km}{h}$ bei Pre-NCAP- und 43,05 $\frac{km}{h}$ bei Post-NCAP-Fahrzeugen. Der mittlere Delta-v beträgt 19,3 $\frac{km}{h}$ bei Pre-NCAP- und 17,2 $\frac{km}{h}$ bei Post-NCAP-Fahrzeugen. Bei der Betrachtung der unterschiedlichen Unfalltypen werden Pre/Pre- und Post/Post-Konstellationen zur besseren Differenzierung erläutert, diese sind in Abbildung 5.1 dargestellt.

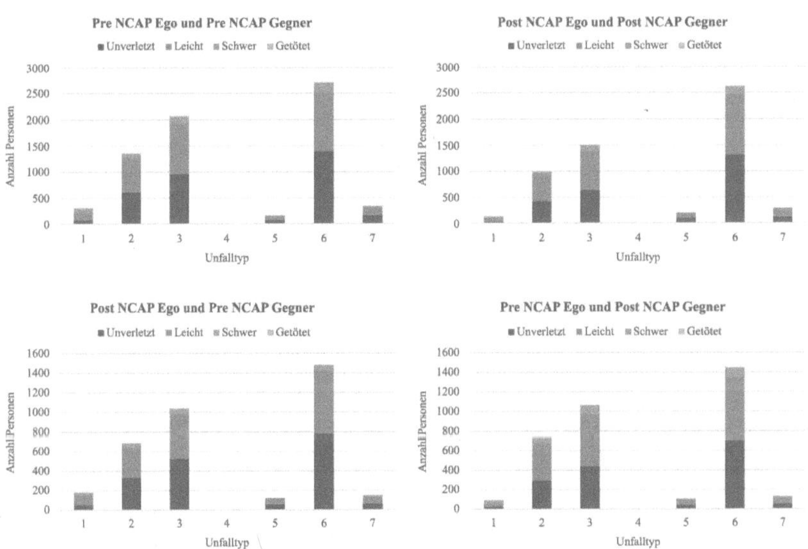

Abbildung 5.1   Unfalltypen bei Pre-NCAP- und Post-NCAP-Fahrzeugen

Der Unfalltyp 1 definiert einen Fahrunfall, bei dem der Fahrer ohne Fremdeinwirkung die Kontrolle über das Fahrzeug verliert. Bei Post/Post-Konstellationen mit moderneren Fahrzeugen fallen 2,28 % der Personen unter die Kategorie Unfalltyp 1. Bei Pre/Pre-Konstellationen mit älteren Fahrzeugen ist dieser Anteil mit 4,4 % doppelt so hoch. Da Fahrzeuge der Pre-NCAP-Ära meistens nicht mit

Stabilitätsfunktionen wie ESP (Elektronisches Stabilitätsprogramm) ausgestattet sind, fehlt diesen eine wichtige Sicherheitsfunktion zur Vermeidung von Fahrunfällen. Dies könnte ein wesentlicher Faktor für den Rückgang der Unfälle des Unfalltyps 1 bei Post/Post-Konstellationen sein.

Auffällig ist weiterhin der deutlich höhere Anteil des Unfalltyps 6 mit 45,73 % bei Post/Post- gegenüber 38,97 % bei Pre/Pre-Konstellationen. Der Unfalltyp 6 beschreibt Unfälle im Längsverkehr. Der Unfalltyp 6 repräsentiert den häufigsten Unfalltyp und umfasst einen großen Anteil an Auffahrunfällen im Stau oder stockenden Verkehr. Obwohl der autonome Notbremsassistent (AEB) den Unfalltyp 6 adressiert, scheint dieser Einfluss noch nicht deutlich erkennbar zu sein. Dies könnte darauf zurückgeführt werden, dass auch viele Post-NCAP-Fahrzeuge noch nicht mit AEB ausgestattet wurden. Die Funktion AEB wurde erstmals im Jahr 2014 in die Euro NCAP-Bewertung aufgenommen und ist seit Juli 2024 verpflichtend für alle in der EU neu zugelassenen Fahrzeuge [134]. Insgesamt kann festgestellt werden, dass die Unterschiede der Kollisionsgeschwindigkeiten nur geringfügig sind und alle Unfalltypen, trotz einiger Änderungen der Anteile, weiterhin vertreten sind. Somit wird zur weiteren Auswertung die gesamte Datenbasis, ohne die Differenzierung nach Pre-NCAP- und Post-NCAP-Fahrzeugen, betrachtet, um eine möglichst hohe Bandbreite an unterschiedlichen PKW-PKW-Unfällen abzubilden. Außerdem würde der Ausschluss von Pre-NCAP-Fahrzeugen das aktuelle Unfallgeschehen nicht vollständig abbilden, da auch sehr alte Fahrzeuge noch auf den Straßen unterwegs sind.

Analyse der Kollisionsparameter
Als Nächstes wird die Verteilung und Relevanz von unterschiedlichen Kollisionsparametern betrachtet. Bei der Erstellung eines Szenario-Katalogs muss für die Relevanzbewertung einzelner Szenarien auch die Verletzungsschwere innerhalb dieser Szenarien bewertet werden. Dabei sollen die Abbildung 5.2 bis Abbildung 5.11 eine vertiefte Einsicht in die einzelnen Unfallvariablen sowie deren Wechselwirkungen innerhalb der gefilterten PKW-PKW-Unfalldatenbasis liefern. Diese dienen zudem der Input-Feature-Auswahl für das Clustering in Abschnitt 5.3.1. Abbildung 5.2 zeigt die Korrelationsmatrix der Kollisionsparameter, berechnet mit dem Bravais-Pearson-Korrelationskoeffizienten. Die Korrelationsmatrix zeigt die statistische Beziehung zwischen den unterschiedlichen Parametern zur Definition der Kollisionskonfiguration (z. B. Kollisionsgeschwindigkeit, Kollisionswinkel, Kollisionszone, Gewicht der Fahrzeuge) und der Verletzungsschwere. Die Verletzungsschwere wird betrachtet, um die Relevanz der einzelnen Kollisionsparameter

einzuordnen. Die Einheiten der einzelnen Variablen sind in Tabelle A2 im elektronischen Zusatzmaterial definiert und werden in der Abbildung 5.2 nicht explizit dargestellt. Dies gilt auch für nachfolgende Abbildungen.

Die Verletzungsschwere wird für diese Analyse durch die Variablen **PVERL** und **MAIS15** definiert. Während PVERL die Verletzungsschwere in die Kategorien unverletzt, leichtverletzt, schwerverletzt und getötet einteilt, ermöglicht die MAIS-Variable eine präzisere Klassifizierung der Verletzungsschwere. Zur Beschreibung der Lebensgefahr durch individuelle Verletzungen in verschiedenen Körperregionen wird das Kodierungssystem **Abbreviated Injury Scale (AIS)** verwendet. AIS ordnet den Verletzungsschweregrad auf einer Skala von 0 bis 6 ein, wobei 0 für keine Verletzung, 1 für eine leichte Verletzung und 6 für eine maximale Verletzung steht. Eine häufig verwendete Aggregation des Schweregrads von Verletzungen in der Unfallanalyse wird durch die Variable **MAIS** (**Maximum Abbreviated Injury Scale**) beschrieben. Diese definiert die maximale AIS-Codierung aller Verletzungen der Person. In dieser Arbeit wird die aktuellste Version von AIS 2015 [135], veröffentlicht durch **AAAM** (**Association for the Advancement of Automotive Medicine**), verwendet.

Die höchste Korrelation für **MAIS15** besteht mit 0,303 zur Variable **DV** (Delta-v-Wert). Dies entspricht einer schwachen positiven Korrelation, die auf einen leichten, aber nicht immer signifikanten Zusammenhang hinweist. Der Korrelationswert für das **EES-Kriterium** (Energy Equivalent Speed) beträgt 0,294 und liegt damit nur geringfügig niedriger. Der Korrelationswert für die relative Kollisionsgeschwindigkeit (**VREL**) beträgt 0,250. Die neu berechnete Variable **MR_Geg/Ego** definiert das Verhältnis der Masse des gegnerischen Fahrzeuges zur Masse des Ego-Fahrzeuges. Diese hat eine geringe positive Korrelation zu MAIS15 mit 0,170. Die höchste negative Korrelation besteht mit −0,239 zur Variable **GBRPX1**. Diese beschreibt den Berührpunkt in der Längsrichtung am Gegnerfahrzeug, normiert auf die Fahrzeuglänge. Weiterhin weisen der Kollisionswinkel und Ablenkwinkel in X-Richtung (**KWINK_X, DWINK_X**) mit −0,175 und −0,162 eine geringe negative Korrelation auf.

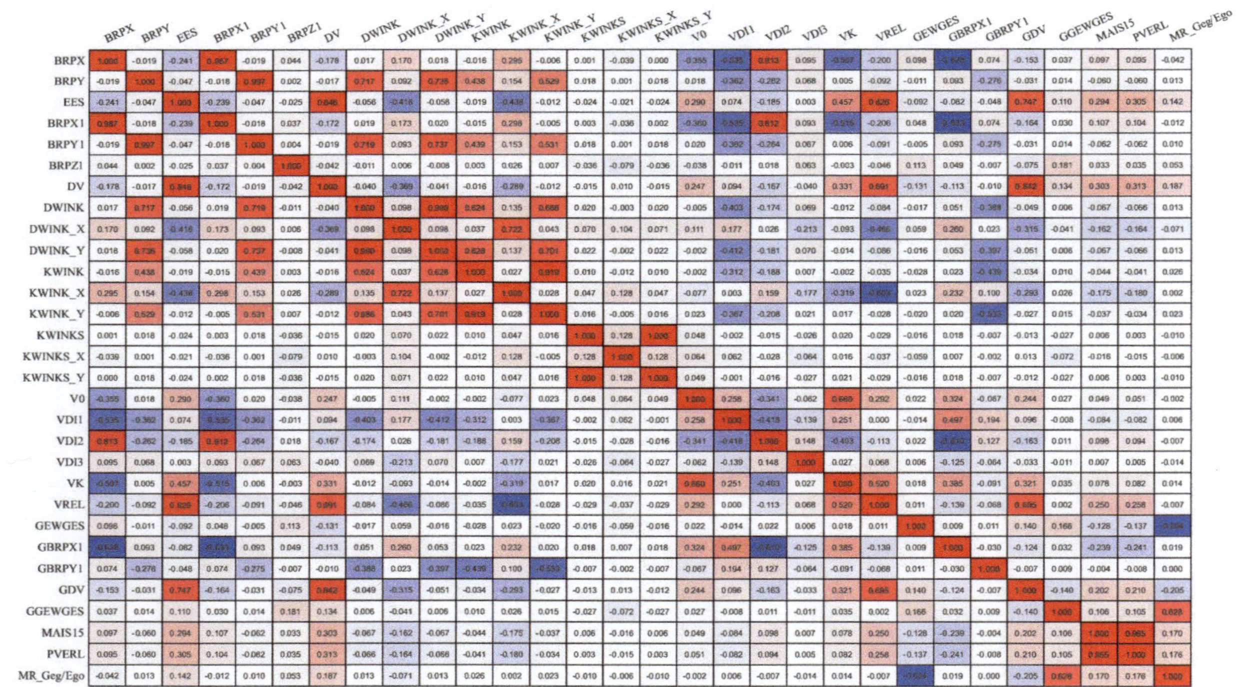

Abbildung 5.2   Korrelationsmatrix der Kollisionsparameter

Weitere Unfallparameter, welche von der Kollisionskonfiguration unabhängig sind, werden mit der Korrelationsmatrix in Abbildung 5.3 betrachtet. Bemerkenswert ist, dass die stärkste negative Korrelation zwischen MAIS15 und der Fahrzeugklasse (z. B. untere Mittelklasse, Oberklasse, SUV) mit einem Wert von nur $-0,152$ vorliegt. Dies legt die Vermutung nahe, dass das Gewicht der Kollisionsfahrzeuge, welches durch die Fahrzeugklasse repräsentiert wird, eine relevante Rolle für die Verletzungsschwere spielt. Die Ortslage weist eine geringe positive Korrelation von 0,1 mit MAIS15 auf.

Da keine der untersuchten Variablen eine starke Korrelation mit der Verletzungsschwere aufweist, deutet dies darauf hin, dass die Verletzungsschwere nicht primär von einzelnen Faktoren in linearer Weise beeinflusst wird. Vielmehr könnten sowohl nicht-lineare als auch multifaktorielle Zusammenhänge eine Rolle spielen. Beispielsweise könnte ein Kollisionswinkel von 90 ° mit einem höheren Verletzungsrisiko verbunden sein als Winkel von 0 ° oder 180 °, was durch eine einfache lineare Korrelation nicht eindeutig erfasst wird. Multivariate Analysen bieten hier einen geeigneten Ansatz, um die gemeinsame Wirkung mehrerer Einflussfaktoren umfassender zu untersuchen. Auch visuelle Analysen, wie beispielsweise die Betrachtung von Wahrscheinlichkeitsdichtefunktionen oder Streudiagrammen, können dazu beitragen, nicht-lineare Zusammenhänge besser zu identifizieren. Abbildung 5.4 zeigt eine Streudiagramm-Matrix für Beteiligten 1, die zur visuellen Analyse der Zusammenhänge zwischen verschiedenen Kollisionsparametern genutzt wird. Dabei wird die Beteiligtennummer 1 bei der Unfallerhebung in der Regel dem Beteiligten mit der höheren Unfallschuld zugewiesen, wobei Abweichungen von dieser Regel möglich sind.

Die Streudiagramm-Matrix für weitere Beteiligte wird in Abbildung 5.5 dargestellt.

Abbildung 5.3 Korrelationsmatrix weiterer Unfallparameter

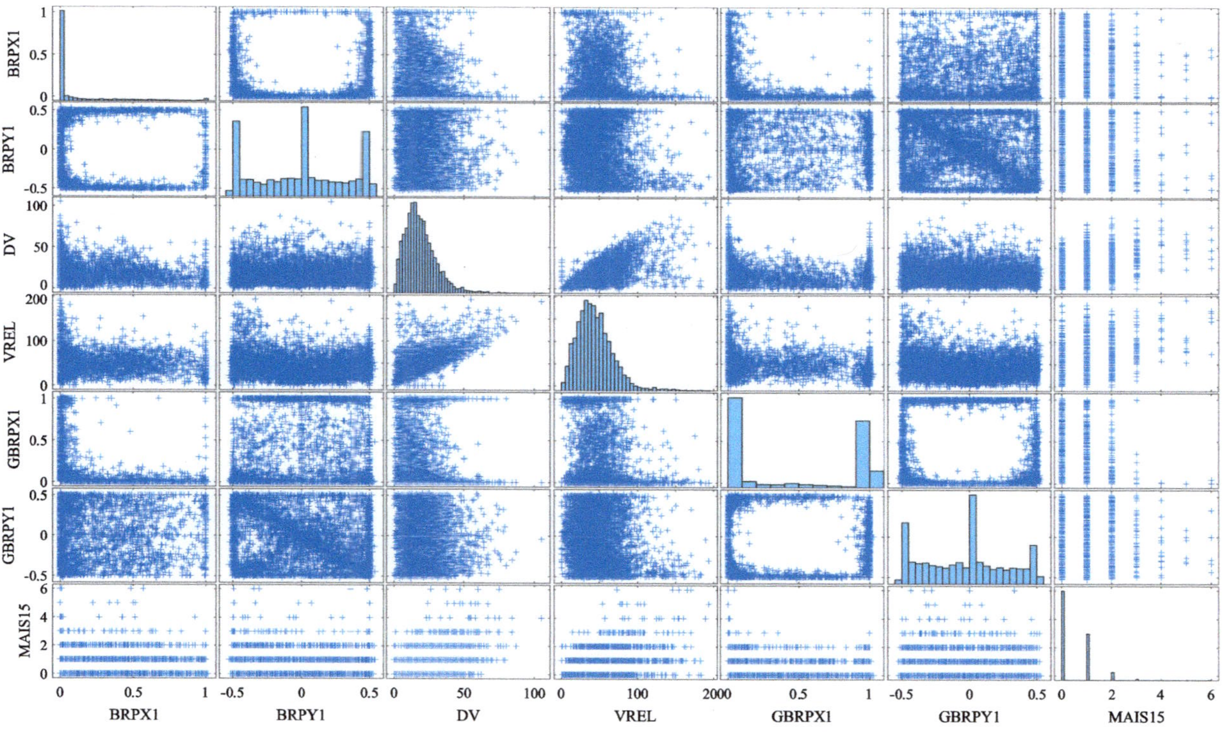

Abbildung 5.4 Streudiagramm der Kollisionsparameter, Beteiligter 1

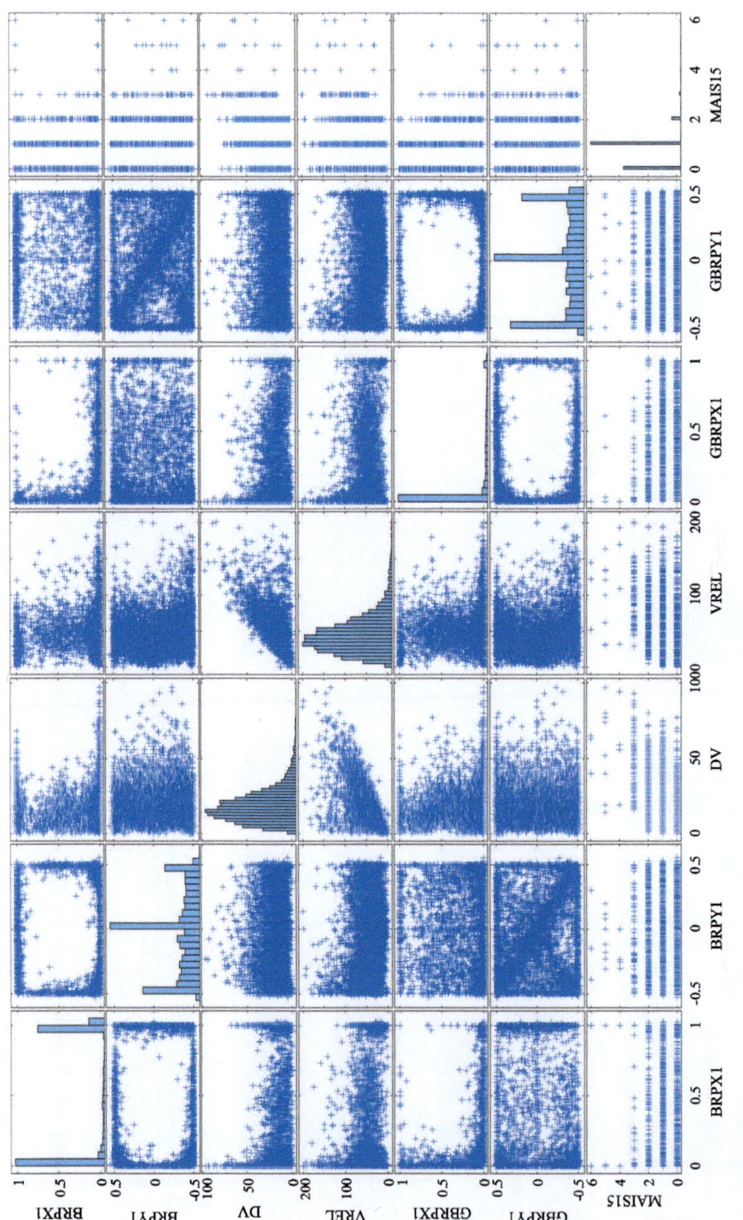

Abbildung 5.5 Streudiagramm der Kollisionsparameter, weitere Beteiligten

Es fällt auf, dass die Verteilung der Verletzungsschwere für Beteiligten 1 und weitere Beteiligte sich stark unterscheidet. Das Verhältnis der Verletzten (**MAIS1+**) zu Unverletzten (**MAIS0**) ist bei Beteiligten 1 deutlich niedriger als bei anderen Beteiligten. Auch die Verteilungen von BRPX1 sind für Beteiligten 1 und weitere Beteiligte signifikant unterschiedlich. Während die überwiegende Mehrheit der Unfälle für Beteiligten 1 den Berührpunkt an der Front hat, liegen die Berührpunkte in der Kollision bei ihm nur sehr selten am Heck des Fahrzeuges, während bei anderen Beteiligten die Kollision am Heck statistisch häufig vorkommt. Ansonsten wird die bereits aufgezeigte lineare Korrelation zwischen Delta-v und der relativen Kollisionsgeschwindigkeit bestätigt.

Als nächstes werden die Wahrscheinlichkeitsdichtefunktionen (Abbildung 5.6), kumulative Verteilungsfunktionen (Abbildung 5.7) und Boxplots (Abbildung 5.8) für relevante Kollisionsparameter nach der Verletzungsschwere der Insassen betrachtet. Die Verletzungsschwere wird in vier Gruppen klassifiziert. Die erste Gruppe umfasst Verletzungen mit einer MAIS-Klassifizierung von 0 oder 1 (MAIS0–1). Die zweite Gruppe umfasst die MAIS2- und die dritte Gruppe die MAIS3-Verletzungen. Die vierte Gruppe umfasst alle Verletzungen mit einer MAIS-Klassifizierung von 4 oder höher (**MAIS4+**). Mehrgipflige Dichteverteilungen könnten darauf hinweisen, dass sich verschiedene Kollisionsmechanismen in der Datengruppe befinden. Zwei starke Peaks in der Dichtefunktion von BRPY weisen auf die Häufigkeit unterschiedlicher Kollisionsszenarien innerhalb dieser Gruppe hin. Die Dichtefunktion zeigt eine erhöhte Wahrscheinlichkeit für alle Verletzungsschweregruppen bei niedrigen Werten von **VK**.

Die kumulativen Verteilungsfunktionen zeigen auf, ab welchem Wert der untersuchten Kollisionsparameter welcher Anteil der Fälle liegt. Besonders die Gruppen MAIS0-1 und MAIS4+ zeigen in mehreren Parametern signifikante Unterschiede in der Werteverteilung, was auf unterschiedliches Kollisionsverhalten hindeuten könnte.

Die dargestellten Boxplots visualisieren den Median sowie das 25. und 75. Perzentil als Maß der zentralen Tendenz und der Streuung der Daten. Darüber hinaus repräsentieren sie die 5 %- und 95 %-Perzentile, um die Verteilungsextreme und Ausreißer in der Datenstruktur zu veranschaulichen. Die Verteilungen der einzelnen Parameter variieren jedoch zwischen den Gruppen. Insbesondere weisen die Parameter **DV** und **EES** die geringste Streuung auf.

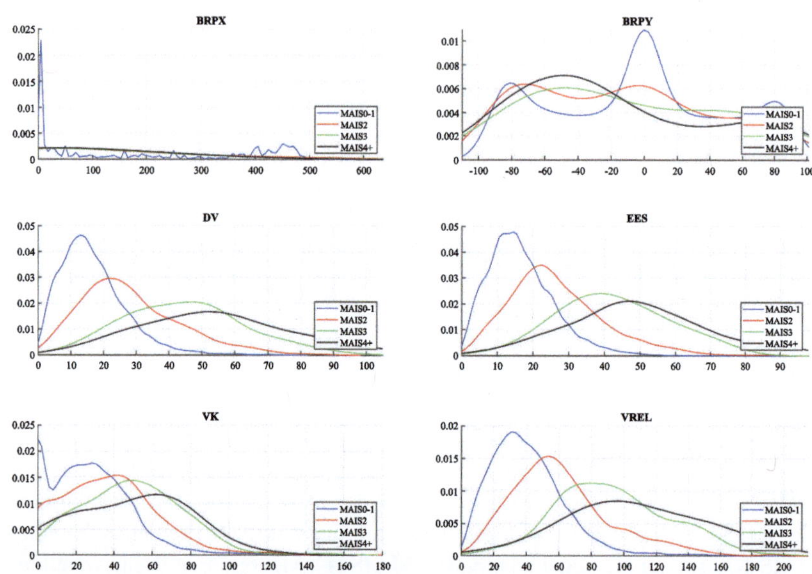

Abbildung 5.6 Wahrscheinlichkeitsdichtefunktion der Kollisionsparameter nach Verletzungsschwere

Dabei wird eine signifikante Anzahl von Ausreißern, insbesondere in der Gruppe MAIS0-1, deutlich. Dies zeigt auf, dass auch bei höheren Werten für Geschwindigkeit, EES oder Delta-v die Verletzungen mit einer Schwere von MAIS0 oder MAIS1 auftreten können. Dies erschwert die eindeutige Prädiktion der Verletzungsschwere auf Basis der energiebezogenen Kollisionsparameter erheblich. Der Übergang von der Gruppe MAIS0-1 zur Gruppe MAIS2 ist zwar erkennbar, jedoch weniger ausgeprägt als der deutliche Anstieg der Werte in der Gruppe MAIS3 im Vergleich zu MAIS2. Dies deutet darauf hin, dass die Veränderung der Verletzungsschwere mit zunehmenden Werten der Kollisionsparameter nicht linear verläuft.

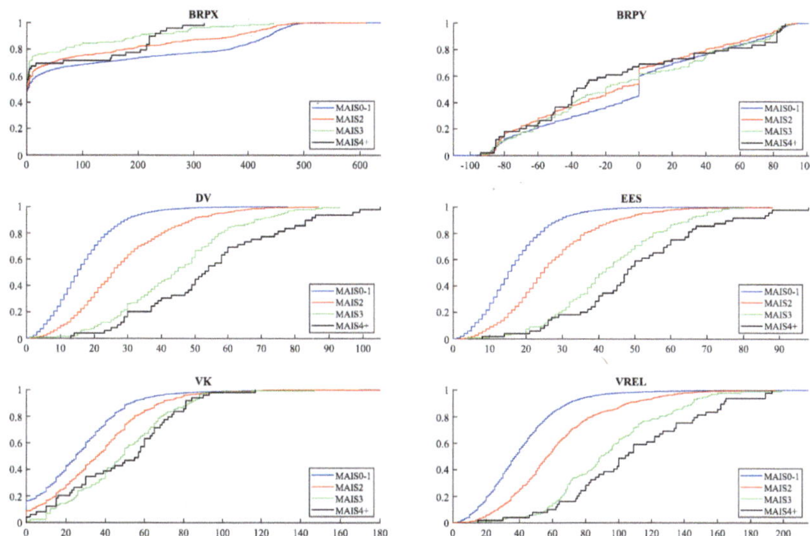

Abbildung 5.7 Kumulative   Verteilungsfunktion   der   Kollisionsparameter   nach Verletzungsschwere

Als Nächstes wird in Abbildung 5.9 die Verteilung der relativen Kollisionsgeschwindigkeit, des Delta-v-Wertes und des Kollisionswinkels unabhängig von der Verletzungsschwere betrachtet.

Die meisten Kollisionen haben eine rekonstruierte relative Kollisionsgeschwindigkeit im Bereich von $20\,\frac{km}{h}$ bis $80\,\frac{km}{h}$. Vergleichsweise wenige Fälle finden mit VREL über $100\,\frac{km}{h}$ statt. Die meisten Delta-v-Werte liegen zwischen $5\,\frac{km}{h}$ und $35\,\frac{km}{h}$. Nur sehr wenige Fälle haben ein rekonstruiertes DV von über $50\,\frac{km}{h}$. Die absolute Mehrheit der Kollisionswinkel liegt in dem Bereich um $0\,°$ herum. Lokale Maxima der Kollisionswinkel sind erkennbar in den Bereichen um $-90\,°$, $90\,°$, $-180\,°$ und $180\,°$ herum.

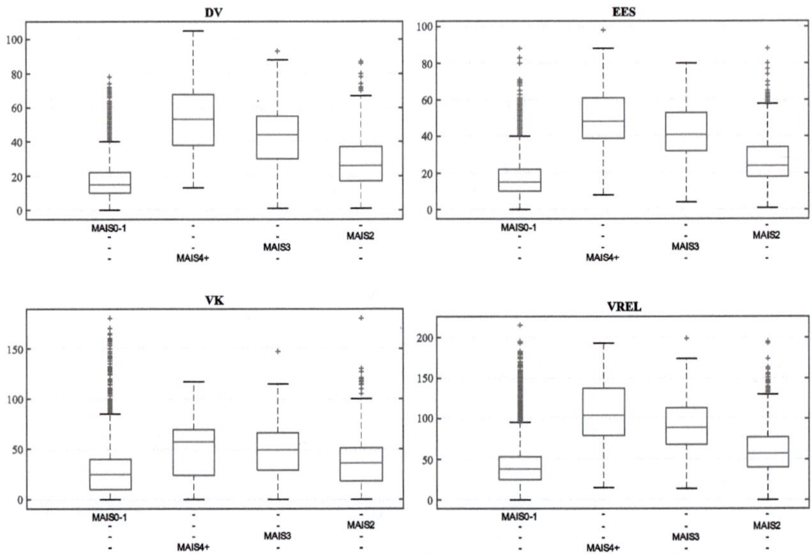

Abbildung 5.8 Box-Plot der Kollisionsparameter nach Verletzungsschwere

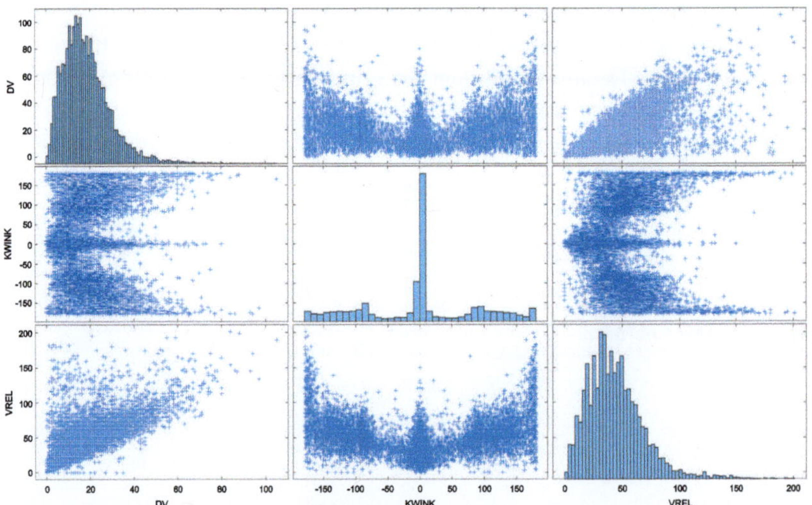

Abbildung 5.9 Verteilung von Kollisionsgeschwindigkeit, Delta-v und Kollisionswinkel

Die Abbildungen 5.10 und 5.11 sollen die mehrdimensionalen Zusammen-
hänge zwischen den Kollisionspunkten am Fahrzeug, dem Delta-v-Wert und der
Verletzungsschwere darstellen. Die Kollisionspunkte werden dabei entlang der
Fahrzeuglänge und -breite eingetragen, die Hochachse stellt den Delta-v-Wert
dar und die Farbskala definiert die Verletzungsschwere nach MAIS15. Für beide
beteiligten Gruppen ist eine höhere Anzahl an Getöteten bei Kollisionen mit
Berührungspunkten auf der Fahrerseite erkennbar, was insbesondere bei PKW-
PKW-Unfällen zunächst naheliegend ist. Beim Beteiligten 1 sind die Berührpunkte
bei schweren und tödlichen Unfällen hauptsächlich über die Front sowie beide Sei-
ten verteilt. In der Gruppe weiterer Beteiligter liegen diese hauptsächlich in der
Front und am Heck.

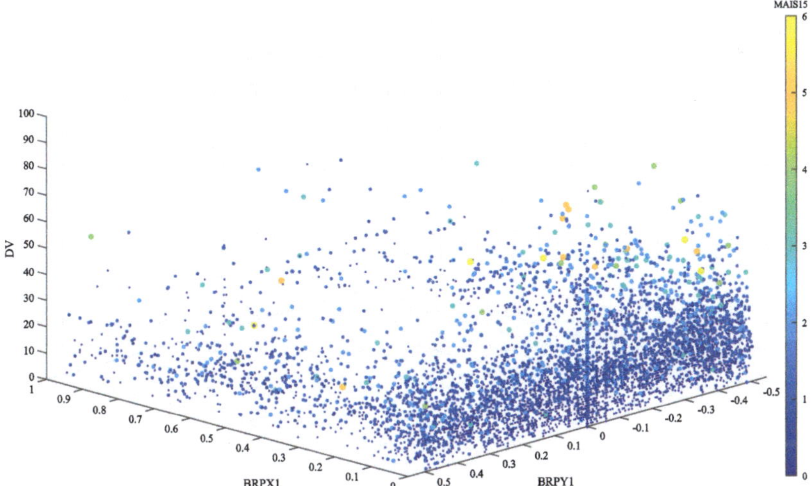

Abbildung 5.10 Verteilung der Verletzungsschwere über Berührpunkte und Delta-v,
Beteiligter 1

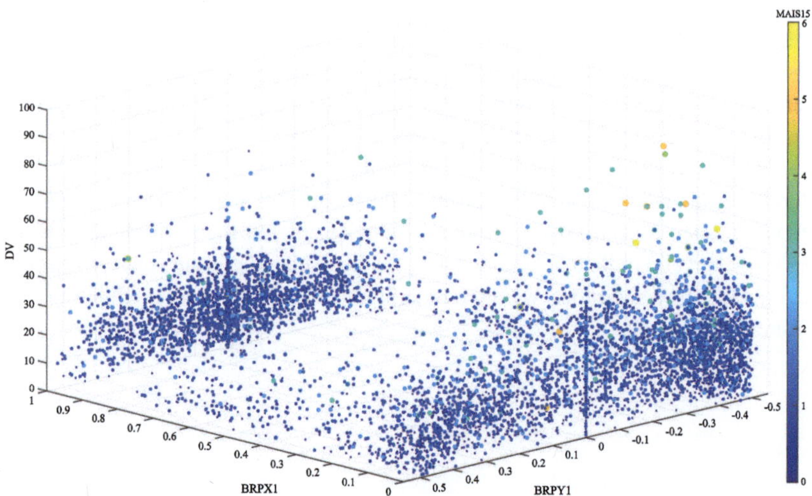

Abbildung 5.11 Verteilung der Verletzungsschwere über Berührpunkte und Delta-v, weitere Beteiligten

5.1.3   Zwischenfazit und Schlussfolgerungen

Als Datenbasis zur Extraktion der Testszenarien wird die GIDAS-Datenbank herangezogen, dabei erfolgt eine Selektion der PKW-PKW-Unfälle auf Grundlage der schwersten Kollision. Zusätzlich wird der Abzug nach Plausibilität der Rekonstruktion sowie dem Wirkfeld der Funktion gefiltert. Die anschließende deskriptive Analyse der erstellten Datenbasis liefert wertvolle Erkenntnisse über das Sicherheitspotenzial der Funktion.

Schleuderunfälle mit PKW-PKW Beteiligung machen ca. 33 % der Getöteten und 20 % der Schwerverletzten aus. Diese werden aufgrund des Wirkfeldes in der weiteren Analyse nicht berücksichtigt. Es ist jedoch ausreichend Sicherheitspotenzial für die Funktion zur Crash-Schwere-Schätzung vorhanden, auch ohne Prädiktion der Schleuderunfälle. Sehr hohe Delta-v-Werte, ab ca. 20 $\frac{m}{s}$ führen im Feld fast ausschließlich zu Schwerverletzten oder Getöteten. Geringe Abweichungen der prädizierten Crash-Schwere sind für die Auslösung der Rückhaltesysteme bei so schweren Kollisionen vermutlich nicht relevant. Eine Differenz in der Verletzungsschwereverteilung wird bei der Unterteilung der Kollisionen nach Post-NCAP- und Pre-NCAP-Fahrzeugen deutlich, insbesondere wenn die Fahrzeuge aus unterschiedlichen Generationen stammen. Dennoch sollen bei der

Erstellung des Szenarien-Katalogs alle Kollisionen, auch mit alten Fahrzeugen, betrachtet werden, um ein möglichst großes Spektrum der potenziellen Unfälle abzubilden. Lineare Korrelationen zwischen der Verletzungsschwere und Kollisionsparametern sowie weiteren unfallbezogenen Parametern können nur in geringem Maße festgestellt werden.

In Abbildung 1.2 wurde zudem aufgezeigt, dass ein großer Anteil aller Getöteten bei PKW-Kollisionen auf Alleinunfälle entfällt. Hier bestehen große Potenziallücken für eine Funktion zur Crash-Schwere-Schätzung bei nur PKW-PKW-Kollisionen. Die Prädiktion der Kollisionen mit stationären Objekten bietet ein großes Potenzialfeld. Der breite Einsatz von modernen Fahrerassistenz- und aktiven Sicherheitssystemen kann einen relevanten Einfluss auf die Veränderung des Unfallgeschehens sowie die Verteilungen innerhalb der Unfalltypen und Unfallsituationen haben. Da die betrachtete Datenbasis Unfälle von 2000 bis 2019 enthält, kann der Einfluss moderner Systeme noch nicht deutlich genug differenziert werden. Zusätzlich zur retrospektiven Betrachtung der Kollisionen sollten Annahmen und Prognosen zum aktuellen und zukünftigen Unfallgeschehen aufgestellt werden. Dies wird in Abschnitt 6.1.2 adressiert.

Zudem konnten unterschiedliche Verteilungen der Kollisionskonfigurationen für Beteiligten 1 und weitere Beteiligte festgestellt werden. Es stellt sich die Frage, ob die Kenntnis über die eigene Beteiligung und Zustand im Straßenverkehr einen Einfluss auf die Bewertung der Relevanz der Testszenarien haben könnte. Dies könnte eine unterschiedliche Relevanz der Szenarien für das Fahrzeug, das mit der Funktion zur Crash-Schwere-Schätzung ausgestattet ist, hervorrufen. Dies wird in Abschnitt 5.3.4 näher betrachtet.

Die GIDAS-Datenbank liefert eine geeignete Datenbasis für repräsentative Untersuchungen von PKW-PKW-Kollisionen. Eine 1 zu 1 Repräsentativität des gesamten Unfallgeschehens ist dennoch nicht zu erwarten. Für bessere Aussagekraft wäre eine Ähnlichkeitsanalyse zu allen PKW-PKW-Kollisionen in Deutschland und eine detaillierte Hochrechnung notwendig. Diese Analyse kann unter Einbeziehung der Unfallstatistik des Statistischen Bundesamtes durchgeführt werden.

5.2   Herleitung der Repräsentativitätsgrenzen

Das vorliegende Unterkapitel basiert auf der Publikation „Road Safety: A Similarity Analysis of the GIDAS Data and the Overall Incidence of Car-to-Car Accidents on German Roads" die im Rahmen dieser Dissertation entstanden ist [136].
Tiefenanalytische Unfalldatenbanken bilden nicht immer das gesamte Unfallgeschehen eines Landes repräsentativ ab. Daher ist zu prüfen, ob die Verteilung des betrachteten Wirkfelds der Fahrerassistenz- oder Sicherheitsfunktion in der Unfalldatenbank mit der Verteilung in der Grundgesamtheit des Unfallgeschehens übereinstimmt. Die Unfalldaten aus der GIDAS-Datenbank werden auf Ähnlichkeiten und Unähnlichkeiten mit der Grundgesamtheit aller Unfälle in Deutschland untersucht, also mit der Bundesunfallstatistik. Damit soll die Frage beantwortet werden, ob die virtuelle Erprobung einer Funktion anhand der simulierten Teilgruppe ausreicht, um fundierte Aussagen über das gesamte Wirkfeld zu treffen.

5.2.1   Ähnlichkeitsanalyse der PKW-PKW-Unfälle in GIDAS und DESTATIS

Auf nationaler Ebene kann die Unfallstatistik für Deutschland aus jährlichen Zeitreihen des Statistischen Bundesamtes (DESTATIS) untersucht werden. Diese Daten enthalten einen allgemeinen Überblick über alle Unfälle in Deutschland, die von der Polizei erhoben wurden, und ermöglichen Analysen der Verteilung der Unfalltypen sowie der Verletzungsschwere [137]. Tiefenanalytische Einblicke in Unfallhergänge sind mit dieser Datenbank jedoch nicht möglich. In dieser Untersuchung werden zunächst die Unfälle der Jahre 2016 bis 2019 aufgrund der Aktualität der Fälle und der Tatsache, dass Unfalldaten aus der Region Hannover nur bis 2019 zur Verfügung gestellt wurden, analysiert. Die Datenbank des Statistischen Bundesamtes wird von einer repräsentativen 50 %-Stichprobe erfasst, die eine größere Informationstiefe als die öffentlich zugänglichen Jahresberichte liefert. Im Folgenden wird diese als DESTATIS-Unfalldatensatz bezeichnet.

Die GIDAS-Datenbank dient als repräsentative Grundlage für vertiefte Unfalldatenanalysen. Es ist jedoch bekannt, dass sie einige systematische Abweichungen im Vergleich zu der bundesweiten Gesamtunfallstatistik aufweist, die als Grundgesamtheit aller Unfälle in Deutschland betrachtet wird [138]. Im Gegensatz zu der in Abschnitt 5.1.1 definierten Datenbasis der schwersten PKW-PKW-Kollisionen kann die DESTATIS-Datenbank nicht in dieser Tiefe gefiltert werden. Die Ähnlichkeit zwischen den GIDAS- und DESTATIS 50 %-Datenbanken wird daher anhand von Unfällen analysiert, bei denen ausschließlich zwei Verkehrsteilnehmer beteiligt sind, die beide PKW sind. Dies entspricht der **Möglichkeit zwei** in Abschnitt 5.1.1. Da die beschriebenen Einschränkungen sowohl für GIDAS als auch für DESTATIS gelten, wird somit die gleiche Datenbasis geschaffen. Für die Ähnlichkeitsanalyse werden die Daten nach drei Filterkriterien vorverarbeitet, sowohl für GIDAS als auch für DESTATIS:

- Unfall mit Personenschaden
- Unfall mit zwei Verkehrsteilnehmern
- Beide beteiligten Verkehrsteilnehmer sind PKW

Durch den Fokus auf PKW-PKW-Unfälle wird eine **einheitliche Datenbasis als Wurzel** geschaffen, die als Grundlage für weitere vertiefende Untersuchungen dient. Relevante Variablen wie Verletzungsschwere, Unfallort, Unfalltyp und beteiligte Fahrzeugklassen werden tiefer untersucht. Die Analyse dieser Variablen dient der Identifikation von Unterschieden und Gemeinsamkeiten zwischen GIDAS und DESTATIS. Basierend auf den festgestellten Abweichungen werden **Gewichtungsfaktoren** für einzelne Unfallsituationen in der GIDAS-Datenbank erstellt. Anhand der Gewichtungsfaktoren werden die ermittelten GIDAS-Unfallverteilungen auf die Gesamtunfallstatistik hochgerechnet. Anschließend wird die Ähnlichkeitsverteilung bewertet. Die Gewichtungsfaktoren sind dabei aus mindestens zwei bekannten Gründen notwendig [139]:

- Der Anteil der schweren und tödlichen Unfälle in GIDAS ist höher als in der Gesamtunfallstatistik
- Unfälle innerorts sind in GIDAS häufiger vertreten als in der Gesamtunfallstatistik

Es wäre jedoch zu unpräzise, die Gewichtungsfaktoren nur auf der Ebene der Verletzungsschwere oder des Unfallortes zu berechnen. Die theoretischen Überlegungen für die in dieser Studie verwendete Extrapolationsmethodik werden von Kreiss et al. beschrieben [139]. Die Ermittlung der Gewichtungsfaktoren beruht auf der Annahme, dass Unfälle mit gleicher Verletzungsschwere, gleichem Unfallort und gleichem Unfalltyp eine ähnliche Verteilung der detaillierteren Unfallszenarien in GIDAS und DESTATIS aufweisen. Daher wird ein **Entscheidungsbaum** mit drei Ebenen und insgesamt 36 Blättern zur Bestimmung der **einzelnen Gewichtungsfaktoren** erstellt. Die **drei Stufen** sind wie folgt definiert:

- Unfallkategorie nach der Unfallschwere
- Unfallort
- Unfalltyp

Die **Unfallkategorien (UKAT)** nach der DESTATIS-Definition sind:

- UKAT 1: Unfall mit getöteten Personen
- UKAT 2: Unfall mit schwer verletzten Personen
- UKAT 3: Unfall mit leicht verletzten Personen
- UKAT 4: Unfall nur mit Sachschaden

UKAT 1 gilt für Personen, die innerhalb von 30 Tagen an unfallbedingten Verletzungen versterben. **Schwer verletzt** sind Personen, die anhand der Unfallfolgen für mindestens 24 Stunden stationär in ein Krankenhaus eingewiesen werden. Alle anderen dokumentierten Verletzungen werden als **leichte Verletzungen** klassifiziert. Die Unfallorte werden in GIDAS und DESTATIS als **innerorts, außerorts (ohne Autobahn)** und **Autobahn** definiert. Die Unfalltypen werden für die Analyse nur auf der oberen, ersten Ebene betrachtet. Die Unfalltypen (UTYP) sind in GIDAS und DESTATIS wie folgt einheitlich definiert:

- UTYP 1: Fahrunfall
- UTYP 2: Abbiegeunfall
- UTYP 3: Einbiegen/Kreuzen-Unfall
- UTYP 4: Überschreiten-Unfall
- UTYP 5: Unfall durch ruhenden Verkehr
- UTYP 6: Unfall im Längsverkehr
- UTYP 7: Sonstiger Unfall

UTYP 4 beschreibt jedoch nur Unfälle mit Fußgängerbeteiligung, die in dem definierten Abzug nicht vorkommen. Der **Entscheidungsbaum**, basierend auf den Variablen Unfallkategorie, Unfallort und Unfalltyp, mit **insgesamt 36 Blättern,** ist in Abbildung 5.12 dargestellt. Die Gewichtungsfaktoren zwischen GIDAS und DESTATIS werden auf **Blattebene 3** definiert. Jedes der 36 Blätter enthält eine **innere Blattverteilung,** die den Anteil der leicht verletzten, schwer verletzten und tödlich verletzten Personen im Blatt beschreibt. Die innere Blattverteilung wird für die anschließende Verifizierung der Extrapolationsmethode verwendet [139].

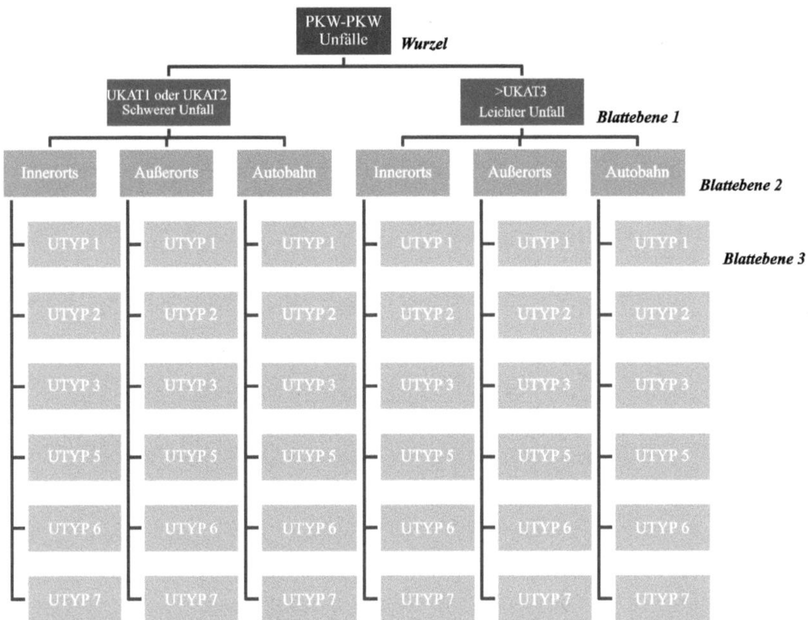

Abbildung 5.12 Entscheidungsbaum zur Bestimmung der Gewichtungsfaktoren für PKW-PKW-Unfälle[2]

Abbildung 5.13 zeigt die Verteilung der Unfallorte und der Verletzungsschwere der Fahrzeuginsassen für die PKW-PKW-Unfälle von GIDAS und DESTATIS in den Jahren 2016 bis 2019. Die Analyse zeigt, dass der Anteil innerstädtischer Unfälle in GIDAS mit 74,32 % signifikant höher ist als in DESTATIS mit 62,96 %. Im Gegensatz dazu ist der Anteil der Unfälle außerorts in GIDAS mit 18,87 % deutlich niedriger als in DESTATIS mit 28,88 %. Der Anteil der Autobahnunfälle fällt mit 6,81 % gegenüber 8,16 % ebenfalls niedriger aus. Der Anteil leicht verletzter Personen ist in GIDAS mit 83,82 % niedriger als in DESTATIS mit 89,32 %. Der Anteil der schwer Verletzten ist in GIDAS mit 15,91 % deutlich überrepräsentiert im Vergleich zu DESTATIS, wo er 10,39 % beträgt. Die unverletzten Insassen wurden in dieser Untersuchung nicht

---

[2] Angepasst nach Maschke und Putter et al., "Road Safety: A Similarity Analysis of the GIDAS Data and the Overall Incidence of Car-to-Car Accidents on German Roads", ICSRS 2023, © IEEE.

betrachtet, da diese Daten zu dem erstellten Abzug in DESTATIS nicht verfügbar sind. Die Diskrepanzen in der Anzahl der schwer Verletzten lassen sich trotz der angestrebten repräsentativen Erhebungsmethodik nicht vollständig vermeiden. Insbesondere bei Bagatellunfällen werden Verletzungen häufig erst nachträglich gemeldet und fließen somit in die Gesamtunfallstatistik ein. Andererseits werden diese Unfälle in GIDAS nicht erfasst, wenn unmittelbar zum Unfallzeitpunkt keine Verletzungen gemeldet wurden, da dieser Unfall von dem Erhebungsteam des GIDAS-Projekts nicht erhoben wird. Die Abweichungen in den Unfallorten sind auf die Erhebungsgebiete von GIDAS in den Regionen Hannover und Dresden zurückzuführen. In beiden Regionen werden überwiegend innerstädtische Unfälle erfasst, während Unfälle außerorts seltener erhoben werden. Die beiden festgestellten Abweichungen sind daher systematisch und verstärken sich gegenseitig, wodurch die gesamte Unähnlichkeit zwischen der GIDAS- und der DESTATIS-Verteilung noch größer wird.

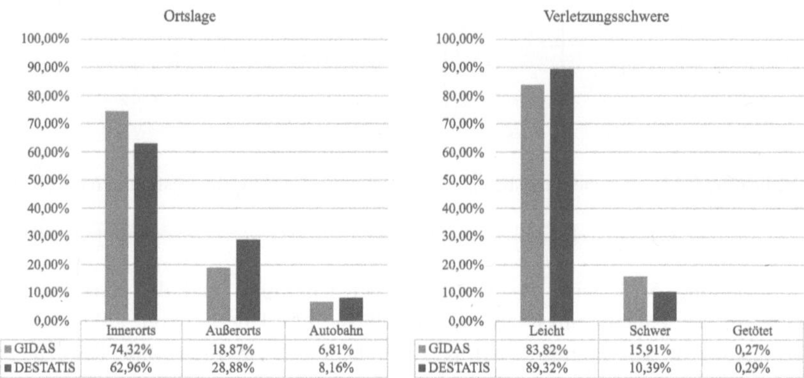

	Innerorts	Außerorts	Autobahn
GIDAS	74,32%	18,87%	6,81%
DESTATIS	62,96%	28,88%	8,16%

	Leicht	Schwer	Getötet
GIDAS	83,82%	15,91%	0,27%
DESTATIS	89,32%	10,39%	0,29%

Abbildung 5.13 Verteilung der Unfallorte und Verletzungsschwere in GIDAS und DESTATIS[3]

Abbildung 5.14 zeigt die Verteilung der Fahrzeugklassen für GIDAS und DESTATIS. Zunächst werden die Unterschiede zwischen GIDAS und DESTATIS in den Jahren 2016 bis 2019 betrachtet. Der Anteil von Transportern und Nutzfahrzeugen in GIDAS liegt bei 6,40 % im Vergleich zu 3,16 % in DESTATIS. Darüber hinaus ist der Anteil unbekannter Fahrzeugklassen mit 6,59 % in

---

[3] Angepasst nach Maschke und Putter et al., "Road Safety: A Similarity Analysis of the GIDAS Data and the Overall Incidence of Car-to-Car Accidents on German Roads", ICSRS 2023, © IEEE.

DESTATIS sehr hoch, in GIDAS sind es nur 0,35 %. Der Anteil der Kleinwagen ist in GIDAS etwas geringer als in DESTATIS, während der Anteil an Kompakt-, Mittelklasse- und Luxuswagen in GIDAS etwas höher ist. Insgesamt sind die Anteile dieser Fahrzeugklassen jedoch gut repräsentiert. Im Vergleich der Jahre 2000 bis 2019 und 2016 bis 2019 in GIDAS fällt der deutlich gestiegene Anteil an SUV auf. Dieser Trend steht im Einklang mit der gestiegenen Beliebtheit von SUV in Deutschland. Laut Kraftfahrt-Bundesamt machen SUV und Offroad-SUV zum 1. Januar 2023 17,2 % des gesamten Pkw-Bestands in Deutschland aus [140]. Zum 1. Januar 2024 lag dieser Anteil schon bei 18,6 % [141]. Noch im Jahr 2009 betrug dieser Anteil nur 3,2 %.

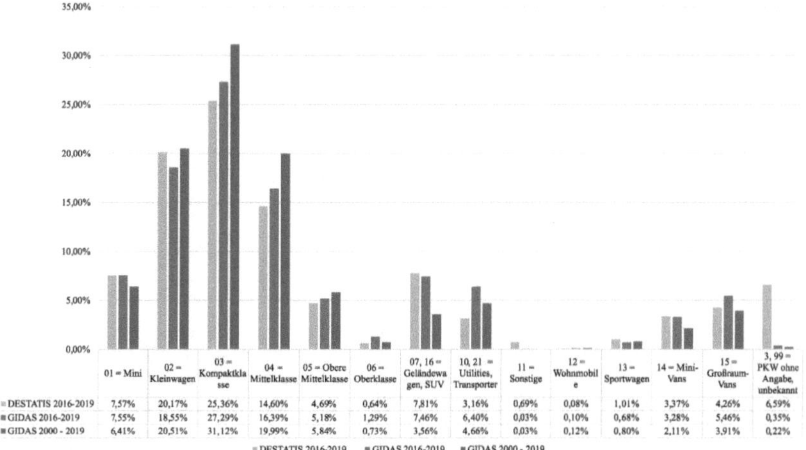

	01 = Mini	02 = Kleinwagen	03 = Kompaktklasse	04 = Mittelklasse	05 = Obere Mittelklasse	06 = Oberklasse	07, 16 = Geländewagen, SUV	10, 21 = Utilities, Transporter	11 = Sonstige	12 = Wohnmobile	13 = Sportwagen	14 = Mini-Vans	15 = Großraum-Vans	3, 99 = PKW ohne Angabe, unbekannt
DESTATIS 2016-2019	7,57%	20,17%	25,36%	14,60%	4,69%	0,64%	7,81%	3,16%	0,69%	0,08%	1,01%	3,37%	4,26%	6,59%
GIDAS 2016-2019	7,55%	18,55%	27,29%	16,39%	5,18%	1,29%	7,46%	6,40%	0,03%	0,10%	0,68%	3,28%	5,46%	0,35%
GIDAS 2000 - 2019	6,41%	20,51%	31,12%	19,99%	5,84%	0,73%	3,56%	4,66%	0,03%	0,12%	0,80%	2,11%	3,91%	0,22%

Abbildung 5.14 Verteilung der Fahrzeugklassen in GIDAS und DESTATIS[4]

Tabelle 5.5 zeigt die Verteilung der Unfalltypen auf unterschiedliche Standorte in GIDAS und Abbildung 5.15 zeigt die Verteilung der Unfalltypen für GIDAS und DESTATIS in den Jahren 2016 bis 2019. Insbesondere der Unfalltyp 1 ist mit 3,58 % in GIDAS gegenüber 5,06 % in DESTATIS unterrepräsentiert. Unfalltyp 1 ist ein Fahrunfall, der sich nach GIDAS häufiger in außerörtlichen Gebieten ereignet, wie aus Tabelle 5.5 hervorgeht. Unfalltyp 2 hingegen ist mit 20,35 % gegenüber 16,37 % überrepräsentiert. Dies ist ein Abbiegeunfall, der sich nach

---

[4] Angepasst nach Maschke und Putter et al., "Road Safety: A Similarity Analysis of the GIDAS Data and the Overall Incidence of Car-to-Car Accidents on German Roads", ICSRS 2023, © IEEE.

GIDAS besonders häufig im innerstädtischen Bereich ereignet. Für diese beiden Unfalltypen wird die nicht repräsentative Verteilung der Unfallorte in GIDAS besonders deutlich. Hingegen zeigen die Verteilungen der übrigen Unfalltypen weitgehend Übereinstimmungen.

Tabelle 5.5 Verteilung der Unfalltypen nach Unfallort in GIDAS

Ort/Unfalltyp	UTYP 1	UTYP 2	UTYP 3	UTYP 5	UTYP 6	UTYP 7
Innerorts	1,32 %	16,65 %	23,21 %	3,25 %	25,91 %	3,99 %
Außerorts	2,19 %	4,24 %	4,18 %	0,00 %	7,14 %	1,13 %
Autobahn	0,13 %	0,00 %	0,19 %	0,00 %	6,01 %	0,48 %

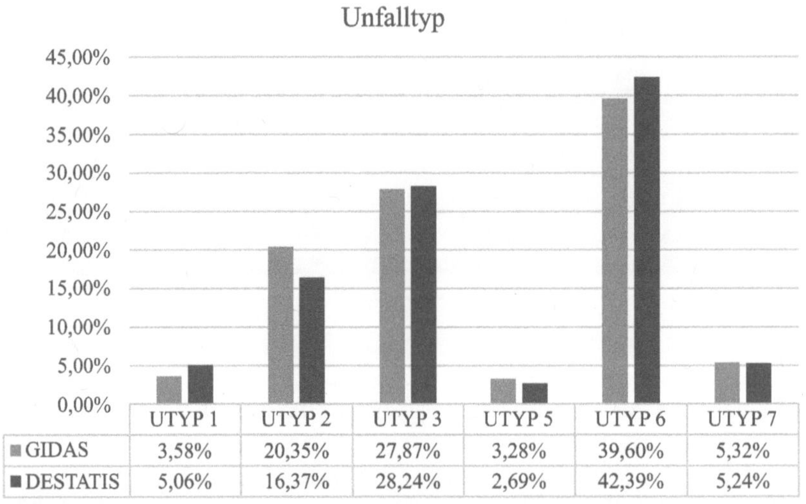

	UTYP 1	UTYP 2	UTYP 3	UTYP 5	UTYP 6	UTYP 7
GIDAS	3,58%	20,35%	27,87%	3,28%	39,60%	5,32%
DESTATIS	5,06%	16,37%	28,24%	2,69%	42,39%	5,24%

Abbildung 5.15 Verteilung der Unfalltypen in GIDAS und DESTATIS[5]

---

[5] Angepasst nach Maschke und Putter et al., "Road Safety: A Similarity Analysis of the GIDAS Data and the Overall Incidence of Car-to-Car Accidents on German Roads", ICSRS 2023, © IEEE.

Basierend auf den identifizierten Abweichungen in Unfallorten, Verletzungs-schwere und Unfalltypen werden tiefer gehende **Analysen auf Blattebene** durchgeführt. Die Methode zur Auswahl der 36 Blätter wurde bereits dargelegt. Aufgrund der systematischen Abweichungen in der Verletzungsschwereverteilung von GIDAS-Unfällen werden diese für die Hochrechnung in zwei Verletzungs-schwerekategorien eingeteilt:

- **UKAT $\leq$ 2** für Unfälle mit mindestens einer schwer verletzten oder getöteten Person
- **UKAT $\geq$ 3** für Unfälle ohne schwer verletzte oder getötete Personen

Für die Darstellung der Extrapolationsergebnisse werden ausschließlich Unfälle der Kategorie UKAT $\leq$ 2 herangezogen. Tabelle 5.6 zeigt die Berechnung der Gewichtungsfaktoren für Unfälle der UKAT $\leq$ 2 in GIDAS und DESTATIS in den Jahren 2016 bis 2019.

Diese sind in drei verschiedene Unfallorte und sechs Unfalltypen unterteilt. Der Anteil der Unfälle auf Blattebene 3 im Vergleich zur Gesamtzahl der Unfälle in der Wurzel ist in Tabelle 5.6 prozentual dargestellt. Darüber hinaus wurden für jedes Blatt die Gewichtungsfaktoren zwischen GIDAS und DESTATIS berechnet. Für einige Blätter können jedoch keine Gewichtungsfaktoren gebildet werden, da für die Jahre 2016 bis 2019 keine Daten für diese spezifischen Unfälle auf der Blattebene in GIDAS vorliegen. Konkret handelt es sich dabei um den Unfall-typ 5 außerorts und die Unfalltypen 2 und 5 auf der Autobahn. Diese Blätter stellen außergewöhnliche Unfälle dar und machen nur 0,27 % des betrachte-ten DESTATIS-Datensatzes aus. Zum Beispiel der Abbiegeunfall (UTYP 2) auf der Autobahn mit 0,04 % in DESTATIS, obwohl auf Autobahnen in der Regel keine Abbiegemöglichkeit besteht. Dies könnte auf eine fehlerhafte Codierung hinweisen.

Tabelle 5.6 Gewichtungsfaktoren für PKW-PKW-Unfälle in GIDAS und DESTATIS[6]

Alle Unfallorte

Unfalltyp	Anteil GIDAS	Anteil DESTATIS	Gewichtungsfaktor
1	11,37 %	12,76 %	1,12
2	18,88 %	16,71 %	0,89
3	28,52 %	31,35 %	1,10
5	1,16 %	1,50 %	1,29
6	28,32 %	32,40 %	1,14
7	11,75 %	5,27 %	0,45
Gesamt (alle)	100 %	100 %	1,00

Innerorts

Unfalltyp	Anteil GIDAS	Anteil DESTATIS	Gewichtungsfaktor
1	3,47 %	2,93 %	0,84
2	10,60 %	7,34 %	0,69
3	20,42 %	13,37 %	0,65
5	1,16 %	1,27 %	1,09
6	12,52 %	7,94 %	0,63
7	4,82 %	2,43 %	0,50
Gesamt (innerorts)	52,99 %	35,28 %	0,67

Außerorts

Unfalltyp	Anteil GIDAS	Anteil DESTATIS	Gewichtungsfaktor
1	7,13 %	7,89 %	1,11
2	8,29 %	9,33 %	1,13
3	7,71 %	17,77 %	2,30
5	0,00 %	0,20 %	–
6	8,48 %	17,63 %	2,08
7	3,66 %	1,91 %	0,52
Gesamt (außerorts)	35,27 %	54,73 %	1,55

Autobahn

Unfalltyp	Anteil GIDAS	Anteil DESTATIS	Gewichtungsfaktor
1	0,77 %	1,94 %	2,52

(Fortsetzung)

---

[6] Angepasst nach Maschke und Putter et al., "Road Safety: A Similarity Analysis of the GIDAS Data and the Overall Incidence of Car-to-Car Accidents on German Roads", ICSRS 2023, © IEEE.

Tabelle 5.6 (Fortsetzung)

Alle Unfallorte

Unfalltyp	Anteil GIDAS	Anteil DESTATIS	Gewichtungsfaktor
2	0,00 %	0,04 %	–
3	0,39 %	0,21 %	0,54
5	0,00 %	0,03 %	–
6	7,32 %	6,83 %	0,93
7	3,28 %	0,94 %	0,29
Gesamt (Autobahn)	11,76 %	9,99 %	0,85

Die häufigste Unfallsituation in dem betrachteten GIDAS-Datensatz ist der Unfalltyp 3 in innerstädtischen Gebieten mit 20,42 % der Unfälle. Bei DESTATIS beträgt dieser relative Anteil nur 13,37 %, woraus sich ein Gewichtungsfaktor von 0,65 ergibt. In DESTATIS hingegen ist der Unfalltyp 3 am häufigsten in außerörtlichen Gebieten und liegt mit 17,77 % und somit mehr als doppelt so hoch wie der Wert von 7,71 % in GIDAS. Insgesamt schwanken die Gewichtungsfaktoren zwischen 0,29 und 2,52, was für die spezifischen Unfallsituationen eine große Abweichung von GIDAS zu DESTATIS aufzeigt. Allerdings sind einige Unfallsituationen gut repräsentiert, wie z. B. die Unfalltypen 1 und 2 im außerörtlichen Gebiet. Dort liegen die Gewichtungsfaktoren besonders nahe an der 1,0.

Als Nächstes werden die berechneten Gewichtungsfaktoren verwendet, um das GIDAS-Unfallgeschehen auf DESTATIS zu projizieren. Bei UKAT ≤ 2 ist mindestens eine am Unfall beteiligte Person mindestens schwer verletzt, andere Beteiligte können dabei andere Verletzungsschweren haben. So kann für jedes Blatt eine innere Verteilung von leicht verletzten, schwer verletzten und tödlich verletzten Personen erstellt werden, welche bei der Berechnung der Gewichtungsfaktoren noch nicht berücksichtigt wurde. Diese Verteilung wird als **Innerblattverteilung** bezeichnet und soll anhand eines Hochsäulendiagramms dargestellt werden. Die Hochsäulen sind in die **drei Kategorien GIDAS**, **DESTATIS** und **GIDAS hochgerechnet** unterteilt und zeigen zudem die Anteile der sechs Unfalltypen auf. Betrachtet man die Projektion auf alle Unfallorte (Abbildung 5.16 links), so lassen sich die Unterschiede zwischen GIDAS und DESTATIS zunächst nicht präzise erkennen. Die Projektion von GIDAS auf DESTATIS wird durch die Säulen **GIDAS L-H** (Leichtverletzt und hochgerechnet, **GIDAS S-H** (Schwerverletzt und hochgerechnet) und **GIDAS G-H**

(Getötet und hochgerechnet) dargestellt. Deutliche Unterschiede der Verteilungen werden dagegen bei Betrachtung einzelner Ortslagen direkt erkennbar. Wie bereits in Abbildung 5.13 dargestellt, enthält GIDAS mehr innerstädtische Unfälle als DESTATIS. Dies lässt sich auch an der Verteilung der Verletzungsschwere im Hochsäulendiagramm für die innerstädtische Lage ablesen (Abbildung 5.16 rechts). So beträgt der Anteil der Schwerverletzten bei Unfällen des Unfalltyps 3 und innerorts 16,18 % der **GIDAS-Wurzel**. Bei DESTATIS sind es dagegen nur 10,70 %. Durch Extrapolation mit den berechneten Gewichtungsfaktoren auf Blattebene reduziert sich diese Zahl in GIDAS S-H auf 10,59 % und nähert sich deutlich der DESTATIS-Verteilung an. Dieser Trend zeigt sich auch bei anderen Unfalltypen innerorts, die in GIDAS überrepräsentiert sind und sich aufgrund der berechneten Gewichtungsfaktoren der DESTATIS-Verteilung annähern.

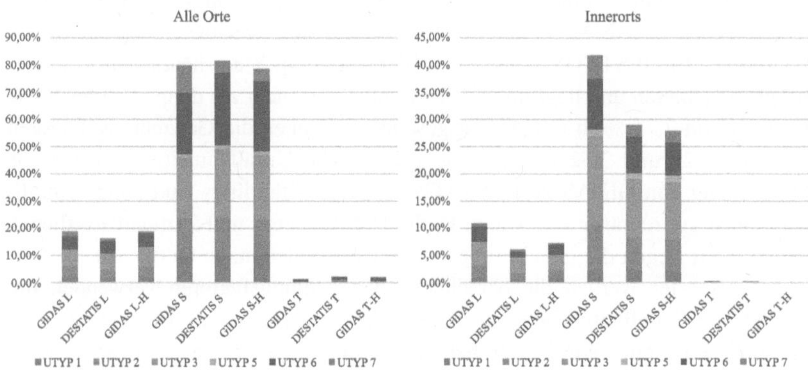

Abbildung 5.16   Hochrechnung von GIDAS nach DESTATIS, alle Orte und innerorts[7]

Wie Abbildung 5.17 zeigt, sind Unfälle außerorts in GIDAS unterrepräsentiert und nähern sich durch die Hochrechnung an die DESTATIS-Verteilung an. Weniger präzise sind die Hochrechnungen von Unfällen auf Autobahnen. Da für die Unfalltypen 2 und 5 keine Daten in GIDAS vorliegen, ist eine Hochrechnung für diese nicht möglich. Problematisch ist, dass bestimmte Situationen in der Extrapolation nicht vorkommen und somit in der GIDAS-Hochrechnung

---

[7] Angepasst nach Maschke und Putter et al., "Road Safety: A Similarity Analysis of the GIDAS Data and the Overall Incidence of Car-to-Car Accidents on German Roads", ICSRS 2023, © IEEE.

nicht abgebildet werden. In diesem Fall machen die fehlenden Blätter zusammen jedoch nur 0,27 % des betrachteten DESTATIS-Datensatzes aus und können vernachlässigt werden.

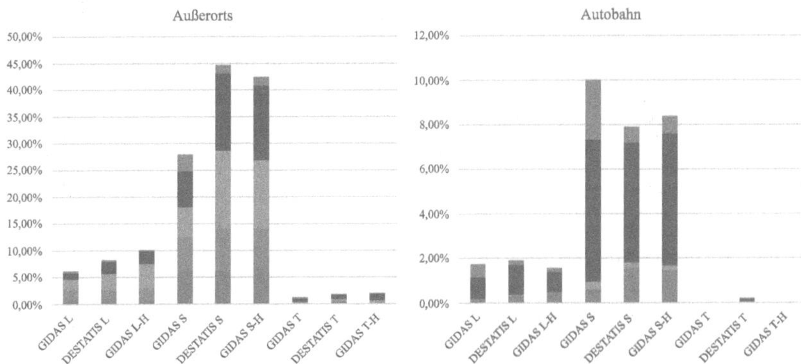

Abbildung 5.17 Hochrechnung von GIDAS nach DESTATIS, außerorts und Autobahn[8]

5.2.2 Zwischenfazit und Schlussfolgerungen

Die durchgeführte Hochrechnung von GIDAS auf DESTATIS reproduziert die in [139] dargestellten Ergebnisse und Erkenntnisse, jedoch auf einer neu definierten Datenbasis, die speziell für das Wirkfeld der PKW-PKW-Unfälle festgelegt wurde. Dabei wurden dieselben systematischen Abweichungen in GIDAS festgestellt, wie sie bereits von Kreiss et al. erläutert wurden [139]. Die Überrepräsentation von innerorts-Unfällen und die Unterrepräsentation von außerorts-Unfällen in GIDAS treten noch deutlicher hervor, wenn die Gewichtungsfaktoren für unterschiedliche Unfalltypen berechnet werden. Es ist zu erkennen, dass die Projektionen für die Unfallkategorie UKAT $\leq$ 2 das Unfallgeschehen im Zielgebiet der Prognose für PKW-PKW-Unfälle gut abbilden.

Die berechneten Gewichtungsfaktoren variieren von 0,29 (Unfalltyp 7 auf Autobahnen) bis 2,52 (Unfalltyp 1 auf Autobahnen), was eine erhebliche Spannweite darstellt. Es ist zu berücksichtigen, dass die Fallzahlen einiger spezifischer

---

[8] Angepasst nach Maschke und Putter et al., "Road Safety: A Similarity Analysis of the GIDAS Data and the Overall Incidence of Car-to-Car Accidents on German Roads", ICSRS 2023, © IEEE.

Unfälle in GIDAS zu gering oder nicht vorhanden sind, sodass für diese Fälle keine statistisch belastbaren Gewichtungsfaktoren berechnet werden können. Dennoch werden dadurch die Lücken in GIDAS aufgezeigt, die nicht genügend spezifische Unfallsituationen enthalten, um repräsentative Bewertungen vornehmen zu können. Solche Unfälle können zudem als unbekannte Szenarien im Sinne von SOTIF (ISO 21448) interpretiert werden.

Festgestellte Abweichungen in der Verteilung der Fahrzeugklassen können auch zu Abweichungen bei den Unfalltypen und den Unfallszenarien führen. Besonders auffällig ist der hohe Anteil von Transportern und Nutzfahrzeugen an GIDAS-Unfällen. Da die Hälfte der GIDAS-Fälle auf die Region Hannover als Erhebungsgebiet entfällt, könnte diese Abweichung von der bundesweiten Unfallstatistik möglicherweise durch die dort ansässige Volkswagen Nutzfahrzeuge Produktion erklärt werden. Ein genauerer Blick auf die GIDAS-Daten zeigt jedoch, dass dieser Anteil in Dresden bei 6,34 % und in Hannover bei 6,43 % liegt. Daher kann diese Verzerrung nicht durch einen einzigen Erhebungsort erklärt werden und sollte weiter untersucht werden. Darüber hinaus fällt auf, dass in DESTATIS mit 6,59 % eine hohe Anzahl unbekannter Fahrzeugklassen enthalten ist. Dies wirft die Frage auf, ob der hohe unbekannte Anteil verteilt auf die anderen Fahrzeugklassen die Verzerrung wieder relativieren oder verstärken würde. Der stetige Anstieg der Anteile von SUV und Geländewagen könnte zusätzliche Auswirkungen auf Unfallmuster, Kollisionstypen sowie die Verletzungsschwere haben, welche in der untersuchten Datenbasis bis 2019 noch nicht sichtbar sind.

Darüber hinaus wurde in der GIDAS-Analyse die Variable UTYP zur Klassifizierung des Unfalltyps verwendet. Diese kann von der polizeilichen Zuordnung des Unfalltyps in der amtlichen Unfallstatistik abweichen. In anderen Untersuchungen könnte die Variable UNTYP in GIDAS, die direkt aus den Unfallberichten der Polizei stammt, für eine weitere Ähnlichkeitsanalyse in Betracht gezogen werden. Der methodische Unterschied in der Datenerhebung zwischen GIDAS und DESTATIS bleibt jedoch ein ungelöstes Problem. Eine zukünftige Harmonisierung der Erhebungsmethoden wäre erforderlich, um die Vergleichbarkeit zu verbessern und repräsentative Ergebnisse zu gewährleisten.

Zudem entsprechen die berechneten Gewichtungsfaktoren nicht unmittelbar der in Abschnitt 5.1.1 definierten Datenbasis, da aufgrund der Datenverfügbarkeit eine leicht abweichende Auswahl der Kollisionen erfolgte und ausschließlich Unfälle aus den Jahren 2016 bis 2019 berücksichtigt wurden. Dennoch wird die Annahme getroffen, dass die besonders hohen und besonders niedrigen Gewichtungsfaktoren der einzelnen Unfalltypen an unterschiedlichen Unfallorten für die Relevanzbewertung der Testszenarien in Abschnitt 5.3.3 berücksichtigt werden sollen. Hierbei wird angenommen, dass diese Abweichungen auch für die in Abschnitt 5.1.1 definierte Datenbasis eine systematische Tendenz aufweisen könnten.

5.3 Clustering von PKW-PKW-Kollisionsszenarien

Teile des vorliegenden Unterkapitels basieren auf dem Journalartikel „Predictive Vehicle Safety—Validation Strategy of a Perception-Based Crash Severity Prediction Function", der im Rahmen dieser Dissertation entstanden ist [41].
Nachdem die Definition der zu untersuchenden Datenbasis sowie die Herleitung der Repräsentativitätsgrenzen von GIDAS PKW-PKW-Unfällen erfolgt sind, wird in diesem Unterkapitel die Clustering-Analyse zur Einteilung der Unfallszenarien in ähnliche Gruppen und zur Identifikation der relevanten und repräsentativen Testszenarien durchgeführt. Das Ziel der Clustering-Analyse und die Auswahl der Input-Features leiten sich aus den zuvor in Abschnitt 4.1 definierten Anforderungen an die Testszenarien ab. Da das Ziel ist, das Auftreten von Kollisionskonfigurationen in realen Unfalldaten explorativ zu untersuchen, sollten keine externen Labels für die Daten definiert werden. Die vorgeschlagene Clustering-Methodik wird in der Abbildung 5.18 schematisch dargestellt.

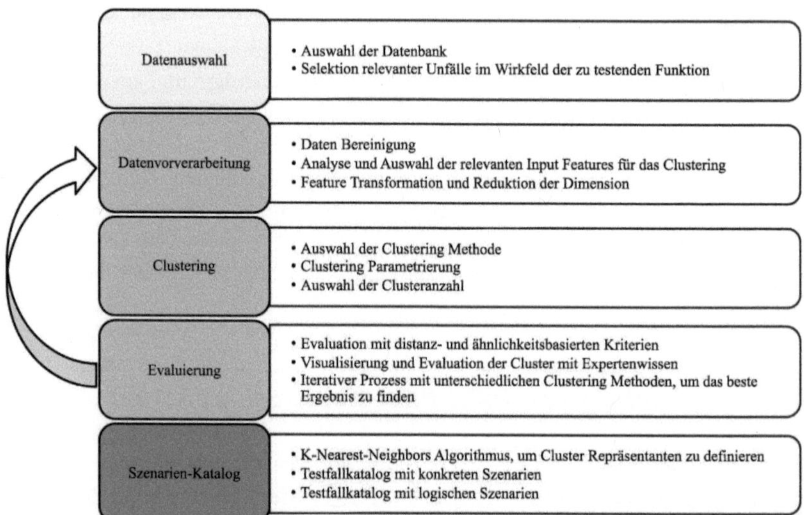

Abbildung 5.18 Methode des unüberwachten maschinellen Lernens zur Extraktion von konkreten und logischen Test-Szenarien[9]

5.3.1 Clusteranalyse und Bestimmung der Cluster-Repräsentanten

Szenario-Extraktion mit unüberwachtem maschinellen Lernen

Die Auswahl der Datenbasis und Datenbereinigung von unplausiblen Fällen ist bereits in Abschnitt 5.1.1 erfolgt. Es wird weiterhin die Datenbasis anhand der dritten Filterung mit 7.733 Unfällen und 20.039 beteiligten Personen verwendet. Als Nächstes soll die Auswahl der **Input-Features** erfolgen, welche unmittelbar das Ergebnis der Clustering-Analyse beeinflussen. Bei einer zunehmenden Anzahl an Input-Features und somit Dimensionen wachsen die Abstände zwischen den Datenpunkten exponentiell, wodurch die Unterscheidbarkeit der Cluster erschwert wird. Zudem tragen nicht alle Features gleichwertig zur Clusterbildung bei, so können irrelevante oder untereinander stark korrelierte Features die Clustering-Ergebnisse verzerren und die Extraktion sinnvoller Cluster verschlechtern. Für besser interpretierbare Clustering-Ergebnisse sollte die Anzahl der Input-Features

---

[9] Angepasst nach Putter et al., "Predictive Vehicle Safety—Validation Strategy of a Perception-Based Crash Severity Prediction Function," *Applied Sciences*, vol. 13, no. 11, p. 6750, 2023, unter der Creative Commons Attribution 4.0 Lizenz.

möglichst geringgehalten werden, wobei alle relevanten Features identifiziert werden müssen, um keine wesentlichen Informationen für die Clusterbildung zu verlieren.

Das Clustering sowie die Vorverarbeitung und Analyse der Daten werden mit Python sowie unter Verwendung der Open-Source-Bibliotheken Scikit Learn, Numpy und Pandas durchgeführt. Der Fokus dieser Analyse liegt auf der **konkreten Kollisionskonfiguration**, welche durch die in Abschnitt 5.1.2 untersuchten **Kollisionsparameter** definiert werden kann. Die Feature-Input-Sets werden zudem unter Berücksichtigung der in Abschnitt 5.1.2 aufgezeigten Korrelationen der Variablen definiert. Dabei werden die Variablen der Intervall- und Verhältnisskala verwendet. Diese sind vorteilhaft beim Clustering von Kollisionskonfigurationen, da sie messbare, numerische Werte mit definierten Abständen liefern. Dies ermöglicht eine mathematisch fundierte Distanzberechnung, eine höhere Präzision bei der Clusterbildung und eine verbesserte Interpretierbarkeit der Ergebnisse. Zudem bieten die gewählten Skalenniveaus Vorteile für Feature-Transformationen gegenüber nominalen und ordinalen Skalen.

So können für beide Beteiligten solche Variablen wie Kollisionsgeschwindigkeit, Delta-v, Aufprallwinkel, Schwimmwinkel, Aufprallpunkt entlang der Kontur der Fahrzeuge und andere numerische In-Crash-Variablen direkt für das **Kollisionskonfigurations-Clustering** verwendet werden. Drei Input-Sets mit unterschiedlicher Anzahl der Features werden dabei näher definiert.

Input-Set 1 bestehend aus 14 Variablen:

- [DV, VREL, BRPX1, BRPY1, KWINK_X, KWINK_Y, GBRPX1, GBRPY1, GKWINK_X, GKWINK_Y, KWINKS_X, KWINKS_Y, GKWINKS_X, GKWINKS_Y]

Input Set 2 bestehend aus 10 Variablen:

- [DV, VREL, BRPX1, BRPY1, KWINK_X, KWINK_Y, GBRPX1, GBRPY1, GKWINK_X, GKWINK_Y]

Input-Set 3 bestehend aus 7 Variablen:

- [VREL, BRPX1, BRPY1, KWINK, GBRPX1, GBRPY1, GKWINK]

Bevor Clustering-Verfahren angewendet werden, ist eine weitere **Transformation der Input-Features** notwendig, um die **Skalenunterschiede** zwischen den einzelnen Features zu reduzieren und bessere Clusterstrukturen zu erzeugen. Da die verwendeten Features numerisch sind und unterschiedliche Einheiten aufweisen, wird die **Standardisierung** angewendet. Diese Methode eignet sich besonders gut für metrische Daten und transformiert sie so, dass der Mittelwert 0 und die Standardabweichung 1 betragen [142]. Die Standardisierung erfolgt nach der Formel:

$$x' = \frac{x - \mu}{\sigma}$$

Mit:

- $x\prime$ = standardisierter Wert
- x = ursprünglicher Wert
- μ = Mittelwert der Variable
- σ = Standardabweichung der Variable

Methoden der **Hauptkomponentenanalyse (PCA)** werden zudem angewendet, um die Anzahl der Variablen zu reduzieren. Drei PCA-Methoden, linear, polynomial und rbf (radial basis function) werden auf die Input-Sets angewendet. Die Anzahl der Komponenten bei einer **Gesamtvarianz** der Daten von 90 % bis 95 % wird in Tabelle 5.7 dargestellt. Da die Leistungsfähigkeit dieser Methoden in dem Anwendungsfall ähnlich ist, wird weiterhin die lineare PCA-Methode verwendet.

Tabelle 5.7 Feature Transformation

	Anzahl Komponenten	Linear	Polynomial	RBF
Input-Set 1	9	93 %	93 %	90 %
Input-Set 2	7	95 %	95 %	93 %
Input-Set 3	5	94 %	95 %	95 %

Das Ziel der Clustering-Analyse ist es, repräsentative Kollisionskonfigurationen zu identifizieren und die optimale Anzahl von Clustern zu finden, ohne die relevanten Informationen zu verlieren. Dabei wird die Anzahl der Cluster bis maximal 50 betrachtet. Es werden Clustering-Methoden aus drei Gruppen diskutiert, mit dem Ziel, ein möglichst effektives und reproduzierbares Clustering-Verfahren zu finden. Die untersuchten Methoden sind:

- Partitionierend (K-Means++, K-Medoids, Fuzzy-c-Means)
- Hierarchisch agglomerativ (unterschiedliche Linkage-Methoden)
- Dichtebasiert (DBSCAN)

Partitionierendes Clustering

Da partitionierende Clustering-Verfahren gut für große Datensätze und numerische Daten wie Kollisionsparameter geeignet sind, sollen diese beim GIDAS-Clustering verwendet werden. Da der klassische **K-Means** Algorithmus bei der **Initialisierung** in lokale Minima fallen kann, wird das **K-Means++** Algorithmus zu einer verbesserten Auswahl der Startzentren betrachtet [143]. **K-Medoids** nutzt dagegen nur im Datensatz vorhandene Datenpunkte als Clusterzentren und ist daher robuster gegenüber Ausreißern. Aus bereits erläuterten Gründen kann das modifizierte K-Medoids++ verwendet werden. Beim **Fuzzy-C-Means (FCM)** Algorithmus kann jeder Datenpunkt mehreren Clustern mit unterschiedlicher probabilistischer Bewertung gleichzeitig zugeordnet werden. Zum einen ermöglicht das die Identifikation von sich überlappenden Clustern. Auf der anderen Seite ist das Ergebnis der Clustering-Analyse schwieriger interpretierbar. Eine eindeutige Clusterzuordnung ist jedoch notwendig für die Extraktion konkreter Fälle, z. B. das Clusterzentrum, als Cluster-Repräsentant für Testszenarien.

Die kumulativen Aufteilungen der Clustering-Ergebnisse werden für Input-Set 2, linear PCA und 50 Cluster für K-Means++ in der Abbildung A1, für K-Medoids++ in der Abbildung A2 und für Fuzzy-C-Means in der Abbildung A3, im elektronischen Zusatzmaterial, dargestellt.

Bei der Interpretation der Ergebnisse wird der Unterschied der Clustering-Algorithmen deutlich. K-Means++ zeigt vier große Cluster, wobei das fünfte Cluster eine stark reduzierte Anzahl an Fällen enthält und die Anzahl der Fälle in nachfolgenden Clustern linear abnimmt. Dies ist typisch für K-Means++, wenn die Daten eine Hauptstruktur mit wenigen dominanten Clustern aufweisen. Beim K-Medoids++ scheint die Reduktion der Anzahl der Fälle innerhalb der Cluster von Anfang an mehr linear zu sein. Die Verwendung echter Datenpunkte und somit eine robustere Auswahl der Medoide kann zu einer gleichmäßigeren Clustergröße führen. Fuzzy-C-Means zeigt eine Verteilung, die in der Mitte von K-Means++ und K-Medoids++ liegt. Da die FCM-Methode Überlappungen zwischen Clustern schafft, anstatt eine harte Zuordnung der Cluster, fällt die Clustergröße gleichmäßiger aus als bei K-Means++.

Dabei wird die erste Schwierigkeit der Interpretation der Clustering-Ergebnisse deutlich. Eine gleichmäßig verteilte Clustergröße ist nicht unbedingt richtig, wenn die zugrunde liegenden Daten natürlich ungleich verteilt sind. Bei Kollisionskonfigurationen treten bestimmte Unfallsituationen, z. B. Auffahrunfälle bei unterschiedlichen Geschwindigkeiten, viel häufiger auf als andere.

Hierarchisch agglomeratives Clustering

Hierarchische Clustering-Verfahren bieten den Vorteil, dass die Clusteranzahl nicht im Voraus definiert werden muss, sind jedoch sehr langsam bei großen Datensätzen und ebenso anfällig für Ausreißer. Durch die **Dendrogramme** kann zudem untersucht werden, wie sich Cluster auf verschiedenen Ebenen aggregieren. Das hierarchisch agglomerative Clustering wurde mit unterschiedlichen Input-Sets, PCA- und **Linkage-Methoden** durchgeführt. Die Erkenntnisse werden zusammengefasst.

Die **Single-Linkage-Methode** eignet sich schlecht für das Ziel der Analyse, da sie anfällig für Kettenbildung ist und eine Tendenz zu großen Clustern hat. Dieser Effekt wurde jedoch auch beim Clustering mit der **Average-Linkage-Methode** und unterschiedlichen Input-Sets festgestellt. Wenige große Cluster enthielten bis zu 90 % der Unfälle. Die **Centroid-Linkage-Methode** führte zum Teil zu unplausiblen Clustering-Ergebnissen, was auf die Verschiebung der Clusterzentren nach jeder Fusion zurückgeführt werden könnte.

Die **Complete-Linkage-Methode** führte beim Input-Set 1 dazu, dass einige sehr große Cluster entstanden, während andere Cluster nur sehr wenige Fälle enthielten. Im Vergleich dazu war die Methode beim Input-Set 2 deutlich stabiler und erzeugte eine Verteilung, die K-Means++ ähnelte, wobei die Tendenz zu großen Clustern in den ersten Fusionen weiterhin bestand. Die Anzahl der Features beeinflusst die Distanzmessung in Compete-Linkage. Mehr Features, wie im Input-Set 1, führen zu größeren Abständen zwischen den Datenpunkten und verstärken die Dominanz großer Cluster. Da Complete-Linkage die maximale Distanz zwischen zwei Clustern als Fusionskriterium nutzt, bleiben weit auseinanderliegende Cluster erst spät zusammengeführt. Dies führt dazu, dass bei vielen Dimensionen wenige große Cluster entstehen können.

Die **Ward-Linkage-Methode** stellte sich dagegen als deutlich robuster gegenüber unterschiedlichen Input-Sets heraus. Die Verteilung der Clustergrößen ähnelte viel mehr der K-Means++ Verteilung, mit wenigen großen Clustern am Anfang und einer nachfolgenden linearen Abnahme.

Abbildung A6 im elektronischen Zusatzmaterial zeigt ein Dendrogramm, erstellt anhand des hierarchisch-agglomerativen Clusterings mit der Ward-Linkage-Methode, linearer PCA und Input-Set 2. Das Dendrogramm wird auf einen Beginn mit 50 Clustern zugeschnitten und die minimale Fusionsdistanz startet bei 0. Die maximale Fusionsdistanz im Dendrogramm beträgt 150 und entspricht dem letzten

Schritt, bei dem alle Cluster zu einem einzigen großen Cluster aggregiert werden. Wird die Linie beispielsweise bei einer Distanz von 20 gezogen, so können Schnittpunkte mit 29 Clustern identifiziert werden. Die Wahl einer optimalen Schnitthöhe für die Clusterbildung ist nicht objektiv quantifizierbar, da sie von der Struktur der Daten und der gewünschten Clustergranularität abhängt. Das Dendrogramm dient daher als visuelle Hilfestellung zur Interpretation der Clusterbildung.

DBSCAN-Clustering

Dichtebasierte Verfahren finden beliebige Clusterformen und sind ideal für unregelmäßige Muster, haben jedoch Probleme mit unterschiedlich dichten Clustern. Beim Clustering der GIDAS-Daten mit dem **DBSCAN** konnten essenzielle Schwierigkeiten bei der Bewertung der Clustering-Ergebnisse identifiziert werden. DBSCAN basiert auf zwei **Tuning-Parametern. Epsilon** (ε) für den maximalen Abstand, in dem Punkte noch als Nachbarn gelten, und der **Mindestanzahl von Punkten** (**minPts**), um eine dichte Region als Clusterkern zu definieren. Ist ε zu groß, so werden Cluster, die nah beieinander liegen, zu einem großen Cluster verschmolzen. Ist der Parameter ε zu klein, so werden dünn besiedelte Cluster als Ausreißer erkannt. Klassische Bewertungsmetriken wie bspw. Silhouette-Score basieren jedoch auf klar definierter Clusterzuordnung und können durch die Existenz von Ausreißern verzerrt werden. Dabei weist DBSCAN Punkte außerhalb der erkannten Cluster als Ausreißer aus und labelt diese mit -1. Das Tuning der Hyperparameter ε und minPts soll helfen diesen Nachteil zu kompensieren. Jedoch basieren die untersuchten Kollisionsparameter wie Geschwindigkeit, Kollisionswinkel und Berührpunkte auf unterschiedlichen Dichteverteilungen, was das Tuning der Clustering-Parameter erschwert. Daher wird die DBSCAN-Methode nach unterschiedlich parametrierten Clustering-Versuchen als weniger geeignet für die gestellte Zielfrage eingestuft.

Bewertungsmetriken

Bei der Evaluation der Clustering-Ergebnisse werden die zwei Kernfragen gestellt. Wurden die Cluster optimal zugeordnet? Und wurde die optimale Anzahl an Clustern gefunden?

Die **externen Validierungskriterien** können hier nicht verwendet werden, da kein Labeling der generierten Cluster vorhanden ist. **Relative Validierungskriterien** wie Distortion-Score, Silhouhette-Score, Calinski-Harabasz-Score und Davies-Bouldin-Score werden herangezogen, um die Clustering-Ergebnisse zu bewerten. Für Fuzzy-C-Means ist dennoch der Distortion-Score gar nicht und der Silhouette-Score nur begrenzt anwendbar.

Abbildung 5.19 zeigt Distortion-Score und Abbildung 5.20 Silhouette- und Calinski-Harabasz-Scores für K-Means++ Clustering mit Input-Set 2 und linearer PCA. Während der Distortion-Score mit zunehmender Anzahl von Clustern kontinuierlich reduziert wird, erreicht der Silhouetten-Score bei vier Clustern den Höhepunkt und fällt mit weiter zunehmender Anzahl von Clustern rapide ab. Der Calisnki-Harabasz-Score weist eine ähnliche Tendenz auf.

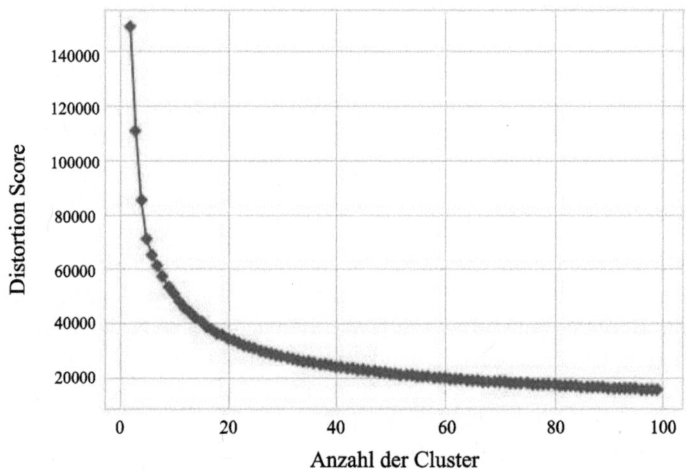

Abbildung 5.19 Distortion-Score für GIDAS PKW-PKW-Clustering

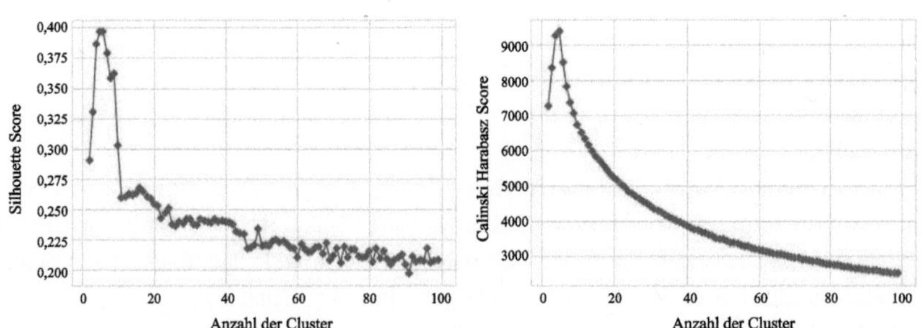

Abbildung 5.20 Silhouette-Score und Calinski-Harabasz-Score für GIDAS PKW-PKW-Clustering

Gemäß der **Ellbogenmethode** im Distortion-Score-Diagramm beträgt die optimale Anzahl von Clustern etwa 15 Cluster. Allerdings zeigt eine nähere Betrachtung der Clustering-Ergebnisse mit 15 Clustern, dass diese Anzahl die Vielfalt der PKW-PKW-Kollisionskonfigurationen nur unzureichend abbildet und die Struktur der Daten zu stark vereinfacht. So werden beispielsweise Auffahrunfälle mit niedrigen relativen Kollisionsgeschwindigkeiten unter 20 $\frac{km}{h}$ und hohen Geschwindigkeiten über 40 $\frac{km}{h}$ in einem Cluster zusammengefasst. Es wird deutlich, dass eine höhere Anzahl von Clustern notwendig ist, um das Unfallgeschehen möglichst ohne relevante Lücken zu repräsentieren. Die Diagramme der Silhouette- und Calinski-Harabasz-Scores identifizieren eine optimale Clustering-Struktur mit nur vier Clustern. Es ist jedoch offensichtlich, dass eine derart geringe Clusteranzahl die Vielfalt der PKW-PKW-Kollisionskonfigurationen nicht hinreichend widerspiegelt. Ähnliche Herausforderungen wurden mit allen beschriebenen Clustering-Algorithmen für diesen Datensatz identifiziert. Gängige **distanz-** und **ähnlichkeitsbasierte Validierungskriterien** reichen also nicht aus, um die Ergebnisse des Clusterings von Kollisionskonfigurationen im Detail zu evaluieren. Der Distortion-Score kann zwar bei der Auswertung helfen eine Tendenz zu zeigen. Dennoch ist die Evaluierung durch weitere Methoden, unter anderem durch deskriptive und visuelle Analysen der einzelnen Cluster mit Hilfe von Expertenwissen erforderlich. Es konnte keine adäquate Methode zur vollständig automatisierten Bewertung der Clustering-Ergebnisse in Abhängigkeit vom Clustering-Verfahren, den Hyperparametern oder den Input-Features gefunden werden. Daher ist eine detaillierte manuelle Analyse der einzelnen Cluster erforderlich. Die Evaluierung der Cluster auf Basis von Expertenwissen wird ausführlich in Abschnitt 5.3.2 erläutert.

Cluster-Repräsentanten

Um die Cluster-Repräsentanten zu extrahieren, wird der Mittelwert innerhalb der Cluster bestimmt. Da das K-Means++ Algorithmus verwendet wurde, kann der Mittelwert außerhalb realer Datenpunkte liegen und keine eindeutige Zuordnung zu einem GIDAS-Fall ermöglichen. Deshalb wird der **k-Nearest-Neighbors (k-NN)**-Algorithmus verwendet, um die real erhobenen repräsentativen Fälle in der Nähe des Mittelwerts zu identifizieren. Durch k-NN ist die Auswahl von mehr als einem Cluster-Repräsentanten, statt nur des Clusterzentrums möglich. So können Szenarien-Repräsentanten innerhalb der GIDAS-PCM-Datenbank identifiziert werden, um diese anschließend simulativ zu testen. Für logische Testszenarien werden die Parameterbereiche der Features, die das Cluster charakterisieren und für die Szenario-Darstellung verwendet werden, durch die Standardabweichung dieser Features innerhalb der Cluster begrenzt. Auf diese Weise können Testfallkataloge erstellt werden, die sowohl konkrete als auch logische Szenarien enthalten.

5.3.2   Interpretation der Cluster

Basierend auf der manuellen Bewertung werden die optimalen Ergebnisse für die zugrunde liegende Zielfrage innerhalb der untersuchten Methoden und Parametrierungen ermittelt und präsentiert.

Die detaillierte Visualisierung und Analyse der Clustering-Ergebnisse wird anhand eines K-Means++ Clusterings, mit Input-Set 2, linearer PCA und einer Clusteranzahl von 35 erläutert. Tabelle 5.8 zeigt die 35 Cluster in absteigender Reihenfolge ihrer Größe. Zudem werden die Medianwerte der relativen Kollisionsgeschwindigkeit (VREL), des Delta-v (DV), der Ego-Kollisionsgeschwindigkeit (VK) und der Gegner-Kollisionsgeschwindigkeit (GVK) pro Cluster dargestellt. Für die relative Kollisionsgeschwindigkeit wird zudem die Standardabweichung betrachtet. Die Verletzungsschwereverteilung innerhalb der Cluster wird durch die Mittelwerte von MAIS2+ bis MAIS4+ dargestellt.

Die visuelle Darstellung der Kollisionen innerhalb der Cluster soll helfen, die Cluster besser zu interpretieren und die repräsentativen Kollisionskonfigurationen zu verstehen. Diese ist für alle 35 Cluster in Abbildung 5.21 dargestellt. Die in GIDAS hinterlegten Daten zu Fahrzeugmaßen, Berührpunkten und Kollisionswinkeln wurden für die einzelnen Fälle innerhalb der Cluster extrahiert, um die Kollisionskonfigurationen zu visualisieren. Dabei repräsentiert die blaue Bounding-Box das Ego-Fahrzeug und die roten Bounding-Boxen die Kollisionsgegner. Die generisch platzierten und visualisierten Längsträger sollen dabei helfen, die Kollisionsrichtung besser nachzuvollziehen.

Tabelle 5.8 Parameter der 35 PKW-PKW-Cluster, GIDAS 2000–2019

Cluster	$\sum$Personen	Anteil	$\widetilde{VREL}$	σVREL	$\widetilde{DV}$	$\widetilde{VK}$	$\widetilde{GVK}$	ØMAIS2+	ØMAIS3+	ØMAIS4+	$\widetilde{TDEZJ}$	Massenquotient.
29	1.684	8,32 %	15	6,81	9	0	18	2,00 %	0,00 %	0,00 %	2002	1,04
34	1.421	7,02 %	15	6,65	8	17	0	1,00 %	0,00 %	0,00 %	2001	1,06
9	1.403	6,93 %	35	7,61	19	0	38	3,00 %	0,00 %	0,00 %	2002	1,03
3	1.326	6,55 %	34	7,23	19	36	0	3,00 %	0,00 %	0,00 %	2000	0,95
32	814	4,02 %	43	12,33	16	32	26	4,00 %	0,00 %	0,00 %	2001	1,01
15	699	3,45 %	42	12,4	15	25	32	5,00 %	0,00 %	0,00 %	2000	1,03
18	673	3,33 %	29	14,11	13	0	35	4,00 %	0,00 %	0,00 %	2002	1,04
26	589	2,91 %	33	13,66	14	40	0	4,00 %	0,00 %	0,00 %	2002	1,02
17	572	2,83 %	48	12,79	16	31	36	7,00 %	1,00 %	0,00 %	2000	1,02
4	567	2,80 %	29	12,92	8	40	21	2,00 %	0,00 %	0,00 %	2002	1,09
31	549	2,71 %	61	11,56	27	46	37	8,00 %	1,00 %	0,00 %	2000	1,01
7	547	2,70 %	53	15,48	16	30	24	4,00 %	0,00 %	0,00 %	2000	1,04
1	545	2,69 %	30	12,75	15	0	35	4,00 %	0,00 %	0,00 %	2002	1,03
24	525	2,59 %	48	13,58	14	30	29	3,00 %	0,00 %	0,00 %	2001	1,08
28	516	2,55 %	66	12,58	30	50	35	12,00 %	1,00 %	0,00 %	1998	0,90
5	510	2,52 %	44	15,49	14	32	22	4,00 %	0,00 %	0,00 %	2000	1,05
2	501	2,48 %	51	15,28	23	32	20	9,00 %	1,00 %	0,00 %	2001	1,05
21	478	2,36 %	27	12,35	8	23	40	5,00 %	0,00 %	0,00 %	2003	1,00
16	457	2,26 %	60	15,16	33	64	0	9,00 %	1,00 %	0,00 %	2000	0,89

(Fortsetzung)

Tabelle 5.8   (Fortsetzung)

Cluster	$\sum$Personen	Anteil	$\widetilde{VREL}$	σVREL	$\widetilde{DV}$	$\widetilde{VK}$	$\widetilde{GVK}$	ØMAIS2+	ØMAIS3+	ØMAIS4+	$\widetilde{TDEZJ}$	Massenquotient.
19	457	2,26 %	56	14,99	25	29	30	9,00 %	1,00 %	0,00 %	2001	1,06
12	446	2,20 %	30	14,14	15	38	0	2,00 %	0,00 %	0,00 %	2000	1,02
11	445	2,20 %	42	13,48	14	20	28	6,00 %	0,00 %	0,00 %	2001	1,09
23	420	2,08 %	53	16,86	15	28	31	4,00 %	0,00 %	0,00 %	2001	1,06
33	415	2,05 %	60	14,94	32	0	67	10,00 %	2,00 %	0,00 %	2002	0,96
30	412	2,04 %	55	18,18	11	27	30	5,00 %	1,00 %	0,00 %	2001	1,09
20	408	2,02 %	46	12,32	22	20	27	5,00 %	0,00 %	0,00 %	1999	1,02
35	399	1,97 %	68	12,64	29	30	50	20,00 %	4,00 %	0,00 %	1999	0,95
8	377	1,86 %	62	16,57	24	40	25	11,00 %	2,00 %	0,00 %	2000	1,05
6	365	1,80 %	85	16,81	40	40	45	29,00 %	5,00 %	0,00 %	1998	0,97
13	358	1,77 %	37	12,36	11	30	27	3,00 %	0,00 %	0,00 %	2002	1,11
25	358	1,77 %	76	15,83	37	26	55	18,00 %	4,00 %	1,00 %	1999	0,89
10	298	1,47 %	130	22,86	15	60	67	13,00 %	2,00 %	0,00 %	2002	1,04
27	271	1,34 %	86	16,95	43	57	33	25,00 %	4,00 %	0,00 %	1998	0,92
14	233	1,15 %	35	16,6	15	15	14	9,00 %	0,00 %	0,00 %	2000	1,07
22	201	0,99 %	132	24,36	61	66	68	52,00 %	18,00 %	7,00 %	1999	0,92

Abbildung 5.21 Visualisierung der 35 GIDAS PKW-PKW-Cluster

Um die Herausforderungen bei der Bewertung von Clustering-Ergebnissen zu demonstrieren, werden einige Cluster hinsichtlich ihrer charakteristischen Merkmale vorgestellt. Cluster 29 (C29) repräsentiert **Auffahrunfälle auf das Heck des Ego-Fahrzeugs bei voller Überlappung** und **niedrigen relativen Kollisionsgeschwindigkeiten** ($\widehat{\mathrm{VREL}} = 15\ \frac{\mathrm{km}}{\mathrm{h}}$). Der Mittelwert von MAIS2+ innerhalb des

Clusters liegt bei 2 % der Insassen des Ego-Fahrzeugs. Cluster 9 repräsentiert **Auffahrunfälle mit einer höheren relativen Kollisionsgeschwindigkeit** ($\widehat{VREL}$ = 35 $\frac{km}{h}$) (Abbildung 5.22). Der Anteil MAIS2+-Verletzter liegt schon bei 3 %. Abbildung A7 im elektronischen Zusatzmaterial zeigt die Anteile der Verletzungsschwere, Ortslagen und Unfalltypen innerhalb der näher erläuterten Cluster. Da die Verletzungsschwere, Ortslagen und Unfalltypen nicht als Input-Features verwendet wurden, werden diese zusätzlich für die Validierung der Cluster herangezogen. Muster in diesen drei Variablen innerhalb der einzelnen Cluster deuten auf eine gute Clusterzuordnung hin. Die Verletzungsschwere bzw. MAIS zeigen die Schwere der Unfälle innerhalb der Cluster. Die Ortslage und der Unfalltyp deuten auf die Umgebung der Unfälle und den Vorgang bzw. die Konfliktsituation in der Pre-Crash-Phase des Unfalls.

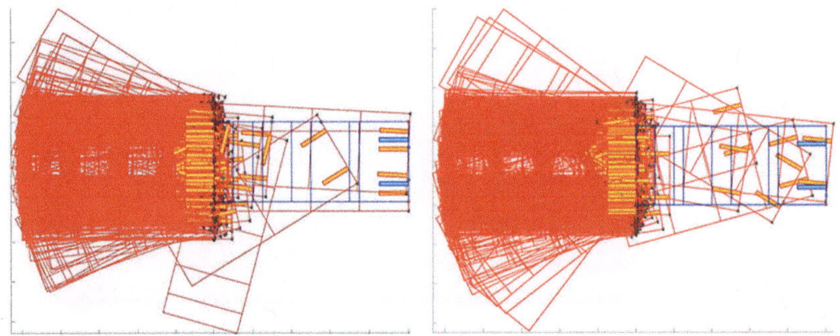

Abbildung 5.22 Visualisierung der Cluster Auffahrunfälle, C29 (links) und C9 (rechts)

Die häufigste Verletzungsschwere für beide Cluster 29 und 9 ist Leichtverletzt (codiert mit 3), wobei der Anteil der Unverletzten (codiert mit 2) im Cluster 29 etwas höher ist und der Anteil der Schwerverletzten (4) im Cluster 9 deutlich höher ist. Bei der Betrachtung der Ortslagen wird deutlich, dass 81 % aller Unfälle im Cluster 29 innerorts stattfinden. Dagegen nur 12 % außerorts und 7 % auf Autobahnen. Im Cluster 9 finden 61 % der Unfälle innerorts statt, 21 % auf Autobahnen und 18 % außerorts. Dies korreliert auch mit einer höheren relativen Kollisionsgeschwindigkeit bei Auffahrunfällen. Die drei häufigsten Unfalltypen sind für beide Cluster identisch. Diese sind Unfalltyp 611 (Stau und Nachfolgender, auf 1. Spur), Unfalltyp 623 (Wartepflichtiger und Nachfolgender vor Knoten, LSA) und Unfalltyp 601 (Vorausfahrender und Nachfolgender, auf 1. Spur). Weitere Unfalltypen innerhalb der Cluster können der Abbildung A7 im elektronischen Zusatzmaterial entnommen werden. Mit jeweils 8,32 % (C29) und 6,93 % (C9) der Personen, gehören diese Cluster zu den größten Clustern. Cluster 34 und Cluster 3 repräsentieren ebenso Auffahrunfälle mit niedrigen und höheren Geschwindigkeiten, wobei in diesen Clustern das Ego-Fahrzeug auf die Gegner-Fahrzeuge auffährt.

Die Cluster 18, 26, 1 und 12 repräsentieren **Auffahrunfälle mit einer Teil-überlappung**. Die Cluster 18 und 1 werden in der Abbildung 5.23 dargestellt. Der Anteil der MAIS2+ Verletzten liegt jeweils bei 4 %. Die drei häufigsten Unfall-typen der beiden Cluster sind ebenfalls 601, 611 und 623. Zusätzlich kommen die Unfalltypen 631 (Spurwechsel nach links wg. Vorausfahrenden und Nachfol-gender), 622 (Wartepflichtiger und Nachfolgender auf Einfädelspur), 612 (Stau und Nachfolgender, auf 2. Spur) und 613 (Stau und Nachfolgender, auf 3. Spur) hinzu.

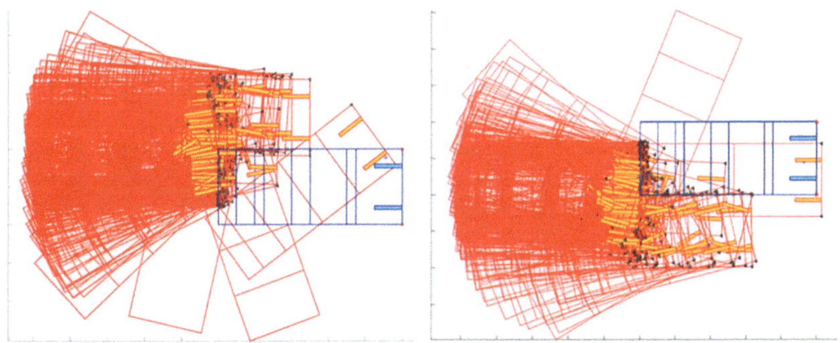

Abbildung 5.23 Visualisierung der Cluster Auffahrunfälle mit Teilüberlappung, C18 (links) und C1 (rechts)

Der implementierte Clustering-Algorithmus schafft es zudem **einzigartige Cluster für einige kritische Unfallkonstellationen** zu bilden, die in der Abbil-dung 5.24 präsentiert werden. Das kleinste Cluster (C22) mit nur 1 % aller Fälle repräsentiert gleichzeitig das Cluster mit der höchsten Verletzungsschwere. Der MAIS2+ Anteil liegt bei 52 % und MAIS3+ bei 18 %. Das Cluster identifi-ziert Frontalunfälle mit Medianwerten von VREL von 132 $\frac{km}{h}$ und Delta-v von 61 $\frac{km}{h}$. Nur 6 % dieser Unfälle finden innerorts statt. Die häufigsten Unfallty-pen, die drei Viertel aller Unfälle im Cluster repräsentieren, sind 661 (Überholer Gegenverkehr), 681 (begegnende Fahrzeuge auf Strecke) und 682 (begegnende

Fahrzeuge Kurve). Ein weiteres Cluster mit Frontalkollisionen und einer sehr hohen relativen Kollisionsgeschwindigkeit von 130 $\frac{km}{h}$ ist das Cluster 10.

Der Anteil der MAIS2+ Verletzten ist jedoch mit 13 % deutlich geringer. Bei der Betrachtung der Unfalltypen werden weiterhin die 681, 682 und 661 als die häufigsten Unfalltypen identifiziert. Der entscheidende Unterschied hier liegt jedoch in der abgleitenden Kollisionsstellung und dem daraus resultieren- den niedrigen Delta-v-Wert von nur 15 $\frac{km}{h}$ im Median. Dieses Cluster zeigt, dass durch die präzise Auswahl der richtigen Clustering-Parametrierung und relevan- ter Input-Features solche Spezialfälle als Testfälle identifiziert werden können. Ohne die Eingabe der relativen Kollisionsgeschwindigkeit in Kombination mit dem Delta-v Wert konnte das Cluster im Input-Set 3 nicht identifiziert werden.

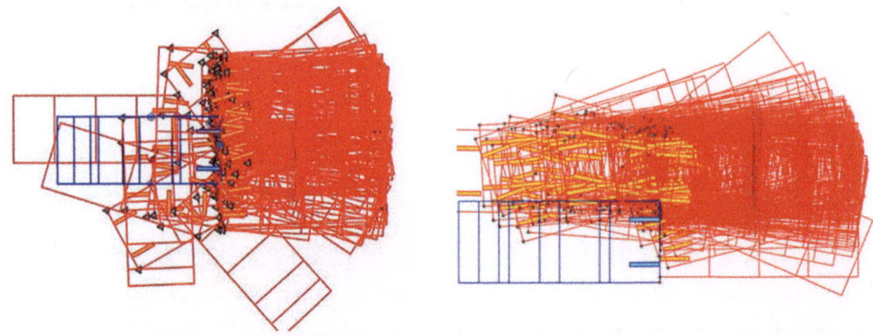

Abbildung 5.24 Visualisierung der Cluster Frontalunfälle, C22 (links) und C10 (rechts)

Weitere **charakteristische Cluster** werden **am Beispiel der Seitenkollisionen** in Abbildung 5.25 vorgestellt. Diese Cluster sind charakteristisch für die Pre- Crash-Phase der Unfälle.

Das Cluster 11 zeigt, dass die Unfalltypen, die Richtung und Geschwindigkeit der Kollisionen zwar übereinstimmen, die konkrete Kollisionsstellung entlang der Längsachse des Ego-Fahrzeugs jedoch unterschiedlich sein kann. Das Cluster 32 zeigt ein ähnliches Phänomen, wobei das Ego-Fahrzeug, je nach Position des Gegners, sowohl an der rechten Seite als auch an der Front die Berührpunkte in der Kollision aufweist. Diese Beispiele sind charakteristisch dafür, dass ein ähnlicher Unfalleinlauf unterschiedliche Kollisionsstellungen hervorrufen kann, und verdeutlichen die Komplexität einer prädiktiven Crash-Schwere-Schätzung in der Unfalleinlaufphase.

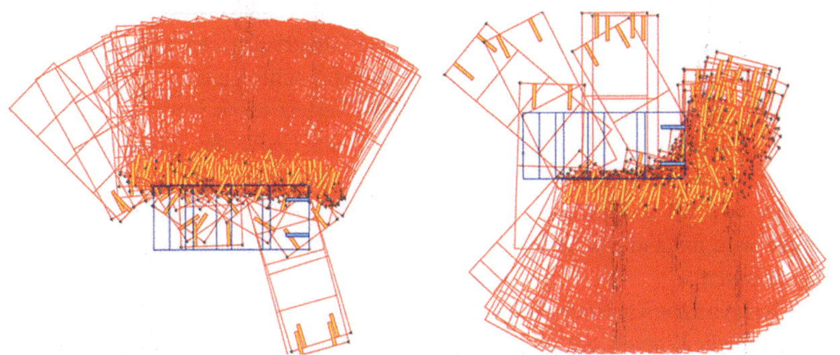

Abbildung 5.25   Visualisierung der Cluster seitliche Unfälle, C11 (links) und C32 (rechts)

5.3.3   Relevanzbewertung der extrahierten Szenarien

Die Relevanz eines Testfalls steht in direktem Zusammenhang mit dem getesteten System und wird von mehreren Einflussfaktoren bestimmt. Testfälle, die gesetzlich für die Freigabe der Funktion vorgeschrieben sind, erhalten die höchste Relevanzbewertung, gefolgt von Testfällen, die von Organisationen wie Euro NCAP bewertet werden. Diese haben die höchste Priorität bei der Entwicklung eines Fahrzeugsicherheitssystems. Die Absicherung dieser Lastfälle kann mit der Funktion zur prädiktiven Crash-Schwere-Schätzung jedoch nicht direkt erfolgen, da diese nicht durch PKW-PKW-Kollisionen, sondern durch Kollisionen mit starren Wänden, Barrieren und Pfählen spezifiziert werden. Dennoch lassen sich einige Vertreter dieser Kollisionstypen innerhalb der 35 Cluster identifizieren. Darüber hinaus werden weitere, vom Gesetzgeber und Euro NCAP nicht adressierte Kollisionskonfigurationen innerhalb der Clustering-Ergebnisse identifiziert. Folglich werden die 35 identifizierten Cluster betrachtet und eine Methodik zur Relevanzbewertung der einzelnen Cluster wird erforderlich.

Es wird eine Funktion zur Relevanzbewertung vorgeschlagen, die auf drei Variablen basiert. Für Kollisionsszenarien wird die Feldrelevanz eines Clusters durch die Kombination aus Verletzungsschwere und Wahrscheinlichkeit beschrieben, welche auch als Risikofunktion definiert ist. Darüber hinaus wird der Median der technischen Unfallschwere (Delta-v) innerhalb des Clusters als drittes Relevanzkriterium einbezogen. Anhand der definierten Relevanzkriterien wird eine Relevanzbewertungstabelle erstellt. Die Einordnung der gebildeten Cluster in die Relevanzbewertungstabelle wird in Abbildung 5.26 dargestellt.

Die **Verletzungsschwere** wird in vier Stufen betrachtet. In der niedrigsten Stufe haben mehr als 95 % der Fahrzeuginsassen innerhalb des Clusters eine Verletzungsschwere von MAIS0 oder MAIS1. In den nachfolgenden Stufen werden die Anteile von MAIS2+, MAIS3 und MAIS4+ Verletzungen von 5 % oder mehr definiert. Die **Wahrscheinlichkeit** wird anhand der Größe des Clusters abgeleitet. Diese ist in drei **Stufen E1** (weniger als 2 % der Fälle), **E2** (weniger als 4 % der Fälle) und **E3** (mindestens 4 % der Fälle) definiert. Die **technische Crash-Schwere** wird anhand des Delta-v-Wertes in vier Stufen von unter $10\,\frac{km}{h}$ bis über $50\,\frac{km}{h}$ definiert.

Die **Relevanzbewertung dient der Priorisierung einzelner Lastfälle** und ist für die Entscheidungen zur funktionalen Modifikation sowie Erweiterung oder Einschränkung des Wirkfeldes erforderlich. Eine hohe Relevanz korreliert mit einem größeren Sicherheitspotenzial, welches gezielt adressiert werden kann. Insbesondere die vergleichsweise häufig vorkommenden Szenarien (E2) mit hohem Delta-v-Wert ($\geq 25\,\frac{km}{h}$) und hoher Verletzungsschwere (ab MAIS2+) sollen adressiert werden.

Feldrelevanz		Technische Crash-Schwere			
Verletzungsschwere	Wahrscheinlichkeit	$dv < 10\frac{km}{h}$	$dv < 25\frac{km}{h}$	$dv < 50\frac{km}{h}$	$dv > 50\frac{km}{h}$
MAIS 0-1 (> 95 %)	E1		C13		
	E2	C4	C18, C26, C7, C1, C24, C5, C12, C23		
	E3	C29, C34	C9, C3, C32		
MAIS 2+ (> 5 %)	E1		C8, C10, C14		
	E2	C21	C15, C17, C2, C11, C30, C20	C33, C31, C16, C19, C28	
	E3				
MAIS 3+ (> 5 %)	E1			C6, C25, C27	
	E2			C35	
	E3				
MAIS 4+ (> 5 %)	E1				C22
	E2				
	E3				

Abbildung 5.26 Relevanzbewertung der extrahierten Cluster

5.3.4 Zwischenfazit und Schlussfolgerungen

Im Gegensatz zu vielen anderen Studien wurden nur PKW-PKW-Kollisionen mit dem Fokus auf die konkreten Kollisionskonfigurationen betrachtet. Für die bessere Zuordnung wurden gezielt nur numerische Variablen als Input-Features verwendet. Die Pre-Crash-Phase wurde nicht bei der Definition der Input-Features adressiert, wird jedoch im Output der Cluster anhand der häufigsten Unfalltypen repräsentiert und dient der Evaluation der Clustering-Ergebnisse. Eine Methode zur automatisierten Bewertung der Clustering-Ergebnisse konnte jedoch nicht gefunden werden. Der Fokus lag besonders auf der Interpretierbarkeit und Anwendbarkeit der Cluster. Eine klare Definition der Kollisionskonfigurationen und die Abdeckung der Konfliktsituationen im Unfallgeschehen durch Unfalltypen konnten hergeleitet werden.

Die aktuellen Clustering-Ergebnisse erlauben es bereits, Tausende von Kollisionskonfigurationen auf eine Anzahl von 35 repräsentativen Clustern zu reduzieren. Bei der Evaluation unterschiedlicher Clustering-Versuche konnten die mathematisch basierten Methoden nur begrenzt eingesetzt werden. Die geclusterten Kollisionskonfigurationen mussten anhand von unfallbezogenen Parametern einzeln bewertet werden. Die Cluster weisen charakteristische Merkmale auf, welche durch Kollisionskonfiguration, Ortslage, Unfalltyp und Verletzungsschwere beschrieben werden können. Die Anzahl der Cluster von 35 soll jedoch nicht als die endgültige Anzahl aller repräsentativen Kollisionskonfigurationen verstanden werden. Bei der Betrachtung einer Anzahl von Clustern unter 25 wurden einige spezifische Kollisionen (bspw. Cluster 10) nicht identifiziert. Eine höhere Anzahl von mehr als 40 Clustern führte dazu, dass einige große Cluster (bspw. Cluster 29) weiter separiert wurden. Daher wurde eine **Anzahl der Cluster zwischen 30 und 40 als optimal betrachtet**. Jedoch können je nach Testanforderung die einzelnen Cluster zur Extraktion der konkreten Repräsentanten weiter aggregiert oder separiert werden.

Relevanzbewertung
Die in Abschnitt 5.2.1 **berechneten Gewichtungsfaktoren** sind nur zum Teil auf die Cluster übertragbar, weil die einzelnen Blätter von den Ortslagen und Unfalltypen abgeleitet werden und die Kollisionen innerhalb eines Clusters auf unterschiedliche Ortslagen und Unfalltypen verteilt sein können. Jedoch kann für viele Cluster eine starke Tendenz der Ortslage identifiziert werden. Beispielsweise für Cluster 11 und 32 ca. 90 % der Unfälle innerorts oder für Cluster 10 und 22 jeweils 76 % bzw. 86 % der Fälle außerorts. Die dargestellte **Relevanztabelle** enthält noch nicht die Hochrechnung mit den Gewichtungsfaktoren. Diese können jedoch für eine noch

präzisere Bewertung der Relevanz berücksichtigt werden, sofern die Cluster anhand der häufigsten Unfalltypen und Ortslagen definiert werden.

Eine weitere Betrachtung der Relevanz wird anhand der in Abschnitt 5.1.2 präsentierten Erkenntnisse diskutiert. Unterschiedliche Verteilungen der Kollisionskonfigurationen konnten für Beteiligten 1 und weitere Beteiligte festgestellt werden. Dazu wird ein Beispielszenario formuliert. Ein potenzieller Beteiligter 1 hält an einer Kreuzung, den anderen Verkehrsteilnehmern muss die Vorfahrt gewährt werden. Das Fahrzeug des Beteiligten 1 ist mit einer Funktion zur Crash-Schwere-Schätzung ausgestattet und somit mit weiteren fortschrittlichen aktiven Sicherheitssystemen, bspw. dem AEB-Kreuzungsassistenten. Beteiligter 1 fährt mit niedriger Geschwindigkeit an und sollte ein Fahrzeug queren, löst die AEB-Funktion im Querverkehr aus. Die Eintrittswahrscheinlichkeit des Szenarios ist geringer als bei älteren Fahrzeugen bzw. als in der retrospektiven GIDAS-Betrachtung. Die Eintrittswahrscheinlichkeit dieses Szenarios bleibt jedoch für die Fahrzeuge ohne fortschrittliche Assistenzsysteme bestehen.

Das Wissen über die Ausstattung eines Fahrzeugs mit der Funktion zur Crash-Schwere Schätzung impliziert auch das Wissen über weitere aktive Sicherheitssysteme im Fahrzeug und hat direkten Einfluss auf die möglichen Kollisionskonfigurationen. Eine präzise Einordnung der Relevanz soll im Einzelfall anhand der Ausstattung des Fahrzeuges erfolgen.

Reproduzierbarkeit für andere Datenquellen
Internationale Unterschiede im Verkehrsunfallgeschehen resultieren aus vielen Faktoren wie Straßentyp, Infrastruktur, Verkehrsregelungen sowie den charakteristischen Verhaltensweisen der Verkehrsteilnehmer in unterschiedlichen Regionen. Daher können Unfallszenarien, die in einem Land als repräsentativ gelten, nicht ohne Weiteres auf ein anderes Land übertragen werden. Darüber hinaus unterscheiden sich die Datenerfassungs- und Kodierungsformate zwischen verschiedenen Datenbanken, was die Analyse und Extraktion von Unfallszenarien erschwert. Die Initiative zur globalen Harmonisierung von Unfalldaten (iGLAD) erfasst und standardisiert Unfalldaten aus 12 verschiedenen Ländern [144], um eine einheitliche Datengrundlage für vergleichbare Analysen zu schaffen. PCM-Szenarien, die aus dem iGLAD-Datensatz generiert wurden, können zur Simulation internationaler Testszenarien verwendet werden [145].

Die vorgestellte Methodik hat das Potenzial, repräsentative Kollisionskonfigurationen auch in anderen Unfalldatenbanken mit ähnlicher Datenstruktur zu identifizieren. Da der Fokus auf den Kollisionskonfigurationen lag, kann das Clustering kritischer Situationen mit der vorgestellten Methodik jedoch nicht unmittelbar reproduziert werden. Hierfür müssen andere Input-Features gefunden werden, welche durch Skalarwerte, Zeitreihen der Fahrdynamik der Teilnehmer oder kategoriale Variablen beschrieben werden. Durch PCA können mehrdimensionale Zeitreihendaten auf die wichtigsten Hauptkomponenten reduziert werden. Die PCA berücksichtigt jedoch keine zeitliche Abhängigkeit, die besonders in der Pre-Crash-Phase bzw. in einer kritischen Fahrsituation relevant sein kann. Eine mögliche Lösung wäre die Sliding-Window-PCA [146], welche die Zeitreihe in überlappende Fenster unterteilt und auf jedes Fenster separat eine Hauptkomponentenanalyse angewendet wird. Für das Clustering kategorialer Variablen kann beispielsweise die One-Hot-Encoding-Methode angewendet werden, um diese in numerische Form zu transformieren [57]. Die ursprüngliche kategoriale Variable wird entfernt und durch eine Reihe binärer Variablen ersetzt. Diese Transformation führt jedoch zu einem erheblichen Anstieg der Anzahl der Eingabemerkmale, wodurch das Risiko des Fluchs der Dimensionalität gesteigert wird.

Zusammenfassend lässt sich sagen, dass repräsentative PKW-PKW-Kollisionskonfigurationen mit anschließender Relevanzbewertung im Wirkfeld der Funktion zur Crash-Schwere Schätzung identifiziert werden konnten. Die Ableitung konkreter Lastfälle aus GIDAS-PCM zur Simulation wird in Kapitel 6 vorgestellt.

Absicherung der Funktion

6

6.1 Robuste Konvertierung von Unfallszenarien und prospektive Erweiterung des Testfallkatalogs

Teile des vorliegenden Unterkapitels basieren auf der Publikation „Utilization of real Accident Scenarios for simulative Effectiveness Assessment of Driver Assistance Systems", die im Rahmen dieser Dissertation entstanden ist [147].

Nachdem die relevanten und repräsentativen Kollisionskonfigurationen abgeleitet wurden, ist es erforderlich, diese in einer virtuellen Umgebung für die Durchführung von MiL- und SiL-Tests ausführbar zu machen. Die zugrunde liegende Datenbasis bildet die GIDAS-PCM-Datenbank, welche Unfallszenarien im proprietären Pre-Crash Matrix-Format enthält. Ansätze zur **simulativen Effektivitätsbewertung** und Analyse von Fahrerassistenzsystemen wurden bereits anhand von GIDAS-PCM-Szenarien in der Software rateEFFECT und PC-Crash vorgestellt [11]. Damit die GIDAS-PCM-Szenarien jedoch in fortschrittlicher Software zur virtuellen Simulation von Fahrdynamik und Fahrerassistenzsystemen genutzt werden können, ist die Konvertierung des PCM-Formats in die etablierten Simulationsformate für Fahr- und Verkehrssituationen erforderlich. Die zu testende Funktion zur prädiktiven Unfallerkennung und Crash-Schwere-Schätzung wird für diese Untersuchung in die Simulationsumgebung IPG CarMaker integriert. Diese unterstützt sowohl die eigenen proprietären Formate als auch die

Ergänzende Information Die elektronische Version dieses Kapitels enthält Zusatzmaterial, auf das über folgenden Link zugegriffen werden kann https://doi.org/10.1007/978-3-658-50650-6_6.

R. Putter, *Prädiktive Unfallerkennung – Validierungsmethodik und Sicherheitspotenziale*, AutoUni – Schriftenreihe 182, https://doi.org/10.1007/978-3-658-50650-6_6

"

ASAM (Association for Standardization of Automation and Measuring Systems) OpenDrive- und OpenSCENARIO-Formate [148].

Dabei sind im Vergleich zum initialen PCM-Szenario Abweichungen der simulierten Fahrdynamik, der Kollisionskonfiguration bei t_0 sowie der Straßennetzbeschreibungen bei der Formatkonvertierung unvermeidbar. Dies führt zu der Fragestellung, inwieweit die Repräsentativität der konvertierten Szenarien erhalten bleibt. Insbesondere stellt sich die Frage, wie präzise ein konvertiertes Szenario das ursprüngliche PCM-Szenario widerspiegelt und welche Kriterien erfüllt sein müssen, damit die Qualität der Konvertierung als hinreichend gut betrachtet werden kann. Das Ziel dieses Kapitels besteht darin, belastbare Qualitätskriterien für die Szenario-Konvertierung zu definieren und die durchgeführte Konvertierung hinsichtlich ihrer Genauigkeit und Repräsentativität systematisch zu evaluieren.

6.1.1   Ähnlichkeitsuntersuchung der konvertierten Szenarien

Die Auswahl der Szenarien für diese Studie ist in Abbildung 6.1 dargestellt. Als Ursprung wird die GIDAS-Datenbasis vom Jahr 2000 bis zum Jahr 2020 betrachtet. Die beteiligten Fahrzeuge müssen sich in einem Längenintervall zwischen 2,6 m und 6,0 m befinden. Dadurch sollen fehlerhaft codierte PKW-Kollisionen herausgefiltert werden. Dabei werden nur PKW-PKW-Erstkollisionen mit zwei Beteiligten betrachtet. Nach dem zusätzlichen Ausschluss von Rückwärtsfahren, da diese in GIDAS-PCM nicht vorkommen, bleibt ein Datensatz von 3.346 GIDAS-PCM-Fällen erhalten. Da jeder Unfall aus Sicht von Ego und Gegner simuliert werden kann, ergeben sich 6.692 einzigartige Kollisionsszenarien. Davon konnten 6642 Szenarien konvertiert werden.

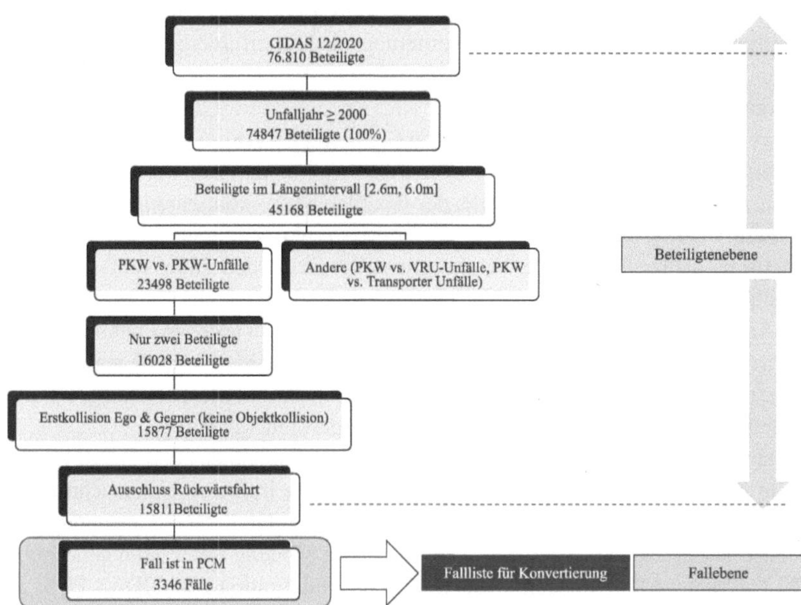

Abbildung 6.1   Auswahl der PKW-PKW-Unfälle zur Konvertierung, angepasst nach [149]

Für die Konvertierung der PCM-Szenarien wird ein spezifisches Konvertierungstool verwendet. Im ersten Schritt wird eine vereinfachte Simulation auf Basis der PCM vollautomatisiert generiert. Dazu gehören die initiale Vorsimulation aus Ego-Perspektive in IPG CarMaker, Road5-Dateien sowie die Geschwindigkeitsprofile. Der zweite Schritt der Konvertierung umfasst die Plausibilitätsprüfung der kinematischen Parameter in der Pre-Crash-Phase sowie die Korrektur der Fahrzeugposition auf der Fahrbahn. Die originale PCM weist physikalisch unplausible Übergänge in den Kurvenverläufen von Geschwindigkeit, Beschleunigung und Gierwinkel auf. Diese Unstetigkeiten können zu unrealistischer Fahrzeugdynamik führen und erfordern eine Resimulation und Korrektur zur Sicherstellung der physikalischen Konsistenz der Szenarien. Im dritten Schritt wird die In-Crash-Phase des Unfalls optimiert, indem eine weitere Simulation durchgeführt wird, um die Kollisionskonfiguration gemäß den originalen PCM-Daten nachzubilden. Dabei werden insbesondere die Kollisionsgeschwindigkeit und die Berührpunkte korrigiert. Dies erfolgt sowohl aus der Perspektive des Ego-Fahrzeugs als auch des Gegners, sodass zwei ausführbare Simulationsszenarien gespeichert werden. Zudem wird für jeden konvertierten Fall ein Qualitätsbericht erstellt, der zur Bewertung der Konvertierungsqualität erforderlich ist.

Fahrzeugmodelle

Ein wesentlicher Vorteil der Nutzung von Simulationssoftware wie IPG CarMaker zur Simulation von GIDAS-PCM-Szenarien liegt in den präzisen Parametrier-möglichkeiten der Fahrzeugmodelle, der flexiblen Sensorkonfiguration sowie dem robusten Fahrdynamikmodell. Für die konvertierten Szenarien wurden sowohl generische als auch validierte Fahrzeugmodelle verwendet. Diese umfassen eine detaillierte Parametrierung von Karosserie, Fahrwerk, Lenkung, Reifen, Bremsen und Antriebsstrang für jedes Fahrzeug. Zudem kann die zu testende Funktion direkt im virtuellen Modell des realen Zielfahrzeugs erprobt werden. Um die realen Fahr-zeuge aus den GIDAS-Unfalldaten in der Simulation darzustellen, müssen geeignete virtuelle Fahrzeugmodelle in IPG CarMaker ausgewählt werden.

Da es nicht möglich ist, jedes einzelne Fahrzeugmodell aus den realen Unfäl-len in der virtuellen Umgebung abzubilden, werden in dieser Untersuchung 16 unterschiedliche Fahrzeugmodelle zur Substitution aller GIDAS-Fahrzeuge ver-wendet. Dabei handelt es sich um sechs validierte Modelle sowie zehn generische IPG CarMaker-Modelle. Damit die Kollisionskonfiguration aus GIDAS-PCM in CarMaker möglichst präzise reproduziert werden kann, müssen die Fahrzeugmaße möglichst identisch beibehalten werden. Dabei werden die 16 Fahrzeugmodelle primär anhand ihrer Länge ausgewählt. Beispielsweise werden Kompaktklasse-Fahrzeuge mit einer Länge zwischen 4,20 m und 4,25 m bzw. 4,25 m und 4,35 m durch zwei repräsentative Modelle mit Längen von 4,18 m und 4,28 m ersetzt. Bei der Analyse der Fahrzeugbreiten wurde festgestellt, dass die in CarMaker verfüg-baren neuere Fahrzeugmodelle in der Regel etwas breiter sind als der Durchschnitt der Unfallfahrzeuge aus GIDAS. Diese systematische Abweichung konnte nicht behoben werden.

Szenario-Konvertierungsqualität

Die Konvertierungsqualität wird anhand von drei Hauptmerkmalen bewertet:

- Umgebungsinformationen
- Pre-Crash-Phase
- In-Crash-Phase

Diese werden zunächst anhand eines individuellen Unfalls näher erläutert.

Umgebungsinformationen

Abbildung 6.2 zeigt exemplarisch eine Skizze der Unfallstelle im GIDAS-PCM-Szenario. Das Straßennetz wird nur für den unfallrelevanten Bereich rekonstruiert. Entsprechend der Spezifikation der GIDAS-PCM-Spezifikationen werden Fahrbahnmarkierungen und stationäre Objekte in CarMaker-Umgebung überführt.

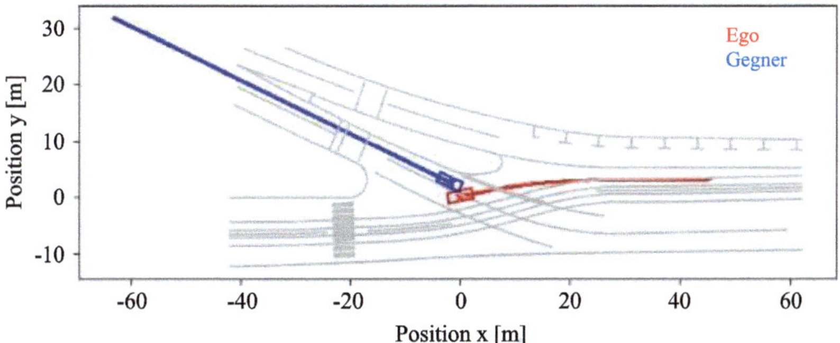

Abbildung 6.2   GIDAS-PCM-Unfallskizze

Zu den Umgebungsinformationen gehören Informationen der Ebenen L1 bis L3 sowie L5 nach Scholtes et al. [75]. Die Geometrie, Topologie und Topografie der Straße (L1) haben einen erheblichen Einfluss auf das Szenario, wenn diese durch die zu testende Funktion in der Simulation adressiert werden. Dazu gehören Funktionen zur automatisierten Längs- und Querführung. Diese sind jedoch für eine Funktion zur Crash-Schwere-Schätzung zunächst nicht relevant. Stationäre Objekte (L2) sind dagegen essenziell für die sensorischen Einschränkungen der Umfeldwahrnehmung. Durch die eingeschränkte Sicht können kollisionsrelevante Objekte möglicherweise nicht rechtzeitig detektiert oder korrekt klassifiziert werden, was die Wirksamkeit der Funktion beeinflussen kann. Ebenso haben die Umweltbedingungen (L3) wie Beleuchtung und Wetter einen relevanten Einfluss auf die Leistungsfähigkeit der wahrnehmungsbasierten Objekterkennung. Die Kenntnis des Straßenoberflächenzustands ist essenziell für die Schätzung des Reibungskoeffizienten und begrenzt die physikalisch möglichen Trajektorienverläufe zur Prädiktion der Kollisionsstellungen. Die beschriebenen Phänomene müssen in die Simulation einbezogen werden und sind Teil der spezifischen Betriebsbedingungen. Diese werden in GIDAS-PCM jedoch nur unvollständig spezifiziert. So enthalten beispielsweise nur wenige Fälle umfangreiche Informationen über die stationären Objekte wie parkende Fahrzeuge

oder Gebäude, welche in einigen Unfallsituationen zu relevanten Sichteinschränkungen führen können. Die Spezifikation der Straße und Umgebung hängt von
dem individuellen Detailgrad der Erhebung am Unfallort ab. Informationen zu
Wetterbedingungen und Beleuchtung können über die GIDAS-Datenbank zwar für
die einzelnen Fälle identifiziert werden, sind jedoch nicht direkt in GIDAS-PCM
hinterlegt. Der Reibungskoeffizient wird jedoch in GIDAS-PCM spezifiziert und
beeinflusst die rekonstruierte Unfalleinlaufphase.

Die Detailtiefe der in CarMaker konvertierten Unfallumgebung wird durch die
Detailtiefe des einzelnen GIDAS-PCM-Falls limitiert.

Pre-Crash-Phase
Die Pre-Crash- bzw. die Unfalleinlauf-Phase wird durch die Ebene der dynamischen Objekte (L4) beschrieben. Zur Bewertung der Konvertierungsqualität der
Pre-Crash-Phase werden die Zeitreihen der relevanten Pre-Crash-Variablen für die
letzten 5 Sekunden vor dem Crash analysiert. Abbildung 6.3 zeigt die zeitabhän-
gigen Verläufe für Geschwindigkeit, Gierwinkel und Fahrzeugposition sowohl im
originalen GIDAS-PCM-Szenario als auch im resimulierten CarMaker-Szenario.

Die visuelle Betrachtung der Verläufe zeigt eine hohe Übereinstimmung, da
jedoch nicht alle 6.642 Szenarien manuell evaluiert werden können, werden Kriterien zur Ähnlichkeitsbewertung der Pre-Crash-Phase definiert. Die Berechnung
von Kennwerten für Trajektorie, Geschwindigkeit und Gierwinkel während der
Pre-Crash-Phase soll sicherstellen, dass die Abweichungen zwischen den konvertierten IPG CarMaker-Szenarien und den originalen GIDAS-PCM-Szenarien im
definierten Toleranzbereich liegen.

Vier Kennwerte werden betrachtet:

- Fréchet-Distanz
- Flächenmethode
- Mittlere absolute Abweichung
- Mittlere quadratische Abweichung

Die Frechet-Distanz bestimmt die maximale Abweichung zwischen zwei zeitabhän-
gigen Verläufen, in diesem Fall Fahrweg, Geschwindigkeit und Gierwinkel, unter
Berücksichtigung ihrer zeitlichen Abfolge. Die Flächenmethode quantifiziert die
gesamte räumliche Abweichung und ist hilfreich für den Vergleich der gefahrenen
Trajektorien. Die mittlere absolute Abweichung zeigt an, wie stark die Variablen im
Durchschnitt abweichen, und die mittlere quadratische Abweichung hebt vereinzelt
starke Abweichungen hervor.

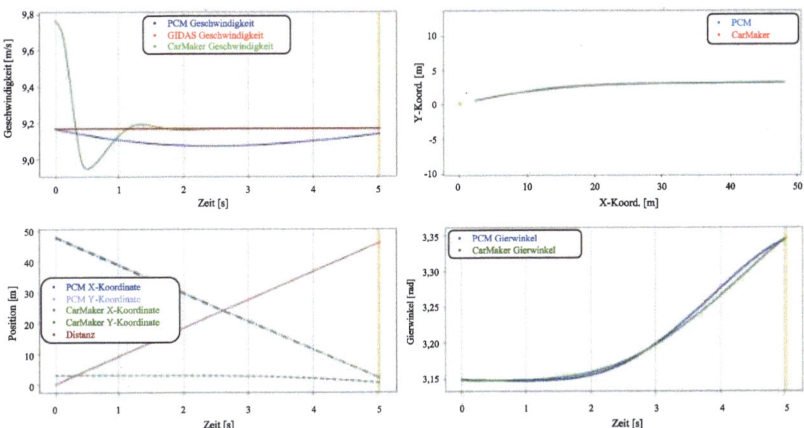

Abbildung 6.3   Pre-Crash-Evaluierung über Zeitreihen von Geschwindigkeit, Position und Gierwinkel der Fahrzeuge in GIDAS-PCM und CarMaker

Die Mittelwerte aller Qualitätskriterien über 6.642 konvertierte GIDAS-PCM-Szenarien werden in Tabelle A5 im elektronischen Zusatzmaterial definiert und dargestellt. Relevanter als die Mittelwerte sind die Verteilungen der Qualitätskriterien, die anhand der 25 %-, 50 %- und 75 %-Perzentile analysiert und in der Tabelle 6.1 dargestellt werden. Für alle Kennwerte werden die Abweichungen im 75 %-Perzentil als niedrig betrachtet, somit wird die generelle Konvertierungsqualität der Pre-Crash-Phase über den gesamten Datensatz als hoch betrachtet.

Um Ausreißer zu identifizieren, können Schwellenwerte für die einzelnen Zeitpunkte bzw. Zeiträume definiert werden, die nicht überschritten werden dürfen. Es wird jedoch die Annahme getroffen, dass starke Abweichungen in der Pre-Crash-Phase auch zu Abweichungen in der In-Crash-Phase bzw. der Kollisionskonfiguration zum Zeitpunkt t_0 führen. Daher wird der Fokus der Untersuchung auf die Identifikation der Ausreißer in der Kollisionsstellung gelegt.

Tabelle 6.1 Verteilung der Qualitätskriterien in der Pre-Crash-Phase

Qualitätskriterium	25 % Perzentil	50 % Perzentil	75 % Perzentil
xy_frd [m]	0,140	0,333	0,607
xy_area [m^2]	0,0128	0,673	1,762
xy_mae [m]	0,059	0,121	0,240
vel_frd [$\frac{m}{s}$]	0,102	0,237	0,455
vel_mae [$\frac{m}{s}$]	0,012	0,023	0,033
yaw_frd [rad]	0,01	0,013	0,03
yaw_mae [rad]	0,003	0,006	0,01

Kollisionssensor

Die Erkennung einer Kollision zwischen zwei Fahrzeugen in der Simulation hängt maßgeblich von der Definition der Fahrzeugform sowie der zugrunde liegenden Kollisionserkennungslogik ab. Während im PCM 5.0 Format die Fahrzeugform durch sechs Punkte definiert ist, kann die IPG CarMaker-Fahrzeugform mit einer beliebig hohen Anzahl von Punkten festgelegt werden. Basierend auf den FEM-Modellen der realen Fahrzeuge, die über 4.000 Konturpunkte enthalten, wurde für die CarMaker-Fahrzeuge eine generische 2D-Fahrzeugkontur mit 18 definierten Punkten abgeleitet. Die exakten Positionen der 18 Punkte werden entsprechend der Länge und Breite der 16 Fahrzeugmodelle angepasst, während die Grundform der Kontur unverändert bleibt.

In-Crash-Phase

Bei der Beurteilung der In-Crash-Phase wird die Kollisionskonfiguration anhand der Berührpunkte in der Kollision, der relativen Kollisionsgeschwindigkeit sowie des Kollisions- bzw. Gierwinkels der beiden Fahrzeuge untersucht. Die präzise Bestimmung der Aufprallpunkte in einer Fahrsimulationssoftware, ohne Mehrkörper- oder FEM-Modelle, stellt jedoch ein Definitionsproblem dar. Die Kollision wird in IPG CarMaker durch den Erstkontakt zweier Bounding-Boxen erkannt. Dadurch bleibt unklar, ob der Kollisionspunkt tatsächlich zentral zwischen den sich berühren-den Fahrzeugoberflächen liegt oder sich an einer anderen Stelle der Kontaktfläche befindet. Zudem können bereits geringe Abweichungen im Kollisionswinkel zu signifikanten numerischen Unterschieden in der Ermittlung der Aufprallpunkte führen, wenn diese über die Mitte der Flächen bestimmt wird.

Weitere Möglichkeiten zur Bestimmung der Aufprallpunkte bzw. der Kollisionszone bei einer PKW-Kollision sind nach GIDAS die Lage des Schadens bzw.

der Deformationszone am Fahrzeug [27]. Für einen detaillierten Vergleich der In-Crash-Kollisionsstellung in GIDAS und IPG CarMaker reicht die Betrachtung der Kollisionszonen jedoch nicht aus.

Ein neues, robustes Kriterium zur Ähnlichkeitsbewertung von Aufprallpunkten zwischen zwei Fahrzeugen in einer virtuellen Simulation ist erforderlich. Zur Vereinfachung werden die Fahrzeuge durch rechteckige Bounding-Boxen zum Zeitpunkt der Kollision dargestellt. Abbildung 6.4 zeigt die Kollision im globalen Koordinatensystem, wobei die blaue Bounding-Box die Kollision in der GIDAS-PCM und die rote Bounding-Box die konvertierte CarMaker-Simulation repräsentiert. Eine Sichtprüfung zeigt, dass die Kollision weitgehend identisch getroffen wurde. Eine automatisierte Bewertungsmethode ist jedoch nötig, um die Übereinstimmung der Kollisionen systematisch zu quantifizieren.

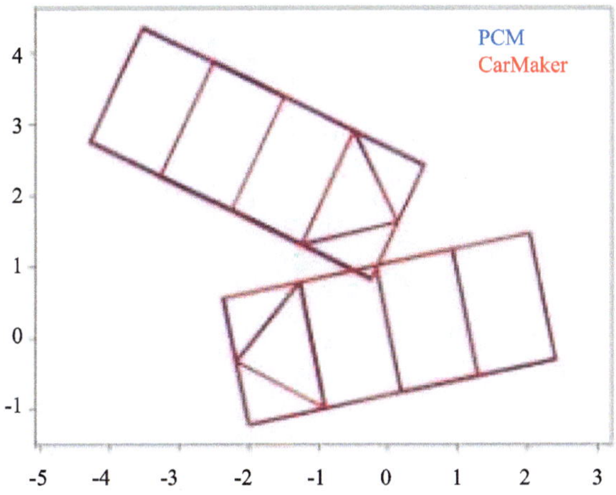

Abbildung 6.4 In-Crash-Kollisionskonfiguration im globalen Koordinatensystem

Aus diesem Grund wird ein neues Bewertungskriterium eingeführt, das im Folgenden als Q30-Kriterium bezeichnet wird. Zunächst wird ein neues Koordinatensystem definiert, dessen Ursprung im geometrischen Zentrum des Ego-Fahrzeugs liegt. Die Bewegung der Fahrzeuge wird entlang des In-Crash-Geschwindigkeitsvektors um 30 Zentimeter in den Crash hineinprojiziert, dadurch wird auch der Kollisionswinkel implizit berücksichtigt. Es entsteht eine Überlappung der Bounding-Boxen, von der der geometrische Mittelpunkt bestimmt wird.

Dieser Wert kann numerisch für die X- und Y-Achsen bestimmt werden. Abweichungen im Winkel und somit der Richtung des Geschwindigkeitsvektors führen automatisch zu Veränderungen in der Überlappungsgeometrie. Dadurch kann das Verfahren Unterschiede in der Kollisionsstellung erfassen, auch wenn diese auf abweichende Winkelverhältnisse zurückzuführen sind. Der Projektionswert von 30 cm wurde dabei empirisch bestimmt. Ein zu niedriger Projektionswert führt dazu, dass die Überlappungen der Bounding-Boxen möglicherweise nicht ausreichen, um die Kollisionsstellung zuverlässig zu quantifizieren. Ein zu hoher Wert kann umgekehrt dazu führen, dass unterschiedliche Kollisionen zu ähnlich bewertet werden.

Abbildung 6.5 zeigt die Transformation in das Ego-Koordinatensystem und die Projektion um 30 cm in den Crash für GIDAS-PCM- und CarMaker-Kollision. Das Q30-Kriterium beträgt in diesem Fall für GIDAS-PCM $[-0{,}12;\ -0{,}82]$ und für CarMaker $[-0{,}13;\ -0{,}80]$. Das entspricht einem Unterschied von $-0{,}01$ m in Längsrichtung und $0{,}02$ m in Querrichtung. Auf diese Weise bietet das Q30-Kriterium eine standardisierte Referenz für die Bewertung der Kollisionsstellung.

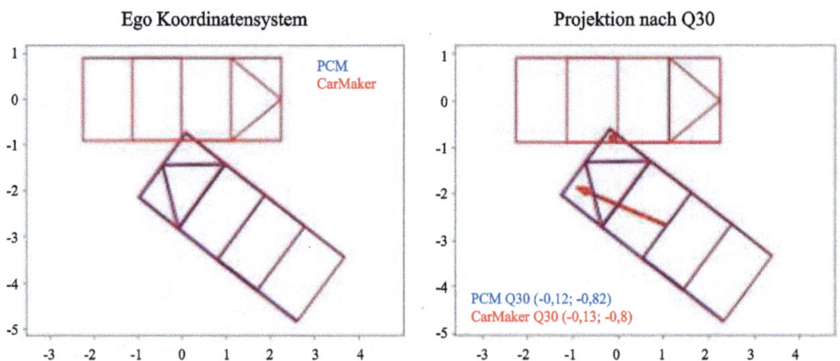

Abbildung 6.5 Ego-Koordinatensystem (links) und Projektion nach Q30-Kriterium (rechts)

Des Weiteren wird die Kollisionsgeschwindigkeit von Ego- und Gegner-Fahrzeug sowie der Kollisionswinkel beider Fahrzeuge zum Zeitpunkt t_0 verglichen. Insgesamt konnten für 3.321 Fälle bzw. 6.642 Szenarien die In-Crash-Gütekriterien berechnet werden. Der Mittelwert dieser wird über alle Fälle in der Tabelle 6.2 dargestellt.

Tabelle 6.2
In-Crash-Qualitätskriterien, Mittelwert für alle 6642 Szenarien

Kriterium	Wert
$\varnothing\lvert\Delta v_{k\_ego}\rvert$	0,433 [$\frac{km}{h}$]
$\varnothing\lvert\Delta v_{k\_gegner}\rvert$	0.413 [$\frac{km}{h}$]
$\varnothing\lvert\Delta\Psi\rvert$	0.111 [rad]
$\varnothing\lvert\Delta Q30_{x\_ego}\rvert$	0.115 [m]
$\varnothing\lvert\Delta Q30_{y\_ego}\rvert$	0.072 [m]
$\varnothing\lvert\Delta Q30_{x\_gegner}\rvert$	0.121 [m]
$\varnothing\lvert\Delta Q30_{y\_gegner}\rvert$	0.096 [m]

Die durchschnittliche Abweichung der Kollisionsgeschwindigkeit im Vergleich zum ursprünglichen PCM-Szenario beträgt etwa 0,4 $\frac{km}{h}$ sowohl für das Ego-Fahrzeug als auch das Gegner-Fahrzeug. Der mittlere Fehler des Kollisionswinkels liegt bei 0,111 rad. Die Differenz der Q30-Kriterien für Ego und Gegner beträgt im Durchschnitt zwischen 0,072 m und 1,121 m. Insgesamt wird die In-Crash-Phase als eine präzise Resimulation der ursprünglichen PCM-Daten bewertet. Insbesondere werden die Kollisionsgeschwindigkeit und der Kollisionswinkel nahezu identisch simuliert.

Dennoch müssen Ausreißer berücksichtigt werden. Zur Identifikation von Fällen mit einer schlechteren Konvertierungsqualität wurden daher Schwellenwerte für die Q30-Kriterien definiert:

- $Q30\_X \leq 0.2m,\ Q30\_Y \leq 0.1m$

Tabelle 6.3 zeigt die Fälle, die die hohen Qualitätskriterien sowohl für die Ego- als auch für die Gegnerperspektive erfüllen.

- Beim **Q30_X-Kriterium** bestehen etwa 78 % der Fälle die Qualitätsprüfung
- Beim **Q30_Y-Kriterium** liegt der Anteil zwischen 78 % und 84 %
- Werden die Fälle gleichzeitig nach beiden Kriterien überprüft, liegt der Anteil der erfüllten Szenarien nur noch zwischen 54,7 % und 62,2 %

Bei einer näheren Untersuchung wird identifiziert, dass die Abweichungen im Q30-Kriterium hauptsächlich aus geringen Differenzen in den Fahrzeuglängen und -breiten der virtuellen Fahrzeugmodellen resultieren. Dabei liefern die validierten Fahrzeugmodelle deutlich robustere Ergebnisse als die generischen. Bei der Auswahl der Szenarien als Repräsentanten für die in Abschnitt 5.3 identifizierten

Tabelle 6.3 Q30-Qualitätskriterien für alle 6642 Szenarien

Kriterium	Ego-Perspektive		Gegner-Perspektive	
Q30_X	2563	77,2 %	2612	78,6 %
Q30_Y	2790	84,0 %	2590	78,0 %
Q30_X und Q30_Y	2067	62,2 %	1817	54,7 %

Cluster können nur die Fälle berücksichtigt werden, welche die Konvertierungskriterien erfüllen, um eine möglichst hohe Ähnlichkeit gegenüber der originalen GIDAS-PCM zu behalten.

6.1.2   Simulation prospektiver Unfallszenarien

Wie in Abschnitt 5.1.3 dargestellt, ermöglichen Unfalldatenbanken lediglich eine retrospektive Analyse des Unfallgeschehens. Einige Studien nutzen retrospektive Unfallszenarien, um mithilfe virtueller Simulationen einen neuen prospektiven Testszenarienkatalog zu erstellen. Stark et al. [11] untersuchen die Effektivität von AEB, ACC (Adaptive Cruise Control) und LKS (Lane Keeping Support) bei der Vermeidung von Unfällen auf Landstraßen und Autobahnen. Dadurch wird aufgezeigt, welche Unfälle durch aktuelle Fahrfunktionen der Stufen 1 bis 2 nach SAE J3016 vermieden oder gemindert werden. Leledakis et al. präsentieren eine Methode zur simulativen Vorhersage von Kollisionskonfigurationen in Fahrzeugen mit unfallvermeidenden Systemen und prognostizieren die Veränderungen in zukünftig zu erwartenden Kollisionskonfigurationen [122]. Diese Fragestellung wurde auch in der bereits vorveröffentlichten Studie adressiert [147].

Wie bereits erläutert, setzt das Wissen über die Ausstattung eines Fahrzeugs mit der Funktion zur Crash-Schwere-Schätzung auch das Verbundwissen über weitere Fahrerassistenz- und aktive Sicherheitssysteme im Fahrzeug voraus. Der funktionsspezifische, prospektive Testfallkatalog im Wirkfeld bzw. ODD der zu testenden Funktion kann durch virtuelle Simulationen retrospektiver Unfallszenarien anhand einer Gesamtfahrzeugbetrachtung unter Berücksichtigung der Wechselwirkungen unfallvermeidender Funktionen erstellt werden.

Abbildung 6.6 zeigt die Architektur einer szenariobasierten Testautomatisierung der Funktion zur Unfallerkennung und prädiktiven Crash-Schwere-Schätzung. Im ersten Schritt erfolgt die Erstellung des Testfallkatalogs durch Konvertierung der GIDAS-PCM-Szenarien unter Berücksichtigung robuster Qualitätskriterien, was bereits in Abschnitt 6.1 erläutert wurde. Im zweiten Schritt erfolgt eine Testautomatisierung der virtuellen Fahrerassistenz- oder aktiven Sicherheitsfunktion anhand des definierten Testfallkatalogs. Im dritten Schritt wird die Effektivität der unfallvermeidenden Funktionen anhand der drei Kategorien, wie sie nach Stark et al. bereits definiert wurden [11], bewertet:

- **Grüner Spot**: Unfallvermeidung
- **Gelber Spot**: Unfallveränderung
- **Roter Spot**: Unfall wird nicht adressiert

Der **grüne Spot** umfasst die Unfälle, die durch die Funktionen vermieden werden konnten, und erfordert keine weitere Aktion. Der **gelbe Spot** umfasst die Fälle, in denen das Unfallszenario von den Funktionen adressiert wurde, die Kollision jedoch nicht verhindert werden konnte. Dabei kann sich eine neue Kollisionskonfiguration hinsichtlich der Kollisionsgeschwindigkeit, der Berührpunkte und des Kollisionswinkels ergeben. Der **rote Spot** umfasst die Unfälle, die von den unfallvermeidenden Funktionen nicht adressiert wurden. Die Kollisionskonfiguration bleibt identisch. Im Schritt vier wird die Funktion zur Crash-Schwere-Schätzung anhand des alten, retrospektiven und des neuen, **prospektiven GIDAS-PCM-Szenarienkatalogs** simulativ getestet und bewertet.

Für die Erstellung des prospektiven Szenarienkatalogs zur Bewertung der Crash-Schwere-Schätzer-Funktion müssen die Fälle aus den gelben und roten Spots hinsichtlich ihrer Relevanz bewertet werden. Hierfür werden die in Abschnitt 5.3.3 vorgestellten Relevanzbewertungskriterien herangezogen. Während die Häufigkeit der Unfallsituation innerhalb der neuen Datenbasis bewertet werden kann, bedarf es einer Schätzung der neuen Verletzungsschwere und der Delta-v-Werte für die Fälle aus dem gelben Spot.

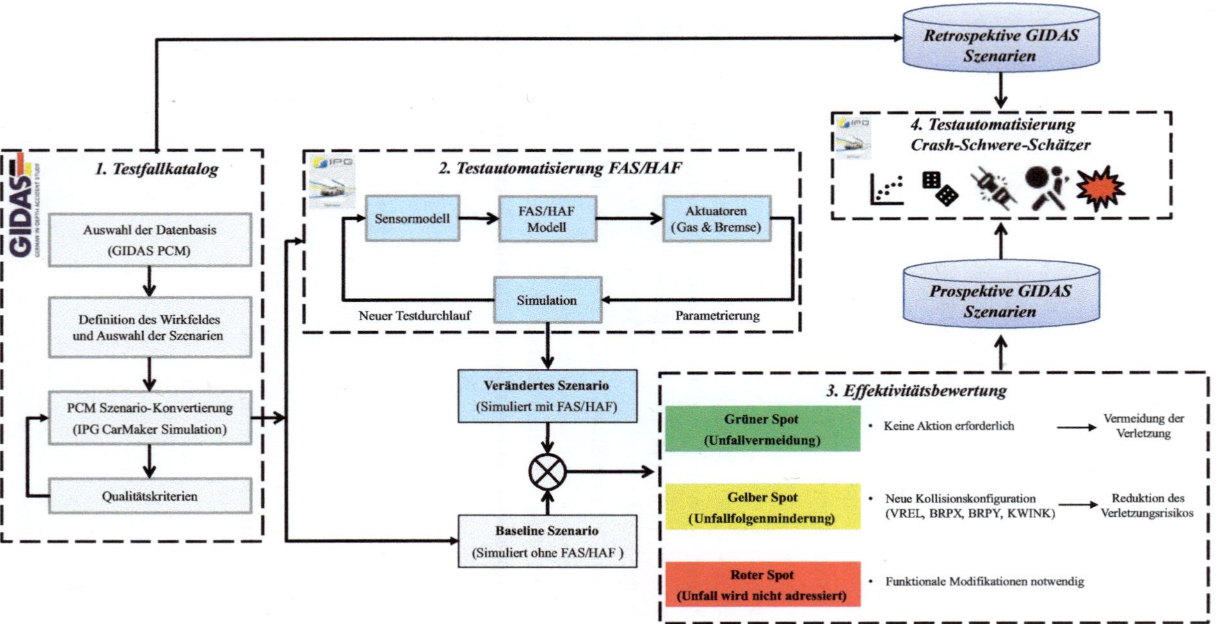

Abbildung 6.6   Architektur einer szenariobasierten Testautomatisierung[1]

[1] Angepasst nach Putter et al., "Utilization of real Accident Scenarios for simulative Effectiveness Assessment of Driver Assistance Systems", Proceedings of the FISITA - Technology and Mobility Conference Europe 2023, © 2023 FISITA

Die Änderung der Verletzungsschwere kann anhand von **Verletzungsrisikofunktionen** geschätzt werden. Verletzungsrisikofunktionen bestimmen die Wahrscheinlichkeit einer bestimmten Verletzungsschwere bei einem Unfall in Abhängigkeit von Einflussgrößen wie Kollisionsgeschwindigkeit, Kollisionszone oder personenbezogenen Merkmalen. Dabei werden Verletzungsrisikofunktionen in der Regel in Abhängigkeit von der Aufprallzone berechnet, da das Verletzungsrisiko sowohl durch die Deformationen der unterschiedlichen Fahrzeugstrukturen, die Interaktion mit Rückhaltesystemen als auch durch biomechanische Belastungen beeinflusst wird. Beispiele für Verletzungsrisikofunktionen bei schrägen Frontalaufprallunfällen [150], seitlichen Kollisionen auf der vom Insassen abgewandten Seite [151] und basierend auf der Deformationstiefe von Fahrzeugen [152] werden in diversen Studien vorgestellt.

Die Veränderung der Delta-v-Werte infolge einer veränderten Kollisionskonfiguration bleibt unbekannt, da CarMaker lediglich die virtuelle Fahrt in der Pre-Crash-Phase, jedoch nicht die Physik der Kollision simuliert. Die neue In-Crash-Kollisionskonfiguration kann jedoch exportiert und als Eingangsparameter für ein Crash-Modell verwendet werden. Eine Finite-Elemente-Crashsimulation bietet die höchste Präzision, erfordert jedoch einen hohen Rechenaufwand. Diese kann bei signifikanten Änderungen der Kollisionsstellung, wie beispielsweise dem Übergang von einer Frontal- zu einer Seitenkollision, erforderlich sein. Bei geringfügigen Änderungen, wie Variationen der Kollisionsgeschwindigkeit bei konstanter Aufprallrichtung und Überlappung, kann der Impulserhaltungssatz zur Abschätzung von Delta-v genutzt werden. Bei strukturellen Änderungen können empirische Modelle verwendet werden, die ähnlich wie Verletzungsrisikofunktionen auf realen Unfalldaten basieren. Ihre Anwendung ist jedoch auf bekannte Kollisionsmuster beschränkt.

Tabelle A4 im elektronischen Zusatzmaterial zeigt die Clustering-Ergebnisse vom konvertierten GIDAS-PCM-Datensatz in der Übersicht der 35 Cluster. Die prospektiven Szenarien können mit der vorgestellten Clustering-Methodik analog in neue Cluster eingeteilt werden. Diese bestehen zum Teil aus alten und unveränderten Unfällen (roter Spot) und veränderten Unfällen (gelber Spot). Die Änderungen der Häufigkeit, der Delta-v-Werte sowie des Verletzungsrisikos können dabei sowohl für die individuellen Unfallszenarien als auch für gesamte Cluster quantifiziert werden. Über den Vergleich der alten retrospektiven und neuen prospektiven Clustering-Ergebnisse kann zum einen die Änderung des Unfallgeschehens repräsentiert und zum anderen die funktionalen Wirkfelder der Funktion zur Crash-Schwere-Schätzung noch besser präzisiert werden.

Die vermiedenen Unfälle aus dem grünen Spot sollen jedoch auch als Testszenarien im Schritt 4 verwendet werden. Diese bilden die Basis für potenziell zu erwartende Beinaheunfälle und erweitern den Testfallkatalog um die kritischen No-Fire-Fahrsituationen, wie sie in Abschnitt 4.1.3 und Abbildung 4.2 definiert wurden.

6.2   Effektivitätsbewertung der Funktion

In diesem Unterkapitel wird die Methodik des simulativen Testens der Funktion im Detail erläutert. Dabei erfolgt die Analyse sowohl isoliert als auch im Rahmen eines gesamten Pre-Crash-Systems. Zusätzlich werden die internen und externen Faktoren für Abweichungen in der Prädiktion betrachtet.

6.2.1   Quantitative Bewertung der Prädiktion anhand von Pre-Crash-Szenarien

Nachdem die GIDAS-PCM-Fälle konvertiert wurden, werden die virtuellen Fahrversuche zur quantitativen Effektivitätsbewertung des Algorithmus zur Crash-Schwere-Schätzung durchgeführt. Ziel dieser Untersuchung ist es, objektive und reproduzierbare Kriterien zur Beurteilung der Prädiktionsgüte zu definieren und systematisch zu bewerten. Die Integration des Algorithmus erfolgte in der Simulationssoftware IPG CarMaker, sodass dieser zunächst auf Model-in-the-Loop-Ebene getestet werden kann. Die Parametrierung des Prädiktionsmodells kann aus Gründen der Informationssicherheit nicht dargelegt werden, und das Modell soll im Rahmen dieser Untersuchung als ein Black-Box-Modell betrachtet werden. Die Simulationen basieren auf einem frühen Entwicklungsstand des Modells, das noch nicht über die vollständige Funktionalität verfügt, und dienen ausschließlich der Veranschaulichung der Methodik. Es werden quasioptische, ideale Sensormodelle in die Simulation integriert, welche die phänomenologischen Eigenschaften von Sensoren nicht abbilden. Die Bewertung erfolgt anhand einer Untermenge der konvertierten GIDAS-PCM-Fälle. Wie in Abschnitt 3.3 hergeleitet, soll die Bewertung des Algorithmus anhand der zwei Prädiktionsmodelle und folgender prädizierter Variablen erfolgen (Abbildung 6.7):

- **Prädiktion der Kollisionskonfiguration** mit:

  - Kollisionswahrscheinlichkeit
  - TTC
  - Kollisionsstellung (einschließlich Kollisionswinkel und -zone)

○ Relative Kollisionsgeschwindigkeit zu t0

- **Prädiktion der Crash-Schwere** mit:

○ Delta-v der Kollision als Skalar
○ Crashpuls als Zeitreihe ab t0

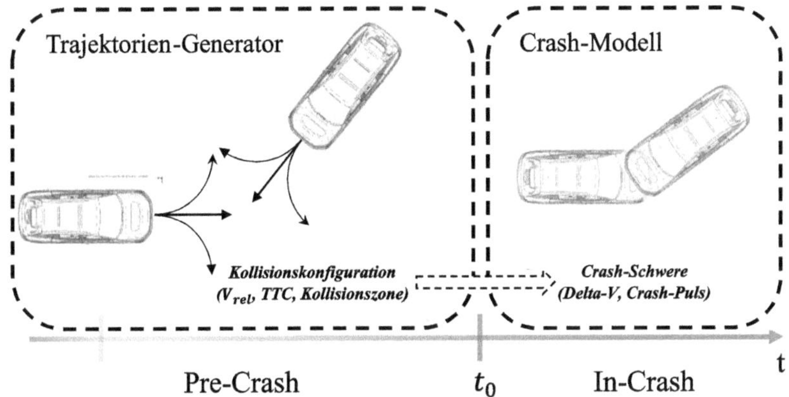

Abbildung 6.7   Unfallprädiktion, Trajektorien-Generator und Crash-Modell

Prädiktion der Kollisionskonfiguration

Zunächst wird der obere Pfad zur Prädiktion der Kollisionskonfiguration betrachtet. Die Tests dienen der Validierung der prädizierten Outputs durch den Vergleich mit einer definierten Ground-Truth der Kollision. Dabei wird jede Variable in jedem einzelnen Vorhersagezeitschritt der Pre-Crash-Phase mit dem nominalen Ground-Truth-Wert abgeglichen. Dies ermöglicht eine entkoppelte Bewertung jeder vorhergesagten Variable, unabhängig von anderen Einflussfaktoren. Das Ziel der Konvertierung war es, die Szenarien möglichst ähnlich zu den rekonstruierten GIDAS-PCM-Fällen zu simulieren. Da die Unschärfen im Konvertierungsprozess jedoch nicht vollständig vermeidbar sind, dient als Ground-Truth an dieser Stelle die CarMaker-Simulation und nicht die originale GIDAS-PCM.

Tabelle 6.4 zeigt für einen einzelnen Unfall die prädizierten TTC und VREL, welche mit den Ground-Truth-Werten verglichen werden. Dabei werden die Mittelwerte der Prädiktion betrachtet. Darüber hinaus entstehen durch die Berechnung unterschiedlicher Trajektorienverläufe minimale und maximale Werte der Prädiktion für alle prädizierten Variablen. Es werden die letzten zwei Sekunden vor der Kollision betrachtet, da eine zuverlässige Vorhersage der Kollision über diesen Zeithorizont hinaus in der Praxis nur selten realisierbar ist. In diesem Beispiel wird ein sensorisch einfach detektierbares Unfallszenario betrachtet, ein Auffahrunfall auf ein vorausfahrendes Fahrzeug innerhalb einer Fahrspur. Bei einer Folgefahrt im Längsverkehr lassen sich sowohl die Zeit bis zur Kollision als auch die relative Kollisionsgeschwindigkeit in der Regel präziser bestimmen als bei komplexeren Unfallszenarien.

Tabelle 6.4 Validierung der Prädiktion Einzelfallanalyse

Ground-Truth TTC	Ground-Truth VREL	TTC prädiziert	VREL prädiziert	ΔTTC	ΔVREL
$t_1 = 2,0\,s$	$\text{VREL}_{\text{nominal}} = 57,2\,\frac{km}{h}$	1,816 s	$\text{VREL}\,(t_1) = 77,0\,\frac{km}{h}$	0,184 s	$19,8\,\frac{km}{h}$
$t_2 = 1,5\,s$	$\text{VREL}_{\text{nominal}} = 57,2\,\frac{km}{h}$	1,534 s	$\text{VREL}\,(t_2) = 61,1\,\frac{km}{h}$	$-0,034$ s	$3,9\,\frac{km}{h}$
$t_3 = 1,0\,s$	$\text{VREL}_{\text{nominal}} = 57,2\,\frac{km}{h}$	1,004 s	$\text{VREL}\,(t_3) = 60,9\,\frac{km}{h}$	$-0,004$ s	$3,7\,\frac{km}{h}$
$t_4 = 0,5\,s$	$\text{VREL}_{\text{nominal}} = 57,2\,\frac{km}{h}$	0,506 s	$\text{VREL}\,(t_4) = 63,0\,\frac{km}{h}$	$-0,006$ s	$5,8\,\frac{km}{h}$
$t_5 = 0,2\,s$	$\text{VREL}_{\text{nominal}} = 57,2\,\frac{km}{h}$	0,184 s	$\text{VREL}\,(t_5) = 64,0\,\frac{km}{h}$	0,016 s	$6,8\,\frac{km}{h}$
$t_0 = 0,0\,s$	$\text{VREL}_{\text{nominal}} = 57,2\,\frac{km}{h}$	0,001 s	$\text{VREL}\,(t_0) = 64,1\,\frac{km}{h}$	$-0,001$ s	$6,9\,\frac{km}{h}$

Auf diese Weise werden die Abweichungen der prädizierten VREL und TTC zu den vier Zeitpunkten vor der Kollision: 1,0 s (t_1), 0,8 s (t_2), 0,5 s (t_3) und 0,2 s (t_4) berechnet und für 100 zufällig ausgewählte Simulationen in der Tabelle 6.5 als Perzentile dargestellt. Der Medianwert für die Abweichung der prädizierten TTC schwankt zwischen 0,03 s bei (t_4) und 0,07 s bei (t_1). Für die relative Geschwindigkeit schwankt der Fehler im Median zwischen 5,31 $\frac{km}{h}$ und 5,89 $\frac{km}{h}$. Während diese Werte auf eine hohe Prädiktionsgüte hinweisen, werden erhebliche Abweichungen insbesondere in den 75 %- und 90 %-Perzentilen deutlich. Die Abweichungen in TTC und VREL schwanken bis zu 0,85 s und 44,57 $\frac{km}{h}$. Die Prädiktionsgüte der TTC steigt mit zunehmender Annäherung an den Zeitpunkt t_0 an. Auffällig ist, dass die Prädiktionsgüte von VREL mit zunehmender Annäherung an t_0 nur in den unteren 50 % der Fälle ansteigt, während sie in den oberen 50 % der Fälle deutlich abnimmt. Dies deutet darauf hin, dass ein Teil der Fälle besonders gut und ein anderer Teil der Fälle besonders schlecht prädiziert wird. Weitere Variablen wie die Kollisionswahrscheinlichkeit und Kollisionsstellung können ebenfalls auf diese Weise analysiert werden.

Tabelle 6.5 Simulation der Prädiktionsgüte für 100 Szenarien

Perzentile	ΔTTC ($t_1 =$ 1,0 s)	ΔVREL ($t_1 =$ 1,0 s)	ΔTTC ($t_2 =$ 0,8 s)	ΔVREL ($t_2 =$ 0,8 s)	ΔTTC ($t_3 =$ 0,5s)	ΔVREL ($t_3 =$ 0,5s)	ΔTTC ($t_4 =$ 0,2s)	ΔVREL ($t_4 =$ 0,2s)
10 %	0,01 s	1,29 $\frac{km}{h}$	0,01 s	1,64 $\frac{km}{h}$	0,01 s	0,37 $\frac{km}{h}$	0,01 s	0,10 $\frac{km}{h}$
25 %	0,03 s	2,84 $\frac{km}{h}$	0,03 s	3,04 $\frac{km}{h}$	0,02 s	1,45 $\frac{km}{h}$	0,02 s	0,50 $\frac{km}{h}$
50 %	0,07 s	5,89 $\frac{km}{h}$	0,06 s	5,33 $\frac{km}{h}$	0,04 s	5,31 $\frac{km}{h}$	0,03 s	5,46 $\frac{km}{h}$
75 %	0,20 s	15,57 $\frac{km}{h}$	0,20 s	15,93 $\frac{km}{h}$	0,21 s	14,87 $\frac{km}{h}$	0,20 s	19,12 $\frac{km}{h}$
90 %	0,85 s	25,25 $\frac{km}{h}$	0,80 s	30,52 $\frac{km}{h}$	0,50 s	31,19 $\frac{km}{h}$	0,64 s	44,57 $\frac{km}{h}$

Prädiktion der Crash-Schwere

Zur Bewertung der prädizierten Delta-v oder Crashpulse wird eine Ground-Truth der technischen Crash-Schwere der Kollision benötigt. Im Gegensatz zur Prädiktion der Kollisionskonfiguration, kann die CarMaker-Simulation nicht als Ground-Truth zur Bewertung der Crash-Schwere-Prädiktion dienen. Während die Delta-v-Werte für GIDAS-PCM-Fälle aus der Rekonstruktion herangezogen werden können, existiert **keine Ground-Truth** der Crashpuls-Verläufe für die simulierten Kollisionen.

Beim Vergleich der prädizierten Delta-v-Werte mit den rekonstruierten GIDAS-Werten ist besondere Vorsicht geboten, da letztere auf **Rekonstruktionsverfahren** basieren und im Einzelfall erhebliche Abweichungen aufweisen können. Burg et al. führen eine Feldstudie zur Rekonstruktion eines PKW-PKW-Unfalls mit 32 Teilnehmenden Rekonstrukteuren durch [26]. Dabei zeigte sich, dass die rekonstruierte Kollisionsgeschwindigkeit in Einzelfällen um bis zu 10 $\frac{km}{h}$ von den tatsächlichen Werten abweichen konnte. Nur 59,4 % der eingereichten Berechnungsergebnisse lagen innerhalb einer Toleranzgrenze von $\pm 6\ \frac{km}{h}$. Folglich ist davon auszugehen, dass auch die in der GIDAS-Datenbank enthaltenen rekonstruierten Delta-v-Werte eine Unschärfe im Vergleich zur Realität aufweisen. Daher ist eine Bewertung der Crash-Schwere-Prädiktion im Rahmen dieser Untersuchung noch nicht möglich.

Abbildung 6.8 zeigt den auf realen Unfalldaten basierenden virtuellen Testprozess sowie die Unschärfefaktoren entlang der Erhebungs- und Simulationskette. Der obere Pfad beschreibt die Unschärfefaktoren bei der Prädiktion der Kollision, während der untere Pfad die Prädiktion der Crash-Schwere adressiert. Zur Bestimmung der Ground-Truth für Delta-v bzw. Crashpulse müssen FEM-Simulationen der Kollisionen durchgeführt werden. Neben einem hohen Rechenaufwand erfordert dies auch die präzise Parametrierung der Kollisionsstellung sowie Auswahl von FEM-Fahrzeugmodellen als Substitution der im realen Unfall beteiligten Fahrzeuge. Aus diesem Grund wird vorgeschlagen, die FEM-Simulationen für die einzelnen Cluster-Repräsentanten der in Abschnitt 5.3 identifizierten Cluster durchzuführen. Zur Abdeckung der Variationen in der Pre-Crash-Phase innerhalb der Cluster sollen mittels k-NN die Clusterzentrum-Nachbarn identifiziert und innerhalb der drei am häufigsten vorkommenden Unfalltypen extrahiert werden. So ergeben sich pro Cluster bis zu drei Repräsentanten, welche in einer FEM-Simulation berechnet werden sollen.

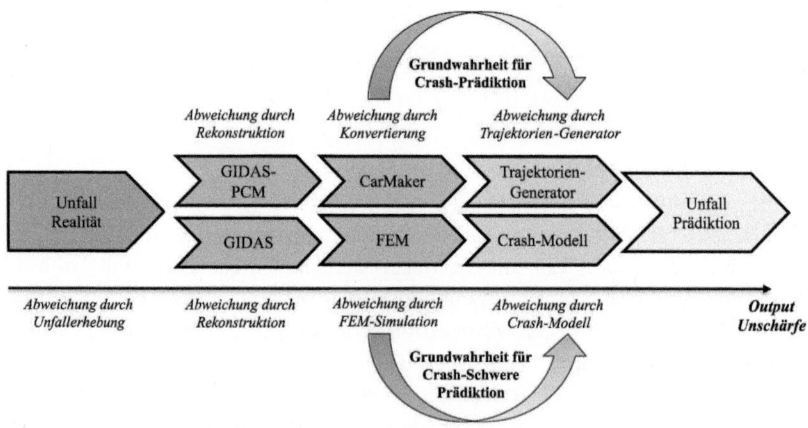

Abbildung 6.8   Unschärfefaktoren im Validierungsprozess

6.2.2 Interne Faktoren für Abweichungen in der Prädiktion

In Abschnitt 6.2.1 wurde bereits die geringe Prädiktionsgüte im obersten 25 %-Perzentil der Fälle identifiziert. Eine rein quantitative Bewertung der Prädiktionsgüte reicht jedoch nicht aus, um gezielte Optimierungsmaßnahmen für das Modell abzuleiten, es müssen die Fehlerquellen betrachtet werden. Wie in Abbildung 6.8 dargestellt, sind die Unschärfefaktoren im datenbasierten Testprozess vielfältig und beginnen bereits bei der Unfallerhebung. Ein rekonstruierter Unfall, der in CarMaker konvertiert oder mittels FEM simuliert wird, stellt keine exakte Reproduktion der Realität dar, sondern lediglich eine Annäherung an diese. Dennoch kann die Ground-Truth für das Prädiktionsmodell aus diesen Simulationen abgeleitet werden, da die Bewertung der Prädiktion nicht anhand des realen Unfalls, sondern im Vergleich zur simulierten Referenz erfolgt. Daher werden im Folgenden die zentralen Einflussfaktoren für Abweichungen und Fehler in den Prädiktionsmodellen definiert. Der Fokus liegt dabei ausschließlich auf modellinternen Faktoren, während Fehler oder Unzulänglichkeiten externer Systeme, wie beispielsweise Fehler in der Sensordatenfusion, zunächst unberücksichtigt bleiben.

Trajektorien-Generator

- Fahrdynamikmodell
- Anzahl berechneter Trajektorien
- Fahrzeugmodell
- Fahrermodell
- Wechselwirkungen mit aktiven Sicherheitssystemen

In der Regel wird das **Fahrdynamikmodell** zur Berechnung der möglichen Trajektorienverläufe auf einen begrenzten Bereich beschränkt, in dem die maximal zulässigen Längs- bzw. Querbeschleunigungen vorab definiert werden. Dies dient sowohl der physikalischen Plausibilität als auch der Effizienz- und Rechenzeitoptimierung. Dabei gehen viele Modelle von einer maximalen negativen Beschleunigung von bis zu 10 $\frac{m}{s^2}$ für eine starke Bremsung aus. Burg et al. geben die mittleren maximalen Verzögerungswerte von verschiedenen Fahrzeugmodellen an [26]. Viele der Fahrzeuge überschreiten diese Grenze auf trockener Fahrbahn, und einige erreichen sogar Verzögerungen von über 11 $\frac{m}{s^2}$. Des Weiteren beeinflusst die

Anzahl der berechneten Trajektorien direkt die Auflösung der möglichen Kollisionskonfigurationen. Eine höhere Anzahl ermöglicht eine detailliertere Erfassung potenzieller Kollisionen. Wie in Abschnitt 6.1.1 dargelegt, ist die Definition der Bounding-Boxen der **Fahrzeugmodelle** von entscheidender Bedeutung für die präzise Vorhersage der Kollisionsstellung. Die möglichen Trajektorienverläufe können entweder gleichwertig behandelt oder mit einer Gewichtung versehen werden. Zur Modellierung des Fahrverhaltens ist ein **Fahrermodell** erforderlich, das die Wahrscheinlichkeit beschreibt, mit der ein Fahrzeug in unterschiedlichen Situationen geradeaus fährt, nach links oder rechts ausweicht, sowie beschleunigt, bremst oder mit konstanter Geschwindigkeit weiterfährt. Die Gewichtung bestimmt die Wahrscheinlichkeit verschiedener Trajektorienverläufe und wirkt sich somit sowohl auf die berechnete Kollisionswahrscheinlichkeit als auch auf die Verteilung der prädizierten Variablen aus. Die Modellierung der **Wechselwirkungen mit aktiven Sicherheitssystemen** wie bspw. ACC, Lane Assist, AEB und ESP kann die möglichen Trajektorien einschränken und damit die Präzision der Kollisionsprädiktion erhöhen.

Crash-Modell

- FEM Crash-Versuche für das Training der ML-Modelle
- FEM Fahrzeugmodelle für das Training der ML-Modelle
- ML-Modelle für Klassifikation in der Prädiktion

Beim Training eines maschinellen Lernmodells zur Prädiktion der Crash-Schwere werden FEM-Simulationen von PKW-PKW-Kollisionen als Trainingsdaten verwendet. Diese Simulationen werden von Fahrzeugherstellern unter Verwendung validierter FEM-Modelle ihrer eigenen Fahrzeugmodelle durchgeführt und ermöglichen eine detaillierte und realitätsnahe Abbildung des Crash-Verhaltens dieser Fahrzeuge. Wird das Modell mit Crash-Simulationen zweier identischer Fahrzeuge trainiert, kann es die Crash-Schwere für diese spezifischen Fahrzeugmodelle innerhalb der im Training berücksichtigten Kollisionskonfigurationen zuverlässig vorhersagen. Die Generalisierbarkeit auf andere Fahrzeugmodelle oder nicht berücksichtigte Kollisionsszenarien ist jedoch nur bedingt gewährleistet und erfordert eine gezielte Validierung. Dabei sollen folgende Konfigurationen der Fahrzeugmodelle im Crash einzeln bewertet werden:

- Identische Fahrzeugmodelle
- Ähnliche Fahrzeugklassen und Crash-Strukturen
- Unterschiedliche Fahrzeugklassen und Crash-Strukturen

Wenn mehrere ML-Modelle zur Berechnung der Crash-Schwere in Abhängigkeit von den unterschiedlichen Fahrzeugmodellen trainiert werden, so ist auch eine interne Funktionslogik zur Klassifikation der ML-Modelle auf reale Fahrzeuge erforderlich. Diese Klassifikation erfolgt anhand von Parametern, die durch die Umgebungssensoren des Fahrzeugs erfasst werden. Hierzu zählen insbesondere die detektierte Fahrzeuglänge und -breite sowie eine Schätzung der Fahrzeugmasse. Da die korrekte Zuordnung des geeigneten ML-Modells entscheidend für die Präzision der Crash-Schwere-Prädiktion sein kann, muss die Funktionslogik dieser Klassifikation separat validiert werden. Die Tests können zunächst mit idealen, synthetischen Daten bekannter Fahrzeugklassen durchgeführt werden, um die Korrektheit der Klassifikationslogik zu überprüfen. Anschließend ist eine Validierung mit real aufgezeichneten Sensordaten erforderlich, um die Unzulänglichkeiten der Sensoren zu adressieren.

Im Gegensatz zur quantitativen Effektivitätsbewertung, bei der ausschließlich die prädizierten Variablen mit einer Ground-Truth verglichen werden, ermöglicht die Dekomposition der Funktion und ihrer Funktionslogik eine gezielte Bewertung der einzelnen Bestandteile hinsichtlich ihrer Korrektheit.

6.2.3 Externe Faktoren für Abweichungen in der Prädiktion

Die Anforderungen an die Sensoren, Objekterkennung und Sensordatenfusion liegen zwar außerhalb der Funktion zur Crash-Schwere Schätzung, beeinflussen aber unmittelbar die Prädiktionsgüte. Die Berechnung der statischen und dynamischen Objektparameter wie Objektklasse, Objektgröße, Position, Distanz, Geschwindigkeit und Beschleunigung muss innerhalb der spezifischen Betriebsbedingungen und des Wirkfeldes der Funktion sichergestellt sein.

Bekannte sensorische Limitierungen und Unzulänglichkeiten müssen bei der Entwicklung der Funktion berücksichtigt werden, da diese zur Reduktion des realen Wirkfelds führen. Unbekannte Limitierungen und Unzulänglichkeiten müssen in Validierungsversuchen identifiziert werden. Dies ist jedoch auf der MiL- und SiL-Ebene nur eingeschränkt möglich, da virtuelle Sensormodelle die phänomenologischen Eigenschaften realer Sensoren nicht vollständig abbilden [44]. Zur

Validierung der Funktion unter verschiedenen Betriebsbedingungen, insbesondere im Hinblick auf die Leistungsfähigkeit der sensorischen Objekterkennung, sind Testversuche auf der HiL- und ViL-Ebene erforderlich.

6.2.4 Bewertung der Gesamtwirksamkeit des Pre-Crash-Systems

Wie in Abschnitt 3.3 bereits definiert, ist zusätzlich zur Bewertung der Prädiktionsgüte die Bewertung der Wirksamkeit des Gesamtsystems in einem Validierungsprozess erforderlich. In Abschnitt 4.1.2 wurde bereits eine Gefährdungs- und Risikoanalyse am Beispiel der Partnerfunktion zur reversiblen Gurtstraffung mit hohem Gurtkraftniveau vorgestellt. Diese wird als Pre-Crash-Partnerfunktion bei der Bewertung der Gesamtwirksamkeit betrachtet. Dabei werden die Anforderungen an ASIL A+ Systeme bei Kollisionen, wie in der Abbildung 4.2 definiert, betrachtet. Ein dreistufiges generisches Pre-Crash-System zur reversiblen Gurtstraffung vor der Kollision wird in der Abbildung 6.9 vorgestellt.

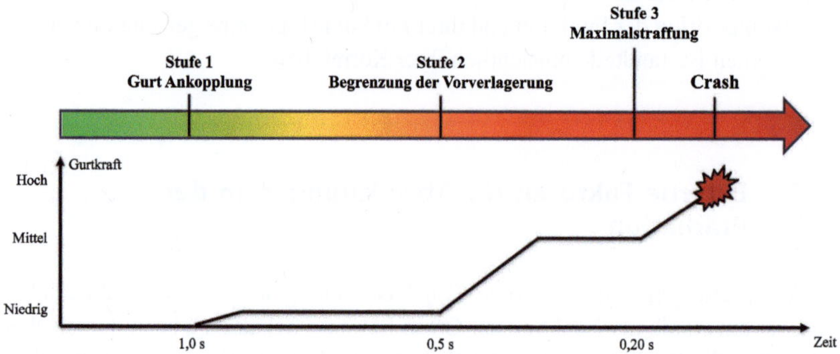

Abbildung 6.9 Dreistufiges generisches Pre-Crash-System zur reversiblen Gurtstraffung

In der ersten Stufe erfolgt die Ankopplung des Gurtes an den Insassen bei einem geringen Gurtkraftniveau. In der zweiten Stufe wird die Begrenzung der Vorverlagerung durch ein moderates Kraftniveau realisiert. Die dritte Stufe beschreibt die Maximalstraffung des Gurtes mit hohen Gurtkräften. Dabei werden die Auslösebedingungen für die drei Stufen wie folgt definiert:

- Stufe 1 (QM):   TTC $\leq$ 1,0 s; $V_{rel} \geq 7\ \frac{m}{s}$; Kollisionswahrscheinlichkeit $\geq$ 70 %

- Stufe 2 (QM):   TTC $\leq$ 0,5 s; $V_{rel} \geq 7\ \frac{m}{s}$; Kollisionswahrscheinlichkeit $\geq$ 85 %

- Stufe 3 (ASIL B):   TTC $\leq$ 0,2 s; $V_{rel} \geq 7\ \frac{m}{s}$; Kollisionswahrscheinlichkeit = 100 %

Die 100 Simulationen aus Abschnitt 6.2.1 werden hier weiterhin betrachtet. Entsprechend den definierten Auslösebedingungen wurden in **Stufe eins** 57 Fälle, in **Stufe zwei** 55 Fälle und in **Stufe drei** 52 Fälle aktiviert. Das deutet darauf hin, dass mehr als die Hälfte der simulierten Kollisionsszenarien von dem Pre-Crash-System adressiert werden können. Bei der Betrachtung der Auslösezeiten fällt jedoch auf, dass diese teilweise bei einer deutlich höheren Ground-Truth-TTC als angefordert ausgelöst wurden. So kann beispielsweise die Stufe 3 bei einer realen Zeit bis zur Kollision von 1,0 Sekunden vor dem Unfall bereits aktiviert werden, weil die prädizierte TTC unter den Wert von 0,2 Sekunden fällt. Da dieses Verhalten nicht den definierten Auslösebedingungen entspricht, werden diese Fälle als falsch-positive Auslösungen klassifiziert. Die richtig-negativen Fälle werden anhand der Anforderungen an die minimale Kollisionsgeschwindigkeit betrachtet. Diese repräsentieren die No-Fire-Kollisionsszenarien. Tabelle 6.6 zeigt die Anzahl der richtig-positiven, falsch-positiven, richtig-negativen und falsch-negativen simulierten Fälle.

Tabelle 6.6 Bewertung des dreistufigen Pre-Crash-Systems

Auslösestufe	Richtig Positiv	Falsch Positiv	Richtig Negativ	Falsch Negativ
Stufe 1	27	30	20	23
Stufe 2	24	31	21	24
Stufe 3	20	32	22	26

Richtig-positiv prädizierte Fälle definieren das **Effektivfeld** des zu testenden Systems. Dieses ist in der Regel kleiner als das gesamte **Wirkfeld**. Das Wirkfeld des Pre-Crash-Systems ist in diesem Beispiel geringer als das ursprünglich definierte Wirkfeld der Funktion zur Crash-Schwere Schätzung, da nur Unfälle mit relativer Kollisionsgeschwindigkeit von über 7 $\frac{m}{s}$ adressiert werden. Der **Wirkungsgrad** des zu prüfenden Systems wird dabei als Quotient aus Effektivfeld und Wirkfeld definiert [23]. Diese werden für das betrachtete System wie folgt definiert:

$$Wirkfeld = N_{Alle} - N_{RN}$$

$$Wirkungsgrad = \frac{N_{RP}}{Wirkfeld}$$

Mit:

- N_{Alle} = Anzahl aller simulierten Fälle
- N_{RN} = Anzahl der richtig negativen Fälle
- N_{RP} = Anzahl der richtig positiven Fälle

Für die 100 simulierten Testszenarien liegt der **Wirkungsgrad** der Auslösung in der Stufe 3 bei ca. 25 %. Besonders problematisch ist jedoch die hohe Anzahl der falsch-positiven Fälle in der Stufe 3, welche mit ASIL B klassifiziert wurde. Es besteht ein Dilemma zwischen dem Sicherheitsgewinn durch richtig-positive Auslösungen der Funktion und dem Sicherheitsrisiko durch falsch-positive und falsch-negative Auslösungen. Bei dem betrachteten Pre-Crash-System haben die falsch-negativen Fälle keinen direkten negativen Effekt, da die Rückfallebene der In-Crash-Auslösung basierend auf der konventionellen Crash-Erkennung weiterhin besteht. Die falsch-positiven Fälle führen jedoch zu einem Verletzungsrisiko, das in der **GuR** in Tabelle 4.2 beschrieben wurde.

Das Beispiel verdeutlicht, dass die in Tabelle 6.5 im Median als gut bewertete Prädiktionsgüte bei der Betrachtung des Gesamtsystems erhebliche Schwächen aufweist. Die hohe Anzahl der falsch-positiven Fälle weist darauf hin, dass die Prädiktionsgüte für die Ansteuerung eines ASIL B Systems nicht ausreichend ist. Um die Anzahl falsch-positiver Auslösungen zu reduzieren, können jedoch zusätzliche Sicherheitsmechanismen in der Auslöselogik des Pre-Crash-Systems implementiert werden. In diesem Beispiel wurden Kollisionen aus allen Richtungen betrachtet, es kann jedoch sinnvoll sein, das Wirkfeld des Systems auf eine bestimmte Aufprallrichtung zu limitieren. Durch die isolierte Betrachtung der Frontalunfälle kann der Wirkungsgrad gesteigert werden. Die **Gesamtwirksamkeit** hängt somit nicht nur von der Prädiktionsgüte, sondern auch von der **Auslösestrategie des Pre-Crash-Systems** ab. Das Entwicklungsziel sollte jedoch darin bestehen, sowohl das Wirkfeld als auch den Wirkungsgrad zu erhöhen.

6.3   Ausblick weiteres Testen

Das Beispiel in Abschnitt 6.2.4 verdeutlicht die Notwendigkeit einer gezielten Analyse der Testfälle im reduzierten Wirkfeld des Gesamtsystems. Diese muss unter Berücksichtigung der ASIL-Klassifizierung, der Crash-Richtung sowie der spezifischen Auslösebedingungen des Pre-Crash-Systems erfolgen. So kann die Funktion zur Crash-Schwere-Schätzung in mehreren Ausbaustufen entwickelt und validiert werden. Bevor alle möglichen Kollisionsszenarien betrachtet werden, sollten im Testprozess konkrete Lastfälle im Wirkfeld des Pre-Crash-Systems adressiert werden. Zur besseren Fokussierung der Fälle sollen die Kollisionen in Kategorien basierend auf der Kollisionsrichtung unterteilt werden. Diese sind:

- Frontaufprall

  - Vorausfahrend
  - Entgegenkommend

- Heckaufprall
- Seitenaufprall

  - Links
  - Rechts

Auf diese Weise kann die Leistungsfähigkeit der Prädiktion in unterschiedlichen Bereichen zugeordnet werden. Besonders die Prädiktion von seitlichen Unfällen stellt aufgrund von sensorischen Eigenschaften und potenziellen Sichteinschränkungen eine größere Herausforderung dar als die Prädiktion von Frontaufprallunfällen auf vorausfahrende Fahrzeuge. Abbildung 6.10 zeigt die mögliche Zuordnung der Crash-Richtungen sowie der langsamen und schnellen Kollisionen.

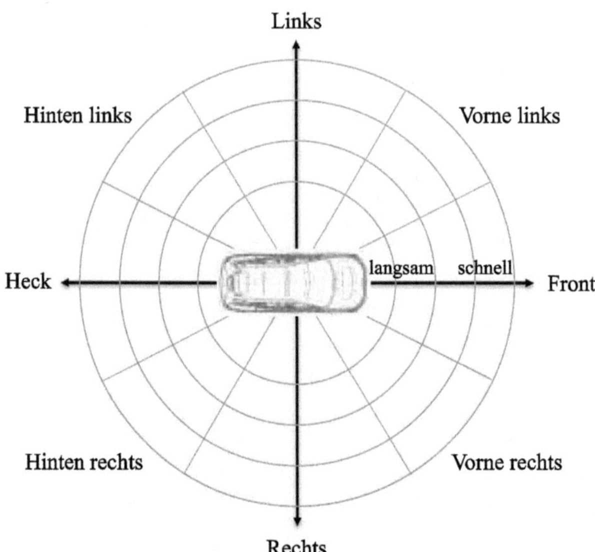

Abbildung 6.10 Generische Betrachtung der 360 ° Crash-Richtungen

Die Einordnung nach **Must-Fire-, May-Fire-** und **No-Fire-Anforderungen** innerhalb der Testbereiche erfolgt weiterhin nur mit gezielter Betrachtung der Pre-Crash-Partnerfunktionen.

CarMaker-Simulationen für alle konvertierten GIDAS-PCM-Fälle

Die in Abschnitt 6.2.1 und 6.2.4 beschriebene Bewertungsmethodik wurde nur auf 100 ausgewählte Simulationen innerhalb der konvertierten GIDAS-PCM-Szenarien angewendet. Im nächsten Schritt sollte der gesamte Testfallkatalog der GIDAS-PCM-Fälle simuliert werden. Für eine detailliertere Betrachtung sollen die simulierten Fälle anhand der in Abschnitt 5.3 identifizierten Cluster zugeordnet werden. Die Anteile der getesteten Fälle sollen den Anteilen der Fälle im Cluster entsprechen. Dadurch können zum einen systematische Schwächen in der Prädiktion identifiziert, zum anderen das Wirkfeld der Funktion gezielt angepasst werden.

Absicherung entlang konkreter Lastfälle

Dabei muss die Auslöselogik des Pre-Crash-Systems möglichst präzise die definierten Lastfälle adressieren. So können nicht nur die Mittelwerte der prädizierten

Parameter, sondern auch die minimalen und maximalen Grenzbereiche betrachtet werden. Eine Beispielanforderung könnte so aussehen, dass die minimale berechnete relative Kollisionsgeschwindigkeit einen definierten Schwellenwert überschreiten muss. So kann die Robustheit des Systems gegenüber falsch-positiven Fällen erhöht werden, wobei die Sensitivität abnimmt. Bei der Betrachtung der TTC gestaltet sich die Definition der Schwellenwerte entlang der minimalen und maximalen Werte jedoch als eine deutlich kompliziertere Fragestellung. Obwohl die Abweichungen der TTC von nur 10 ms oder 20 ms als geringfügig erscheinen, können diese im Falle einer crash-relevanten Auslösung der Rückhaltesysteme eine entscheidende Rolle spielen. Dies wird in Tabelle 4.2 als Fehlfunktion „*Falsche zeitliche Crash-Zuordnung mit auslöserelevanten Hindernissen und mit Crash*" definiert und mit der Risikoklasse ASIL A bewertet. Die erlaubten Toleranzen in der Auslösezeit müssen vom Insassenschutzsystem anhand von konkreten Lastfällen definiert werden.

Generierung von synthetischen Pre-Crash-Testfällen

Müller et al. präsentieren einen Ansatz zur Generierung von Millionen **synthetischer Testfällen** zur Absicherung der Crash-Prädiktion mithilfe des **SUMO-Frameworks (Simulation of Urban Mobility)** [153]. Dabei handelt es sich um eine Verkehrssimulation auf mikroskopischer Ebene, die zur Modellierung von urbanem Verkehr eingesetzt wird. Zur Erweiterung des Testfallkatalogs kann die SUMO-Simulation eingesetzt werden, um verschiedene Pre-Crash-Szenarien für die Cluster-Repräsentanten der Kollisionskonfigurationen synthetisch zu erzeugen. Allerdings müssen die Einschränkungen der urbanen Infrastrukturmodellierung im SUMO-Framework berücksichtigt werden, sodass Cluster, die Unfälle außerhalb urbaner Gebiete repräsentieren, nur eingeschränkt abgebildet werden können.

Die Generierung einer großen Anzahl synthetischer Testfälle wird indirekt von der SOTIF-Norm thematisiert und trägt zur Identifikation unbekannter unsicherer Szenarien bei. Durch die gezielte **Testfallgenerierung entlang der Cluster** können insbesondere relevante und repräsentative PKW-PKW-Kollisionen systematisch adressiert werden.

Crash-Schwere-Prädiktion

Wie in Abschnitt 6.2.1 erläutert, konnte im Rahmen dieser Arbeit keine zuverlässige Ground-Truth für den Vergleich der prädizierten Crash-Schwere definiert werden. Neben FEM-Simulationen der Cluster-Repräsentanten besteht eine weitere Möglichkeit zur Definition der Ground Truth der technischen Crash-Schwere. Diese ist die Auslesung der **EDR (Event Data Recorder)**-Daten im Rahmen einer **Unfalldatenerhebung**. Der EDR speichert die unfallrelevanten Daten bei einer detektierten Kollision. Die gespeicherten Daten enthalten Pre-Crash-, In-Crash- und Post-Crash-Informationen, wie beispielsweise die Fahrzeuggeschwindigkeit, Brems- und Gaspedalstellungen, sowie den Status von sicherheitsrelevanten Funktionen wie ABS, ESP und Rückhaltesystemen. Die EDR-Daten können erheblich zur Unfallrekonstruktion beitragen, da die Kollisionsgeschwindigkeiten und Crashpulse nicht simulativ rekonstruiert, sondern von fahrzeuginternen Sensoren aufgezeichnet werden.

Bisher wurden EDR-Daten jedoch nur für eine sehr geringe Anzahl von GIDAS-Fällen erhoben [154]. Die UN-ECE-Regelung Nr. 160 schreibt seit Juli 2022 die Ausstattung aller neu zugelassenen Fahrzeugtypen in der EU mit einem Event Data Recorder (EDR) vor [155]. Somit kann die Anzahl der verfügbaren EDR-Daten innerhalb der Unfallerhebung in der Zukunft erheblich steigen. Zusätzlich müssen EDR-Daten von den internen Unfallforschungen der Fahrzeughersteller bei Unfällen mit eigenen Fahrzeugmodellen erhoben werden. Diese ermöglichen nicht nur eine Erweiterung des Testfallkatalogs um Fälle mit einer definierten Ground-Truth für die technische Crash-Schwere, sondern auch weitere Simulationen zur **Quantifizierung der Verletzungsschwerereduktion** und zur Identifikation der Sicherheitspotenziale einer Crash-Prädiktion. Dies wird in Abschnitt 6.4 näher erläutert.

Flottendaten

Neben den GIDAS- und GIDAS-PCM-Datenbanken sollen auch Unfallszenarien aus anderen Quellen betrachtet werden. Wie in Abschnitt 5.3.4 bereits erläutert, ist die Methodik zur Identifikation der relevanten und repräsentativen Unfallszenarien auf andere Unfalldatenbanken mit ähnlicher Struktur **reproduzierbar**. Dies gilt auch für die Vorgehensweise zur Effektivitätsbewertung der Funktion bei der Betrachtung anderer Datensätze. Die Frage nach der Identifikation von repräsentativen **Normalfahrt-Szenarien als Baseline** sowie kritischen Fahrsituationen bleibt jedoch unbeantwortet.

Die Erfassung von Fahrzeugdaten im realen Verkehr bietet dabei das Potenzial, alle **drei relevanten Phasen** wie Normalfahrt, kritische Fahrsituationen und Kollisionen auf mesoskopischer Ebene zu erheben. Fahrzeughersteller haben die Möglichkeit mit Einverständnis der Kunden auf die fahrzeuginternen Sensordaten zuzugreifen und so unterschiedliche Situationen im Verkehr gezielt zu erfassen [80]. Die Menge und Tiefe der erfassten Daten sind variabel und hängen sowohl von der Fahrzeugausstattung als auch von der Definition der Datenerhebungskampagne ab. Damit entspricht die theoretisch maximal mögliche Datenmenge der gesamten vernetzten Fahrzeugflotte. Dies übertrifft herkömmliche Datenquellen erheblich und eröffnet weitreichende Potenziale für zukünftige Untersuchungen.

Im Hinblick auf die Absicherung von sicherheitsrelevanten Systemen bietet die Flottendatensammlung zudem die Möglichkeit die ASIL-Parameter E (Häufigkeit) und C (Beherrschbarkeit) für unterschiedliche Systemausfälle zu identifizieren. Der **Parameter S (Verletzungsschwere)** wird jedoch in vielen Fällen unbekannt bleiben, da die reale Verletzungsschwere der Insassen durch fahrzeuginterne Sensorik nicht erfasst werden kann. Somit bleiben tiefenanalytische Unfalldatenerhebungen weiterhin notwendig.

Bei der Definition der **Erhebungskampagne** können sowohl große Datenmengen zur Analyse der repräsentativen Zustände in der Normalfahrt erfasst als auch gezielt eng definierte kritische Situationen im Verkehr adressiert werden. Während die Daten der Normalfahrt jederzeit gesammelt werden können, müssen Trigger für die Identifikation der kritischen Fahrsituationen und Kollisionen definiert werden. Die Kollisionen lassen sich eindeutig über interne Crash-Sensoren detektieren, wobei auch die Ground-Truth für die technische Crash-Schwere der Kollisionen erfasst werden kann. Bei kritischen Fahrsituationen hängt die Identifikation dieser von der verwendeten Kritikalitätsmetrik ab. Neben den klassischen Kritikalitätsmetriken wie diese in Abschnitt 4.1.3 erläutert wurden, kann die Funktion zur Crash-Schwere-Schätzung im sogenannten Shadow-Mode eingesetzt werden.

Shadow-Mode

Als Shadow-Mode wird ein Konzept verstanden, das insbesondere zur Validierung und Optimierung von hochautomatisierten Fahrfunktionen zum Einsatz kommt [156]. Dabei erhält die Funktion Sensordaten in Echtzeit im realen Verkehr und trifft basierend darauf eigene Entscheidungen, ohne in die Aktorik des Fahrzeugs einzugreifen. Die Entscheidungen werden protokolliert und mit dem erwarteten Ergebnis verglichen, sodass das Verhalten der entwickelten Software im Betrieb validiert werden kann. Der Shadow-Mode bietet das Potenzial für eine iterative Validierung und Freigabe der Funktion zur Crash-Schwere-Schätzung mit mehreren Ausbaustufen hinsichtlich der ASIL-Anforderungen der Partnerfunktionen.

6.4   Sicherheitspotenziale der Unfallprädiktion

Grotz et al. präsentieren einen Ansatz, bei dem die **TTF (Time to Fire)**, also der Auslösezeitpunkt der **Rückhaltesysteme (RHS)** nach t_0, variiert wird, um den Einfluss einer früheren Zündzeit auf die Verletzungskennwerte der Insassen zu bestimmen [49]. Obwohl die optimierte Zündzeit nach t_0 lag, setzte diese eine Unfallprädiktion voraus, um die optimierten Zündzeiten in der In-Crash-Phase zu erreichen.

Eine interne Studie zur **Bewertung der potenziellen Verletzungsrisikoreduktion** bei frühzeitiger Auslösung von Rückhaltesystemen wurde im Rahmen dieser Arbeit durchgeführt [157]. Im Gegensatz zu der Studie von Grotz et al. [49] wird in dieser Analyse ein real erhobener Unfall rekonstruiert und in der FEM resimuliert. Zudem wird anstatt von Dummy-Modellen ein **HBM (Human Body Model)** verwendet. Konkret handelt es sich um das **THUMS (Total Human Model for Safety)** der Version V4.1 AM50 [158]. Das Modell repräsentiert einen durchschnittlichen männlichen Erwachsenen, als PKW-Insassen, mit einer Körpergröße von 175 cm und einem Gewicht von 77 kg. Das THUMS-Model bietet gegenüber klassischen virtuellen Dummy-Modellen eine höhere anatomische Präzision und ermöglicht eine detailliertere Analyse spezifischer Verletzungen in unterschiedlichen Körperregionen [159]. Während klassische Dummy-Modelle primär Belastungswerte wie Kräfte oder Beschleunigungen erfassen, ermöglicht THUMS eine direkte Bewertung von Verletzungswahrscheinlichkeiten.

Bei dem analysierten Unfall handelt es sich um einen Frontaufprall zwischen einem PKW und einem Baum bei einer Kollisionsgeschwindigkeit von 63 $\frac{km}{h}$. Im Gegensatz zum definierten Wirkfeld der Funktion handelt es sich hierbei um keinen PKW-PKW-Unfall. Bei dieser Untersuchung geht es jedoch darum, den Sicherheitsgewinn durch potenzielle Crash-Prädiktion und frühzeitige Auslösung irreversibler Rückhaltesysteme aufzuzeigen. Die konkrete Kollisionskonstellation spielt dabei keine zentrale Rolle.

Dabei werden die Zündzeiten von Airbag und Sicherheitsgurt sowie die Aktivierungszeit des Gurtkraftbegrenzers betrachtet:

- TTF Fahrerairbag
- TTF Sicherheitsgurt
- Aktivierungszeit Gurtkraftbegrenzer

Aus Informationssicherheitsgründen wird die nominale TTF in der Simulation nicht genannt, sondern nur die Differenzen der nominalen TTF zu den simulierten Varianten in Tabelle 6.7 beschrieben. Dabei wird ein Ansatz verwendet, bei dem die Crash-Prädiktion nicht zur Pre-Crash-Auslösung der Rückhaltesysteme vor t_0, sondern zur **Vorkonditionierung und Sensitivierung der In-Crash-Detektion** der Kollision bei t_0 verwendet wird.

Tabelle 6.7 Optimierte Zündzeiten der Rückhaltemittel bei Insassensimulationen

RHS	Variante 1	Variante 2	Variante 3	Variante 4	Variante 5
Gurt	$TTF_{nominal}$	$TTF_{nominal} - 2ms$	$TTF_{nominal} - 5ms$	$TTF_{nominal} - 9ms$	$TTF_{nominal} - 9ms$
Airbag	$TTF_{nominal}$	$TTF_{nominal} - 2ms$	$TTF_{nominal} - 5ms$	$TTF_{nominal} - 9ms$	$TTF_{nominal}$

Die wesentlichen **Verletzungswahrscheinlichkeiten für unterschiedliche Körperregionen** in allen fünf simulierten Varianten werden in Abbildung 6.11 in Prozent dargestellt. Dabei werden in der Tabelle nur Körperregionen mit veränderten Verletzungswahrscheinlichkeiten betrachtet.

Körperregion	Variante 1	Variante 2	Variante 3	Variante 4	Variante 5
Gehirnverletzung AIS2+	45 %	61 %	0 %	4 %	68 %
Gehirnverletzung AIS3+	20 %	20 %	18 %	29 %	16 %
Kombinierte Kopfverletzung AIS3+	25 %	0 %	0 %	0 %	42 %
Rippenfraktur AIS3+	92 %	93 %	89 %	87 %	93 %
Brustbeinverletzung AIS2+	31 %	31 %	31 %	37 %	34 %
Schlüsselbeinverletzung links AIS2+	64 %	37 %	25 %	18 %	25 %
Oberarmknochen rechts AIS2+	51 %	55 %	52 %	8 %	38 %

Abbildung 6.11 Verletzungswahrscheinlichkeiten anhand von unterschiedlichen Zündzeiten

Die **Reduktion der Verletzungswahrscheinlichkeit** wird grün und der Anstieg rot gekennzeichnet. Als beste Variante erweist sich die **Variante 3**, bei der die Zündzeit um 5 ms gegenüber dem nominalen Wert verkürzt wird. Besonders auffällig ist der Rückgang der Verletzungswahrscheinlichkeit für die Gehirnverletzung (AIS2+), die kombinierte Kopfverletzung (AIS3+) und die Verletzung des linken Schlüsselbeins (AIS2+). Dabei gibt es keine signifikante Steigerung der Verletzungswahrscheinlichkeit für andere Körperregionen.

Die Reduktion der Verletzungswahrscheinlichkeit des linken Schlüsselbeins lässt sich durch die Wechselwirkung zwischen der Gurtzündzeit und der Insassenkinematik im Crash erklären. Eine frühere Gurtstraffung kann dazu führen, dass der Insasse früher und gleichmäßiger abgebremst wird. Die Simulation zeigt, dass der Gurtkraftbegrenzer bereits früher und bei einer geringeren Gurtkraft aktiviert wird, wodurch die Belastung auf das Schlüsselbein deutlich reduziert wird.

Die Wahrscheinlichkeit der Verletzung des rechten Oberarmknochens (AIS2+) wird in der Simulation von Variante 4 deutlich von 51 % auf 8 % reduziert. Allerdings hat die Position der Extremitäten in der Simulation einen erheblichen Einfluss auf das Verletzungsrisiko. Die Kinematik der Gliedmaßen variiert stark in Abhängigkeit von ihrer Positionierung. Die reale Positionierung der Gliedmaßen im Crash ist jedoch für diesen Unfall unbekannt und weist eine höhere Variabilität als die Positionierung des Oberkörpers im Sitz auf. Daher fließen Verletzungen der Gliedmaßen weniger stark in die Bewertung der besten Variante ein.

Zudem weisen sowohl Variante 4 als auch Variante 5 erhöhte Verletzungswahrscheinlichkeiten in anderen Körperregionen auf. Das Verletzungsrisiko steht im Zusammenhang mit der **Wechselwirkung** zwischen der Kinematik des Insassen im Crash, der Verzögerung durch den Sicherheitsgurt und der Entfaltung des Airbags. Dies verdeutlicht, dass eine frühere Zündzeit nicht in jedem Fall zu einer Reduktion der Verletzungsschwere führt und die **optimale TTF** einer früheren Zündung für unterschiedliche Kollisionskonfigurationen bestimmt werden muss. Zudem müssen innovative Rückhaltestrategien für eine frühere Zündzeit entwickelt werden, um den Insassenschutz möglichst zu optimieren.

Die Ergebnisse dieser Simulation sind nicht repräsentativ, zeigen jedoch im Rahmen einer Einzelfallanalyse das Potenzial zur Reduktion der Verletzungsschwere, welches durch eine vorausschauende Prädiktion der Kollision sowie Crash-Schwere-Schätzung ermöglicht wird.

Diskussion der Ergebnisse und Ausblick   7

In diesem Kapitel werden die Ergebnisse der Arbeit im Hinblick auf die gestellten Forschungsfragen kritisch diskutiert. Die hierbei identifizierten wesentlichen Einschränkungen werden als weiterer Forschungsbedarf herausgearbeitet. Anschließend werden weitere Potenziale der Funktion zur Crash-Prädiktion erläutert.

7.1 Diskussion der Forschungsfragen

7.1.1 Forschungsfrage 1

Lassen sich repräsentative und relevante Unfallszenarien, im Wirkfeld der Funktion zur prädiktiven Crash-Schwere-Schätzung, aus tiefenanalytischen Unfalldatenbanken extrahieren, um daraus einen Testfallkatalog abzuleiten?

Die GIDAS-Datenbank wurde als eine **geeignete tiefenanalytische Unfalldatenbank** zur Extraktion von Kollisionsszenarien zwischen zwei PKW ausgewählt (vgl. Abschnitt 5.1). Sie bietet sowohl eine hohe Anzahl von PKW-PKW-Unfällen bei einer hohen Datentiefe als auch mit der GIDAS-PCM-Datenbank eine **Grundlage für die simulative Erprobung** der Funktion anhand der konkreten Szenarien.

Die szenariobasierte Validierungsstrategie setzte die Identifikation von relevanten und repräsentativen Unfallszenarien aus dem realen Unfallgeschehen voraus. Bei der Auswahl der geeigneten Unfalldatenbasis für **deskriptive und explorative Untersuchungen** von PKW-PKW-Kollisionen konnten 9.671 Unfälle in der GIDAS-Datenbank identifiziert werden. Durch die aufgestellten Filterkriterien

© Der/die Autor(en), exklusiv lizenziert an Springer Fachmedien Wiesbaden   163
GmbH, ein Teil von Springer Nature 2026
R. Putter, *Prädiktive Unfallerkennung – Validierungsmethodik und Sicherheitspotenziale*, AutoUni – Schriftenreihe 182,
https://doi.org/10.1007/978-3-658-50650-6_7

im **Wirkfeld der Funktion**, wie beispielsweise den Ausschluss von Schleuderunfällen sowie die Plausibilitätsüberprüfung der rekonstruierten Daten, wurde der Datensatz auf 7.773 Fälle reduziert. Dabei wurden zudem die relevanten Variablen zur Definition der Kollisionskonfigurationen sowie deren lineare Korrelationen identifiziert.

Die **Ähnlichkeitsanalyse** der GIDAS-Unfalldatenbank im Hinblick auf das gesamte Unfallgeschehen in Deutschland zeigte erhebliche systematische Abweichungen bei der relativen Häufigkeit unterschiedlicher Unfallsituationen, insbesondere in Bezug auf die Ortslagen innerorts und außerorts (vgl. Abschnitt 5.2.1). Die berechneten **Gewichtungsfaktoren** variierten von 0,29 (Unfalltyp 7 auf Autobahn) bis 2,52 (Unfalltyp 1 auf Autobahn), was eine erhebliche Spannweite darstellt. Des Weiteren umfasst die GIDAS-PCM-Datenbank nur eine **Teilmenge** der in GIDAS enthaltenen Unfälle im Wirkfeld der Funktion, da nicht alle Kollisionen im GIDAS-PCM-Format rekonstruiert wurden.

Zur **Reduktion des Testumfangs** wurden partitionierende, hierarchische und dichtebasierte Verfahren des unüberwachten maschinellen Lernens untersucht. Als effektivstes Verfahren erwies sich das **K-Means++-Clustering**, das über 7.700 PKW-PKW-Kollisionen auf **35 repräsentative Cluster** mit charakteristischen Merkmalen reduzieren konnte (vgl. Abschnitt 5.3.2). Dabei konnte eine klare Definition der Kollisionskonfigurationen und die Abdeckung der Konfliktsituationen im Unfallgeschehen durch charakteristische Unfalltypen innerhalb der einzelnen Cluster hergeleitet werden. Bei der Evaluation verschiedener Clustering-Ansätze erwiesen sich jedoch gängige mathematische Bewertungsmetriken wie Silhouette- oder Distortion-Score als nur eingeschränkt geeignet (vgl. Abschnitt 5.3.1). Daher müssen die geclusterten Kollisionskonfigurationen bei neuen Clustering-Analysen individuell anhand **unfallbezogener Parameter** bewertet werden. Des Weiteren lässt sich die Clustering-Methodik auf andere Unfalldatenbanken mit vergleichbarer Datenstruktur, wie beispielsweise die **CIDAS-Datenbank (China In-Depth Accident Study)**, übertragen und reproduzieren.

Maschke et al. zeigten jedoch einen **systematischen Unterschied** in der relativen Häufigkeit von PKW-PKW-Unfällen mit hohen Kollisionsgeschwindigkeiten zwischen der GIDAS- und der GIDAS-PCM-Datenbank auf [136]. Das heißt, dass die GIDAS-PCM-Datenbank besonders die relevanten Unfälle bei hohen Kollisionsgeschwindigkeiten nicht gut repräsentiert. Das Clustering kann jedoch dazu beitragen, diese **Repräsentativitätsdefizite** zwischen GIDAS und GIDAS-PCM zu **kompensieren**. Durch die Auswahl der Cluster-Repräsentanten als konkrete Testszenarien entfällt die Notwendigkeit, alle im GIDAS-Datensatz verfügbaren PKW-PKW-Kollisionen simulativ abzusichern. Die Definition logischer Szenarien auf Basis der Parameterstreuung innerhalb der Cluster ermöglicht die Erweiterung des Testfallkatalogs.

Die erstellten Cluster können zudem nur für den GIDAS-Datensatz als repräsentativ betrachtet werden und beinhalten noch nicht die berechneten Gewichtungsfaktoren zur DESTATIS-Datenbank. Eine direkte Anwendung der Gewichtungsfaktoren ist nicht möglich, da innerhalb der Cluster unterschiedliche Ortslagen und Unfalltypen vorliegen. Aufgrund dieser Einschränkungen kann die Repräsentativität der identifizierten Cluster für das gesamte Unfallgeschehen in Deutschland nur begrenzt abgeleitet werden.

Zudem fehlt eine **verlässliche Ground-Truth** für die technische Crash-Schwere, da die in der GIDAS-Datenbank rekonstruierten Delta-v-Werte als ungeeignet für den Vergleich mit der Prädiktion eingestuft wurden.

Weiterhin konnten Abweichungen in der Pre-Crash-Phase sowie in der In-Crash-Kollisionsstellung bei der Konvertierung der Szenarien in eine andere Simulationsumgebung nicht vollständig vermieden werden. Die Untersuchung des neu eingeführten **Q30-Kriteriums** zeigte, dass lediglich ca. 60 % der GIDAS-PCM-Fälle als hinreichend gut konvertiert eingestuft wurden (vgl. Abschnitt 6.1.1). Die Verwendung von fahrdynamisch validierten virtuellen Fahrzeugmodellen mit verbesserter Substitution der Fahrzeuglängen und -breiten soll in Zukunft dazu beitragen, die Konvertierungsqualität zu steigern.

Darüber hinaus treten die **Unschärfefaktoren** bereits in früheren Prozessschritten zur Szenario-Erstellung auf, beginnend mit der Unfallerhebung und der nachfolgenden Unfallrekonstruktion (vgl. Abschnitt 6.2.1). Daher stellen die im Testfallkatalog definierten Szenarien keine exakte Reproduktion der Realität und auch keine exakte Reproduktion der rekonstruierten Unfälle dar, sondern lediglich eine Annäherung an diese.

7.1.2 Forschungsfrage 2

Kann die Validierung der Funktion zur prädiktiven Crash-Schwere-Schätzung anhand von konkreten Testszenarien in der virtuellen Simulation erfolgen und wann gilt eine Unfallschwere-Prädiktion als zuverlässig genug für die Auslösung sicherheitsrelevanter Systeme?
Die Ergebnisse der Tests zur Bewertung der Prädiktionsgüte und der Gesamtwirksamkeit des Pre-Crash-Systems werden im Rahmen der Argumentation zur Absicherung der Funktion diskutiert. Die **quantitative Effektivitätsbewertung** der Funktion wurde anhand von 100 zufällig ausgewählten PCM-Szenarien durchgeführt. Während die Medianwerte der Abweichungen in der prädizierten TTC

(Time to Collision) und der relativen Kollisionsgeschwindigkeit auf eine gute Prädiktionsgüte hindeuteten, zeigten sich erhebliche Abweichungen insbesondere in den 75 %- und 90 %-Perzentilen (vgl. Abschnitt 6.2.1). Zusätzlich zur quantitativen Effektivitätsbewertung, bei der ausschließlich die prädizierten Variablen mit einer **Ground-Truth** verglichen werden, wurde die Funktion zur Crash-Prädiktion in ihre einzelnen Modellbestandteile dekomponiert, um eine gezielte Bewertung der jeweiligen Komponenten hinsichtlich ihrer Korrektheit zu ermöglichen (vgl. Abschnitt 6.2.2).

Die Argumentation einer **hinreichend zuverlässigen Prädiktion** erforderte jedoch, gemäß den aufgestellten Sicherheitsanforderungen, die ganzheitliche Betrachtung der Funktion in Verbindung mit dem Pre-Crash-System. Dazu wurde ein generisches Pre-Crash-System zur reversiblen Gurtstraffung in drei Ausbaustufen mit niedrigem, mittlerem und hohem Gurtkraftniveau definiert. Der Wirkungsgrad der Auslösung in Stufe 3 lag bei etwa 25 % (vgl. Abschnitt 6.2.4). Besonders problematisch war jedoch die hohe Anzahl falsch-positiver Fälle in dieser Stufe, die mit ASIL B klassifiziert wurde. Das Beispiel verdeutlichte, dass die im Median als gut bewertete Prädiktionsgüte bei der Betrachtung des Gesamtsystems erhebliche Schwächen aufwies. Zudem zeigte sich, dass die Einschränkung des Wirkfelds auf eine spezifische Aufprallrichtung sowie eine deutliche Reduktion des Wirkfelds erforderlich sind, um eine hinreichende Robustheit zu erreichen. Die **Zuordnung der Relevanz** der getesteten Szenarien ermöglicht dabei gezielte funktionale Modifikationen. Durch die virtuelle Simulation konkreter Testszenarien kann bereits in einer frühen Phase der Konzept- und Softwareentwicklung eine **simulative Absicherung der beabsichtigten Funktionalität** erfolgen.

Da die GIDAS-Datenbank ausschließlich Unfalldaten enthält, stellte dies jedoch eine Einschränkung bei der Bewertung der Funktion anhand aller relevanten Verkehrssituationen dar. So konnte aufgrund fehlender Datenbasis die Leistungsfähigkeit der Prädiktion anhand kritischer Fahrsituationen sowie der Normalfahrt im Rahmen dieser Arbeit nicht bewertet werden. Dennoch kann künftig die simulative Bewertung der Prädiktionsgüte innerhalb dieser Phasen gemäß der in Abschnitt 6.2.1 und 6.2.4 beschriebenen Vorgehensweise erfolgen.

Die Argumentation einer hinreichend zuverlässigen Prädiktion erfordert die Betrachtung des **Gesamtsystems**. Die **quantitative Bewertung** der Prädiktionsgüte ermöglicht eine Analyse der Vorhersageleistung der Funktion, gibt jedoch keinen direkten Aufschluss über die tatsächliche Sicherheitswirkung im Gesamtsystem. Der **Wirkungsgrad** zeigt die Effektivität des Systems innerhalb des definierten **Wirkfeldes** auf, erlaubt jedoch keine Rückschlüsse auf die **Gesamtbilanz** des Systems. Die akzeptablen Fehlerwahrscheinlichkeiten für falsch-positive und falsch-negative Entscheidungen werden gemäß der ASIL-Klassifizierung des konkreten Systems definiert und müssen in der Validierungsphase nachgewiesen werden. Der Nachweis der spezifizierten Ausfallwahrscheinlichkeiten des Pre-Crash-Systems liefert jedoch keine Erkenntnisse darüber, ob das System in der Gesamtbilanz tatsächlich zu einer Erhöhung der Sicherheit im Verkehr beiträgt. Daher ist für die Freigabe des Pre-Crash-Systems ein **positiver Risikobilanznachweis** erforderlich. Die positive Risikobilanz setzt voraus, dass die kumulierte Verletzungsschwerereduktion durch korrekte Auslösungen des Systems (richtig-positiv) die potenziellen Verletzungen durch alle falschen Auslösungen des Systems (falsch-positiv und falsch-negativ) übersteigt. Die Risikobilanz eines Pre-Crash-Systems kann entweder **retrospektiv** anhand realer Unfalldaten **oder simulativ** durch Insassensimulationen ermittelt werden. Daher sind Insassensimulationen mit optimierten Zündzeiten und innovativen Auslösekonzepten der Rückhaltesysteme ein wesentlicher Bestandteil bei der Bewertung von Pre-Crash-Systemen.

Eine Prädiktion gilt somit als **hinreichend zuverlässig**, wenn sowohl die ASIL-Anforderungen an die Prädiktion anhand des Gesamtsystems erfüllt sind als auch eine positive Risikobilanz nachgewiesen werden kann.

Die vollständige Validierung der Funktion anhand ausschließlich virtueller Simulationen ist jedoch nicht möglich, da insbesondere die Zuverlässigkeit von Objekterfassung im Feld abgesichert werden muss. Jedoch kann die Absicherung der Prädiktion von der Aktorik des Pre-Crash-Systems vollständig entkoppelt werden. Dafür sollen künftig im **Shadow-Mode** die Sensordaten in Echtzeit verarbeitet und basierend auf den definierten Must-Fire-, May-Fire- und No-Fire-Anforderungen der Verkehrssituation (vgl. Abschnitt 4.1.3) die Prädiktionsgüte bewertet werden.

7.1.3 Forschungsfrage 3

Wie kann die Validierungsmethodik in die internationalen Normen und Standards wie ISO 26262 und ISO 21448 sowie UNECE- und Euro NCAP-Anforderungen eingeordnet werden?

Einordnung nach ISO 26262 und ISO 21448
Abbildung 7.1 bietet eine Übersicht über die Testebenen der Funktion zur prädiktiven Unfallerkennung und Crash-Schwere-Schätzung, gegliedert nach den Phasen des V-Entwicklungsmodells sowie den in ISO 26262 und ISO 21448 geforderten Schritten.

Zunächst wurde die frühe Phase der Konzepterstellung und Systemanforderungen behandelt. Die nach **ISO 26262** und **ISO 21448** vorgeschriebenen Schritte zur Funktionsdefinition, Gefährdungsanalyse und Risikobewertung sowie ASIL-Klassifizierung wurden durchgeführt. (Kapitel 4). Die Identifikation und Analyse relevanter Testszenarien erfolgten in Einklang mit ISO 21448 (Kapitel 5). Die durchgeführten Tests erfolgten auf den **MiL- und SiL-Ebenen** und dienen der Absicherung der frühen Funktionsentwicklung, der Konzeptvalidierung sowie der Algorithmusüberprüfung für die Crash-Prädiktion (vgl. Abschnitt 6.2). Dabei wurde die Vorgehensweise zur Erfüllung der in der SOTIF-Norm geforderten Absicherung der beabsichtigten Funktionalität dargestellt. Der Fokus lag dabei auf der Definition der beabsichtigten Funktionalität in Bezug auf die Partnerfunktionen und der Identifikation der unsicheren Szenarien innerhalb des Wirkfeldes des gesamten Pre-Crash-Systems (vgl. Abschnitt 6.2.4). Wie in der SOTIF-Norm adressiert, bleibt jedoch auch nach der Datenerfassung und der Extraktion der Testszenarien weiterhin das Risiko bestehen, relevante Szenarien zu übersehen. Insbesondere unbekannte unsichere Szenarien stellen eine herausfordernde Gruppe dar. Daher ist neben prospektiven Simulationsstudien (vgl. Abschnitt 6.1.2) eine kontinuierliche Unfalldatenerfassung und -analyse notwendig.

Phase im V-Modell	ISO 26262	ISO 21448	Testebene	Einsatzbereich
Systemanforderungen und Konzeptphase	Gefährdungsanalyse & Risikobewertung (GuR), ASIL-Klassifizierung	SOTIF GuR, Identifikation der Trigger Events, Szenario-Analyse	MiL	Frühe Funktionsentwicklung, Konzeptabsicherung, erste mathematische Tests von Algorithmen
Software- und Algorithmusentwicklung	Softwarearchitektur und funktionales Sicherheitskonzept	Szenario-basierte simulative Absicherung der beabsichtigten Funktionalität	MiL und SiL	Softwareentwicklung und Algorithmustest für Crash und Crash-Schwere Prädiktion
Software- und Hardwareintegration	Definition und Entwicklung von Software- und Hardwaresicherheits-Mechanismen	Bewertung von Umgebungs-Wahrnehmung und Prädiktion	HiL	Test von Steuergeräte-, Software- und Hardwareinteraktion
Systemintegration und Validierung	Systemvalidierung und Sicherheitsbewertung	Szenario-basiertes Testen zur Absicherung der vorhersehbaren und unvorhersehbaren Risiken	ViL	Gesamtsystemtest mit realen Sensoren, Aktoren, Steuergeräten und virtuellen Szenarien (z.B. auf Prüfständen)
Fahrzeugvalidierung und Homologation	Freigabetests	Absicherung unter realen Betriebsbedingungen und spezifischen Risikoszenarien	Fahrversuche und Crashtests	Finale Validierung und Homologation

Abbildung 7.1 Einordnung der Validierungsschritte nach ISO 26262, ISO 21448 und Phase im V-Modell

Die funktionalen und technischen Sicherheitskonzepte wurden jedoch nicht aufgestellt und liegen außerhalb des definierten Umfangs dieser Arbeit. Zudem sind kontinuierliche MiL- und SiL-Tests im iterativen Entwicklungsprozess bis zur produktnahen Software erforderlich. Im weiteren Testprozess müssen die Tests der Steuergeräte-, Software- und Hardware-Interaktion auf der **HiL-Ebene** erfolgen. Ein HiL-Test kann beispielsweise auch real erfasste Signale aus einer entwicklungsbegleitenden Datensammlungskampagne sowie Signale von bereits eingefahrenen Crash-Tests erhalten. Der Gesamtsystem-Test mit realen Sensoren und Aktoren kann jedoch nur auf **ViL-Ebene** unter Einbezug von virtuellen Szenarien oder in **finalen Validierungstests** anhand von Fahrten im realen Verkehr sowie Crash-Tests erfolgen.

Dies stellt jedoch eine große Herausforderung hinsichtlich der benötigten Fahrleistung zum Nachweis der ASIL-Anforderungen an die Prädiktionsgüte dar. Die für ASIL B Systeme **empfohlene maximale Ausfallwahrscheinlichkeit** wird mit einer Rate von 100 FIT ($\frac{10^{-7}}{\mathrm{h}}$) angegeben. Diese Angabe ist jedoch nicht unmittelbar auf Kollisionsszenarien übertragbar. Während bei Bauteil- oder Komponententests eine langfristige Betriebszeit auf Prüfständen simuliert werden kann, erfordert das szenariobasierte Testen der Kollisionsprädiktion eine alternative Herangehensweise.

Hierbei soll die Systemzuverlässigkeit anhand seltener, aber sicherheitskritischer Fahrsituationen bewertet werden. Dies ist jedoch bei der Betrachtung von ausschließlich Kollisionsszenarien nicht möglich und es müssen alle in der Abbildung 4.2 definierten Verkehrssituationen im Testprozess adressiert werden. Zudem konnten, wie bereits erläutert, kritische Fahrsituationen und die Normalfahrt im Rahmen dieser Arbeit nicht getestet werden.

Hierbei stellt die **Flottendatensammlung** künftig einen vielversprechenden Ansatz dar. Nach Angaben des Kraftfahrt-Bundesamtes betrug die durchschnittliche Jahresfahrleistung pro PKW im Jahr 2023 12.320 Kilometer [160]. Eine Kundenflotte von lediglich 100.000 vernetzten Fahrzeugen kann bei der durchschnittlichen Fahrleistung insgesamt 1,232 Milliarden Kilometer im Jahr zurücklegen. Diese enorme Fahrleistung übertrifft die Datenmengen herkömmlicher Fahrstudien und entwicklungsbegleitender Dauerläufe bei weitem. Zum Vergleich erfasste die SHRP2-Studie, welche zu den größten naturalistischen Fahrverhaltensstudien zählt, ca. 80 Millionen Fahrkilometer über einen Zeitraum von mehreren Jahren [78]. Der Nachweis von ASIL-Anforderungen für Sensor- und softwarebasierte Funktionen kann somit bereits im Feld im **Shadow-Mode** erfolgen.

Einordnung nach Euro NCAP und UNECE-Regelungen
Die Absicherung der in Abschnitt 2.1.2 dargestellten **Euro NCAP- und UNECE-Lastfälle** ist ausschließlich auf der Basis der Umgebungssensoren und vorausschauenden Crash-Prädiktion nicht realisierbar. Die spezifizierten Lastfälle zur Repräsentation von PKW-PKW-Kollisionen werden mit Barrieren und starren Wänden durchgeführt, wodurch reale Fahrzeuginteraktion zweier PKW in der Pre-Crash-Phase sensorisch nicht erfasst werden kann. Eine zuverlässige Crash-Prädiktion setzt jedoch eine robuste Detektion realer Fahrzeuge in der Pre-Crash-Phase voraus. Folglich ist der Test des gesamten Pre-Crash-Systems mit aktuellen Testprotokollen nicht möglich. Insbesondere die gesetzlich vorgeschriebenen UN-Regelungen würden die Zulassung eines Insassenschutzsystems auf Basis von ausschließlich prädiktiver Crash-Erkennung, ohne eine In-Crash-Rückfallebene, nicht erlauben, da die bestehenden Testprotokolle diesen Anwendungsfall nicht berücksichtigen. Somit kann die prädiktive Crash-Erkennung derzeit lediglich als **Erweiterung des bestehenden Insassenschutzes** dienen, jedoch nicht als Ersatz für die konventionelle Crash-Sensorik eingesetzt werden.

7.2　Ausblick auf zukünftige Forschung

Repräsentativitätsuntersuchung
Ein weiterer Forschungsbedarf ist hinsichtlich der Repräsentativitätsgrenzen der erzeugten Szenarien-Cluster notwendig. Die Gewichtungsfaktoren müssen gemäß der Hochrechnungsmethodik aus Abschnitt 5.2 mit einem aktuellen DESTATIS-Datensatz (z. B. aus den Jahren 2015 bis 2025) berechnet und auf die Cluster angewendet werden. Allerdings ist unklar, wie die Gewichtungsfaktoren angewendet werden können, da innerhalb der Cluster unterschiedliche Ortslagen und Unfalltypen zusammengefasst sind. Eine alternative Vorgehensweise könnte darin bestehen, die Fälle bereits vor dem Clustering zu gewichten und anschließend unter Berücksichtigung dieser Gewichtung zu clustern. Künftig sollte untersucht werden, ob dieser Ansatz die Gesamtrepräsentativität der erzeugten Cluster verbessert.

Zudem sollte der Fokus auf Fahrzeuge mit modernen Fahrerassistenz- und Sicherheitssystemen gelegt werden. Dies gestaltet sich jedoch als eine weitere Herausforderung, da die Datenmenge entsprechender Unfälle in tiefenanalytischen Datenbanken derzeit noch gering ist. Eine gezielte Erhebung relevanter Fahr- und Unfalldaten durch Fahrzeughersteller in der Kundenflotte könnte diese Datenlücke schließen und die Analysegrundlage erheblich optimieren.

Nachweis positiver Risikobilanz von Pre-Crash-Systemen

Die Entwicklung von Pre-Crash-Systemen muss sich an der technisch realisierbaren Prädiktionsgüte ausrichten, während gleichzeitig Szenarien mit nachweisbarem Sicherheitspotenzial gezielt adressiert werden sollen. Es fehlen jedoch klar definierte Methoden und Verfahren zum Nachweis der positiven Risikobilanz von Pre-Crash-Systemen unter Berücksichtigung aller spezifischen Betriebsbedingungen.

Um die Risikobilanz von Pre-Crash-Systemen systematisch zu bewerten, ist die Entwicklung einer Methode erforderlich, die die kumulierte Reduktion der Verletzungsschwere der korrekt ausgelösten Systeme gegenüber den zusätzlichen Verletzungsrisiken durch Fehlaktivierungen abwägt. Die Herausforderung besteht darin, sowohl verschiedene Verletzungsarten als auch unterschiedliche Verletzungswahrscheinlichkeiten in verschiedenen Situationen systematisch zu vergleichen und in eine konsistente Bewertungsgrundlage zu überführen.

Definition von einheitlichen Testfällen für unterschiedliche Stufen von Pre-Crash-Systemen

Der Begriff Pre-Crash-Systeme umfasst in verschiedenen Studien sowohl Systeme, die in die Längs- und Querführung des Fahrzeugs eingreifen, als auch prädiktive reversible und irreversible Insassenschutzsysteme. Es fehlt eine klar definierte Klassifizierung der unterschiedlichen Stufen von Pre-Crash-Systemen. In dieser Arbeit wurde eine Klassifizierung der Stufen von Pre-Crash-Systemen vorgeschlagen, basierend auf Kriterien wie Reversibilität, Ablenkung, Rückfallebene, Verletzungsrisiko und ASIL-Klassifizierung (vgl. Abschnitt 4.1.2). Analog zu den fünf Stufen des automatisierten Fahrens, die den Übergang von assistierten zu autonomen Systemen beschreiben, ist eine einheitliche und standardisierte Definition der Begriffe notwendig.

Botsch et al. beschreiben den Übergang vom assistierten zum autonomen Fahren als eine stufenweise Entwicklung [12]. Für jede nach SAE J3016 definierte Automatisierungsstufe sind spezifische Validierungsstrategien erforderlich [124]. Mit zunehmender Automatisierungsstufe steigt der Absicherungsaufwand erheblich, da sowohl die Anzahl und Komplexität der abzudeckenden Szenarien zunimmt als auch die Sicherheitsverantwortung schrittweise vom Fahrer auf das System übertragen wird. Der Übergang von reversiblen und minimal-invasiven Pre-Crash-Systemen auf QM-Niveau zu irreversiblen und ASIL-klassifizierten Pre-Crash-Systemen sollte analog dazu stufenweise erfolgen, um eine schrittweise Anpassung an höhere Sicherheitsanforderungen zu gewährleisten.

Es fehlt jedoch an einer einheitlichen Definition der Ausbaustufen unterschiedlicher Pre-Crash-Systeme sowie an einer klaren Zuordnung der erforderlichen

Prädiktionsgüte für diese Systeme. Die Einführung standardisierter Lastfälle für Pre-Crash-Systeme, beispielsweise durch Euro NCAP, könnte einen wesentlichen Beitrag zur Standardisierung der verschiedenen Ausbaustufen leisten.

Spezifikation von Shadow-Mode-Kampagnen zur Validierung der Sicherheits-anforderungen

Zudem fehlt eine standardisierte Vorgehensweise zur Spezifikation und Durchführung von Flottendatensammlung sowie Shadow-Mode-Kampagnen zum Nachweis der Anforderungen nach ISO 26262 und ISO 21448 bei sicherheitskritischen Funktionen und Systemen. Klare Richtlinien zur Mindestanzahl der Fahrzeuge, der erforderlichen Gesamtfahrleistung sowie zur Abdeckung verschiedener Verkehrs-szenarien in Bezug auf unterschiedliche Wetterbedingungen, Orte und weitere spezifische Betriebsbedingungen sind erforderlich.

7.3 Ausblick auf zukünftige Potenziale prädiktiver Unfallerkennung

In diesem Unterkapitel werden weitere Potenziale der Funktion zur prädiktiven Unfallerkennung und Crash-Schwere-Schätzung erläutert. Diese wurden während der Bearbeitung dieser Dissertation als Patente angemeldet und sollen dazu beitragen, den bestehenden Stand der Technik im Bereich der Pre-Crash-Systeme weiterzuentwickeln. Einige dieser Erfindungen werden hier vorgestellt.

Identifikation von Beinaheunfall-Hotspots

Die Funktion zur Kollisionsprädiktion ermöglicht eine gezielte Identifikation von Beinaheunfällen im realen Verkehr. Auf Basis der Schätzung der Crash-Schwere potenzieller Unfälle können diese unterschiedlichen Risikokategorien zugeordnet werden [161]. So können relevante Beinaheunfall-Hotspots detektiert werden, bevor an diesen Stellen im Verkehr tödliche Unfälle stattfinden. Daraus leiten sich vier Ansätze zur Erhöhung der Verkehrssicherheit ab [162]:

- Risikokarte der Beinaheunfälle und V2X-Benachrichtigung an die Fahrzeuge in der Umgebung
- Feedback der kritischen Fahrsituationen und Empfehlung an den Fahrer
- Frühzeitige Optimierung der Verkehrsinfrastruktur
- Analyse und funktionale Modifikationen bestehender Sicherheitssysteme

Reversibler Fußgänger-Aufprallschutz
Durch eine vorausschauende Prädiktion einer frontalen Kollision zwischen einem PKW und einem Fußgänger kann eine reversible Aufprallschutzeinrichtung aktiviert werden, um die Aufprallenergie beim Aufschlag auf die Motorhaube zu reduzieren. Im Gegensatz zu herkömmlichen Außen-Airbags ermöglicht eine frühzeitige Unfallprädiktion den Einsatz von reversiblen Einrichtungen, die eine längere Entfaltungszeit aufweisen als die pyrotechnischen In-Crash-Airbags [163]. Eine weitere Ausführungsform des Pre-Crash-Systems ermöglicht den Schutz beim Aufprall der Fußgänger auf die Fahrbahnoberfläche [164].

Außenkommunikation der Ausweichflächen mittels Fahrzeugscheinwerfer
In kritischen Fahrsituationen kann die detektierte Gefahr mittels hochauflösender Fahrzeugscheinwerfer als Gefahrenzeichen auf die Fahrbahn projiziert werden. Bei der Prädiktion möglicher Trajektorien, die entweder zur Kollision oder zu deren Vermeidung führen, kann die zur Verhinderung der Kollision ermittelte Ausweichfläche an das andere Fahrzeug mittels Projektion kommuniziert werden [165].

Kollisionsoptimierte Ausrichtung von Crash-Strukturen
Bei einer erkannten bevorstehenden Kollision können per V2X crashrelevante Fahrzeugdaten zwischen den beiden potenziellen Kollisionspartnern kommuniziert werden. Dazu gehören bspw. die Maße und Masse der Fahrzeuge sowie genaue Positionen der relevanten Crash-Strukturen. Durch Analyse dieser Daten soll die Kollisionsstellung zwischen den beiden Fahrzeugen hinsichtlich der höchsten Kompatibilität der Crash-Strukturen optimiert werden [166].

Diese Beispiele zeigen, dass eine prädiktive Unfallerkennung nicht nur die Insassen des eigenen Fahrzeugs schützt, sondern auch das Potenzial hat, die Sicherheit aller Verkehrsteilnehmer zu erhöhen. Hierzu zählen sowohl irreversible und invasive (kollisionsoptimierte Ausrichtung von Crash-Strukturen) als auch reversible (reversibler Fußgänger-Aufprallschutz) sowie nicht invasive (Identifikation von Beinaheunfall-Hotspots) Pre-Crash-Systeme und Verfahren.

7.4   Fazit

Trotz der kontinuierlichen Entwicklung aktiver Sicherheitssysteme können nicht alle Unfälle mit PKW-Beteiligung vermieden werden. Irreversible Pre-Crash-Systeme sollen die Verletzungsschwere bei unvermeidbaren Kollisionen signifikant reduzieren und schließen die Lücke zwischen passiver und aktiver

Fahrzeugsicherheit. Diese Systeme erfordern eine präzise und zuverlässige Echtzeitvorhersage der bevorstehenden Kollisionskonfiguration und der technischen Kollisionsschwere bereits vor dem Crash. Dabei stellt sich die Frage nach einer hinreichend zuverlässigen Prädiktion und deren robuste Absicherung.

Um diese Frage zu beantworten, wurde in dieser Arbeit eine umfassende, szenariobasierte Validierungsstrategie für die Funktion zur Crash- und Crash-Schwere-Prädiktion im Einklang mit den Normen ISO 26262 und ISO 21448 entwickelt. Im Ergebnis wurde gezeigt, dass eine zuverlässige Absicherung der Prädiktion, unter Berücksichtigung von Systemgrenzen und Risikobilanz möglich erscheint, allerdings nur bei Betrachtung des Gesamtsystems. Die gesamte Prozesskette, von der Vorhersage der Kollision über die Aktivierung eines Pre-Crash-Systems bis hin zur Analyse der potenziellen Insassenverletzungen, muss für eine valide Wirksamkeits- und Sicherheitsbewertung der Kollisionsprädiktion berücksichtigt werden. Eine einheitliche Klassifikation der verschiedenen Ausbaustufen von Pre-Crash-Systemen soll dazu beitragen, die Anforderungen an die Prädiktionsfunktion zu standardisieren. Um die identifizierten Einschränkungen bei der Repräsentativität der Unfälle sowie der unzureichenden Ground-Truth für die technische Crash-Schwere zu adressieren, ist weiterer Forschungsbedarf notwendig. Die Ergebnisse dieser Arbeit belegen die Notwendigkeit eines stufenweisen Übergangs von reversiblen und minimal-invasiven zu irreversiblen Pre-Crash-Systemen mit steigenden Sicherheitsanforderungen. Eine iterative Anpassung der Aktivierungsstrategien dieser Pre-Crash-Systeme ist notwendig, um ihren Wirkungsgrad zu optimieren und gleichzeitig eine robuste Absicherung dieser Systeme zu gewährleisten.

Die vorliegende Arbeit leistet einen Beitrag zur wissenschaftlichen und normativen Integration prädiktiver Sicherheitssysteme im Straßenverkehr der Zukunft. Die Ergebnisse sind insbesondere für Pre-Crash-Systeme mit Fokus auf PKW-PKW-Kollisionen von Bedeutung, wobei die Validierungsmethodik auf ein definiertes Wirkfeld und die begrenzte GIDAS-Unfalldatenbasis ausgerichtet ist. Die entwickelten Ansätze der Szenarien-Extraktion sind grundsätzlich auf andere tiefenanalytische Unfalldatenbanken übertragbar. Eine vollständige Generalisierung für alle Verkehrsszenarien und -teilnehmer kann jedoch methodisch nicht abgeleitet werden und stellt eine Perspektive für weiterführende Untersuchungen dar. Der Einsatz von Flottendaten und Shadow-Mode-Kampagnen ist ein vielversprechender nächster Schritt, um die Feldvalidierung und Absicherung der Pre-Crash-Systeme künftig effizienter zu gestalten.

Literaturverzeichnis

1. World Health Organization, *Global Status Report on Road Safety 2023*. [Online]. https://iris.who.int/bitstream/handle/10665/375016/9789240086517-eng.pdf?sequence=1 (abgerufen am: 14.01.2025).
2. Statistisches Bundesamt, *Statistischer Bericht – Verkehrsunfälle: Zeitreihen*. [Online]. https://www.destatis.de/DE/Themen/Gesellschaft-Umwelt/Verkehrsunfaelle/Publikationen/Downloads-Verkehrsunfaelle/statistischer-bericht-verkehrsunfaelle-zeitreihen-5462403.xlsx (abgerufen am: 19.01.2025).
3. Statista, *Pkw-Bestand in Deutschland von 1960 bis 2022*. [Online]. https://de.statista.com/statistik/daten/studie/12131/umfrage/pkw-bestand-in-deutschland/
4. K. Edvardsson Björnberg, S. O. Hansson, M.-Å. Belin, C. Tingvall, *The Vision Zero Handbook*. Cham: Springer International Publishing, 2023.
5. Statistisches Bundesamt, *Verkehrsunfälle 2000–2020: Fachserie. 8, Verkehr. 7.* [Online]. https://www.statistischebibliothek.de/mir/receive/DESerie_mods_00000097 (abgerufen am: 10.01.2025).
6. Mercedes Benz AG, *Safety systems for the mobility of the future*. [Online]. https://www.mercedes-benz.com/en/innovation/milestones/Car-Safety/ (abgerufen am: 19.01.2025).
7. Lexus Deutschland, *Kollisionsschutz – Lexus Safety*. [Online]. https://www.lexus.de/experience-amazing/technologie/lexus-safety/kollisionsschutz (abgerufen am: 19.01.2025).
8. Volkswagen AG, *Proaktives Insassenschutzsystem*. [Online]. https://www.volkswagen-newsroom.com/de/proaktives-insassenschutzsystem-3668
9. R. B. GmbH, Ed., *Kraftfahrtechnisches Taschenbuch*, 30th ed. Wiesbaden, Wiesbaden: Springer Fachmedien Wiesbaden; Springer Vieweg, 2024.

10. Gonter, M., Knoll, P., Leschke, A., Seiffert, U., Weinert, F., "Fahrzeugsicherheit," in *ATZ/MTZ-Fachbuch, Vieweg Handbuch Kraftfahrzeugtechnik*, S. Pischinger, U. Seiffert, Eds., 9th ed., Wiesbaden: Springer Vieweg, 2021.

11. L. Stark, M. Düring, S. Schoenawa, J. E. Maschke, C. M. Do, "Quantifying Vision Zero: Crash avoidance in rural and motorway accident scenarios by combination of ACC, AEB, and LKS projected to German accident occurrence," *Traffic injury prevention*, vol. 20, sup1, S126–S132, 2019, https://doi.org/10.1080/15389588.2019.1605167.

12. M. Botsch, W. Utschick, *Fahrzeugsicherheit und automatisiertes Fahren: Methoden der Signalverarbeitung und des maschinellen Lernens*. München: Hanser, 2020.

13. F. Kramer, Ed., *Integrale Sicherheit von Kraftfahrzeugen: Biomechanik – Simulation – Sicherheit im Entwicklungsprozess*, 4th ed. Wiesbaden: Springer Fachmedien Wiesbaden, 2013.

14. D. Böhmländer, T. Dirndorfer, A. H. Al-Bayatti, T. Brandmeier, "Context-aware system for pre-triggering irreversible vehicle safety actuators," *Accident; analysis and prevention*, vol. 103, pp. 72–84, 2017, https://doi.org/10.1016/j.aap.2017.02.015.

15. Clemens Markus Hruschka (Volkswagen AG), Daniel Töpfer (Volkswagen AG), Sebastian Zug, Clemens Markus Hruschka, Volkswagen AG, Otto von Guericke University, "Risk Assessment for Integral Safety in Automated Driving,"

16. National Highway Traffic Safety Administration, "The New Car Assessment Program Suggested Approaches for Future Program Enhancements," Department of Transportation DOT-HS-810-698, 2007. [Online]. https://rosap.ntl.bts.gov/view/dot/16466 (abgerufen am: 22.01.2025).

17. M. van Ratingen *et al.*, "The European New Car Assessment Programme: A historical review," *Chinese journal of traumatology = Zhonghua chuang shang za zhi*, vol. 19, no. 2, pp. 63–69, 2016, https://doi.org/10.1016/j.cjtee.2015.11.016.

18. A. Leschke, *Algorithm concept for crash detection in passenger cars*. Wiesbaden: Springer Fachmedien Wiesbaden GmbH, part of Springer Nature, 2020.

19. H. Johannsen, *Unfallmechanik und Unfallrekonstruktion*. Wiesbaden: Springer Fachmedien Wiesbaden, 2013.

20. Robert Bosch GmbH, *25 Jahre GIDAS: Jubiläumsevent für die Zukunft der Unfallforschung*. [Online]. https://www.bosch.com/de/forschung/aktuelles/25-jahre-gidas/ (abgerufen am: 31.01.2025).

21. Mercedes-Benz, *Unterwegs mit den Unfallforschern von Mercedes-Benz: Die Vermessung des Schicksals*. [Online]. https://group.mercedes-benz.com/innovationen/produktinnovation/technologie/ (abgerufen am: 31.01.2025).

22. ZF Friedrichshafen AG, *Aus Crashs lernen*. [Online]. https://www.zf.com/mobile/de/stories_25216.html (abgerufen am: 31.01.2025).

23. M. Maurer, J. C. Gerdes, B. Lenz, H. Winner, *Autonomes Fahren*. Berlin, Heidelberg: Springer Berlin Heidelberg, 2015.

24. Volkswagen AG, *Die Unfallforschung von Volkswagen*. [Online]. https://www.volkswagen-newsroom.com/de/bilder/detail/die-unfallforschung-von-volkswagen-13763 (abgerufen am: 31.01.2025).

25. Audi AG, *Aus Unfällen lernen: Für mehr Sicherheit auf den Straßen!* [Online]. https://www.aaru.de/ (abgerufen am: 31.01.2025).

26. H. Burg, A. Moser, Eds., *Handbuch Verkehrsunfallrekonstruktion: Unfallaufnahme, Fahrdynamik, Simulation,* 3rd ed. Wiesbaden: Springer Vieweg, 2017.

27. German In-Depth Accident Study, *GIDAS Codebook 12/2020.*

28. United Nations Economic Commission for Europe, *UN Regulations (UNECE WP.29).* [Online]. https://unece.org/trans/main/wp29/wp29regs (abgerufen am: 25.01.2025).

29. *Regelung Nr. 94 der Wirtschaftskommission der Vereinten Nationen für Europa (UN/ECE) — Einheitliche Bedingungen für die Genehmigung der Kraftfahrzeuge hinsichtlich des Schutzes der Insassen bei einem Frontalaufprall: UN R94 – Frontaufprall,* 2012. [Online]. https://op.europa.eu/de/publication-detail/-/publication/ed1e0b9a-024e-11e2-8e28-01aa75ed71a1 (abgerufen am: 25.01.2025).

30. *Regelung Nr. 95 der Wirtschaftskommission der Vereinten Nationen für Europa (UNECE) — Einheitliche Bedingungen für die Genehmigung der Kraftfahrzeuge hinsichtlich des Schutzes der Insassen bei einem Seitenaufprall [2015/1093]: UN R95 – Seitenaufprall,* 2015. [Online]. https://op.europa.eu/de/publication-detail/-/publication/a223bf6e-26c6-11e5-a342-01aa75ed71a1 (abgerufen am: 25.01.2025).

31. *UN Regulation No 135 – Uniform provisions concerning the approval of vehicles with regard to their Pole Side Impact performance (PSI) [2020/486]: UN R135 – Seitlicher Pfahlaufprall,* 2020. [Online]. https://eur-lex.europa.eu/eli/reg/2020/486/oj/eng (abgerufen am: 25.01.2025).

32. *UN Regulation No 137 – Uniform provisions concerning the approval of passenger cars in the event of a frontal collision with focus on the restraint system [2020/576]: Frontalaufprall für Rückhaltesysteme,* 2020. [Online]. https://eur-lex.europa.eu/eli/reg/2020/576/oj/eng (abgerufen am: 25.01.2025).

33. EUROPEAN NEW CAR ASSESSMENT PROGRAMME, *MPDB FRONTAL IMPACT TESTING PROTOCOL.* [Online]. https://www.euroncap.com/media/79875/euro-ncap-mpdb-testing-protocol-v114.pdf (abgerufen am: 25.01.2025).

34. EUROPEAN NEW CAR ASSESSMENT PROGRAMME, *FULL WIDTH FRONTAL IMPACT TESTING PROTOCOL.* [Online]. https://cdn.euroncap.com/media/67284/euro-ncap-frontal-fw-test-protocol-v121.pdf (abgerufen am: 25.01.2025).

35. EUROPEAN NEW CAR ASSESSMENT PROGRAMME, *SIDE IMPACT MOBILE DEFORMABLE BARRIER TESTING PROTOCOL.* [Online]. https://www.euroncap.com/media/79877/euro-ncap-side-protocol-ae-mdb-v83.pdf (abgerufen am: 25.01.2025).

36. EUROPEAN NEW CAR ASSESSMENT PROGRAMME, *OBLIQUE POLE SIDE IMPACT TESTING PROTOCOL.* [Online]. https://www.euroncap.com/media/79876/euro-ncap-pole-protocol-oblique-impact-v72.pdf (abgerufen am: 25.01.2025).

37. Research Council for Automobile Repairs, *RCAR Low-speed structural crash test protocol.* [Online]. https://www.rcar.org/images/papers/procedures/RCAR%20low%20speed%20structural%20crash%20test%20procedure%20V2_5%20.pdf (abgerufen am: 25.01.2025).

38. K. T. Gursel, S. N. Nane, "Non-linear finite element analyses of automobiles and their elements in crashes," *International Journal of Crashworthiness,* vol. 15, no. 6, pp. 667–692, 2010, https://doi.org/10.1080/13588261003737286.

39. S. Engelmann, "Simulation von fahrwerkdominierten Misuse–Lastfällen zur Unterstützung der virtuellen Crashsensorik," Hamburg, Helmut-Schmidt-Univ., Diss., 2013,

Helmut-Schmidt-Universität, Bibliothek, Hamburg, 2014. [Online]. http://edoc.sub.
uni-hamburg.de/hsu/volltexte/2014/3060

40. R. Murmann, M. Schäfer, L. Harzheim, S. Dominico, H. Schürmann, "Simulation von
Misuse-Lastfällen zur Bewertung der Crash-Sensorik und Entwicklung einer Metrik
zur objektiven Signalkorrelation," Dissertation, Universitäts- und Landesbibliothek
Darmstadt, Darmstadt, 2015.

41. R. Putter, A. Neubohn, A. Leschke, R. Lachmayer, "Predictive Vehicle Safety—Validation Strategy of a Perception-Based Crash Severity Prediction Function," *Applied
Sciences*, vol. 13, no. 11, p. 6750, 2023, https://doi.org/10.3390/app13116750.

42. T. O. Jones, D. M. Grimes, R. A. Dork, "A Critical Review of Radar as a Predictive
Crash Sensor," in 1972.

43. R. Moritz, "Pre-crash Sensing – Its Functional Evolution Based on a Platform Radar
Sensor," in *International Body Engineering Conference & Exposition*, 2000.

44. B. Schlager *et al.*, "State-of-the-Art Sensor Models for Virtual Testing of Advanced
Driver Assistance Systems/Autonomous Driving Functions," *SAE Intl. J CAV*, vol. 3,
no. 3, pp. 233–261, 2020, https://doi.org/10.4271/12-03-03-0018.

45. O. J. Gietelink, D. J. Verburg, K. Labibes, A. F. Oostendorp, "Pre-crash system validation with PRESCAN and VEHIL," in *IEEE Intelligent Vehicles Symposium, 2004*,
2004, pp. 913–918.

46. M. Müller, M. Botsch, D. Böhmländer, W. Utschick, "Machine Learning Based Prediction of Crash Severity Distributions for Mitigation Strategies," *JAIT*, vol. 9, no. 1,
pp. 15–24, 2018, https://doi.org/10.12720/JAIT.9.1.15-24.

47. N. J. Goodall, "Ethical Decision Making during Automated Vehicle Crashes," *Transportation Research Record*, vol. 2424, no. 1, pp. 58–65, 2014, https://doi.org/10.3141/
2424-07.

48. J. Moon, I. Bae, S. Kim, "A pre-crash safety system for an occupant sitting on a
backward facing seat for fully automated vehicles in frontal crashes," in *2017 IEEE
International Conference on Vehicular Electronics and Safety (ICVES)*, 2017, pp. 168–
171.

49. B. Grotz, P. Straßburger, A. Huf, L. Roig, "Prädiktive Sicherheit – Wahrnehmungsbasierte Aktivierung von Pre-Crash-Systemen," *ATZ Automobiltech Z*, vol. 123, no. 1,
pp. 18–25, 2021, https://doi.org/10.1007/s35148-020-0625-7.

50. M. Mages, M. Seyffert, Class Uwe, "Analysis of the Pre-Crash Benefit of Reversible Belt Pre-Pretensioning in Different Accident Scenarios," in *22nd ESV Conference,
Washington*.

51. E. Mishra, K. Mroz, B. Pipkorn, N. Lubbe, "Effects of Automated Emergency Braking and Seatbelt Pre-Pretensioning on Occupant Injury Risks in High-Severity Frontal
Crashes," *Front. Future Transp.*, vol. 3, p. 215, 2022, https://doi.org/10.3389/ffutr.2022.
883951.

52. M. Müller, X. Long, M. Botsch, D. Böhmländer, W. Utschick, "Real-Time Crash Severity Estimation with Machine Learning and 2D Mass-Spring-Damper Model," in *2018
21st International Conference on Intelligent Transportation Systems (ITSC)*, 2018,
pp. 2036–2043.

53. O. Altun, D. Zhang, R. Siqueira, P. Wolniak, I. Mozgova, R. Lachmayer, "Identification
of dynamic loads on structural component with artificial neural networks," *Procedia*

Manufacturing, vol. 52, no. 7, pp. 181–186, 2020, https://doi.org/10.1016/j.promfg.2020.11.032.

54. M. Halkidi, Y. Batistakis, M. Vazirgiannis, "On Clustering Validation Techniques," *Journal of Intelligent Information Systems*, vol. 17, no. 2, pp. 107–145, 2001, https://doi.org/10.1023/A:1012801612483.

55. S. Lloyd, "Least squares quantization in PCM," *IEEE Trans. Inform. Theory*, vol. 28, no. 2, pp. 129–137, 1982, https://doi.org/10.1109/TIT.1982.1056489.

56. J. MacQueen, "Some methods for classification and analysis of multivariate observations," in *Proceedings of the Fifth Berkeley Symposium on Mathematical Statistics and Probability*, Berkeley, CA: University of California Press, 1967, pp. 281–297.

57. J. Frochte, *Maschinelles Lernen: Grundlagen und Algorithmen in Python*, 3rd ed. München, München: Hanser; Carl Hanser Verlag GmbH & Co. KG, 2021.

58. A. Ng, K. Soo, M. Delbrück, *Data Science -- was ist das eigentlich?!: Algorithmen des maschinellen Lernens verständlich erklärt*. Berlin, Germany: Springer, 2018.

59. J. H. Ward, "Hierarchical Grouping to Optimize an Objective Function," *Journal of the American Statistical Association*, vol. 58, no. 301, pp. 236–244, 1963, https://doi.org/10.1080/01621459.1963.10500845.

60. D. Pfitzner, R. Leibbrandt, D. Powers, "Characterization and evaluation of similarity measures for pairs of clusterings," *Knowl Inf Syst*, vol. 19, no. 3, pp. 361–394, 2009, https://doi.org/10.1007/s10115-008-0150-6.

61. P. J. Rousseeuw, "Silhouettes: A graphical aid to the interpretation and validation of cluster analysis," *Journal of Computational and Applied Mathematics*, vol. 20, pp. 53–65, 1987, https://doi.org/10.1016/0377-0427(87)90125-7.

62. *ISO 26262-1:2018(en) Road vehicles — Functional safety*.

63. *ISO 21448:2022, Road vehicles — Safety of the intended functionality*, 2022.

64. R. Kneuper, *Die geschichtliche Entwicklung des V-Modells*. Bad Honnef: IUBH Internationale Hochschule, 2018.

65. Verband der Automobilindustrie, *Automotive SPICE®*. [Online]. https://vda-qmc.de/en/automotive-spice/ (abgerufen am: 01.02.2025).

66. S. Riedmaier, J. Nesensohn, C. Gutenkunst, T. Düser, B. Schick, H. Abdellatif, "Validation of X-in-the-Loop Approaches for Virtual Homologation of Automated Driving Functions," in *11th Grazer Symposium Virtual Vehicle (GSVF 2018)*, Graz, Österreich, *15.05.2018 – 16.05.2018*.

67. T. Krishna Hema, "Integrated Automotive Software Quality Management System in compliance with Automotive SPICE, ISO 26262, ISO 21448 and ISO 21434 Standards," *IJSRP*, vol. 12, no. 1, pp. 166–173, 2022, https://doi.org/10.29322/IJSRP.12.01.2022.p12123.

68. S. Hallerbach, Y. Xia, U. Eberle, F. Koester, "Simulation-Based Identification of Critical Scenarios for Cooperative and Automated Vehicles," *SAE Intl. J CAV*, vol. 1, no. 2, pp. 93–106, 2018, https://doi.org/10.4271/2018-01-1066.

69. R. Dona, B. Ciuffo, "Virtual Testing of Automated Driving Systems. A Survey on Validation Methods," *IEEE Access*, vol. 10, no. 4, pp. 24349–24367, 2022, https://doi.org/10.1109/ACCESS.2022.3153722.

70. H. Chen, H. Ren, R. Li, G. Yang, S. Ma, "Generating Autonomous Driving Test Scenarios based on OpenSCENARIO," in *2022 9th International Conference on Dependable Systems and Their Applications (DSA)*, Wulumuqi, China, 2022, pp. 650–658.

71. M. Schachner, W. Sinz, R. Thomson, C. Klug, "Development and evaluation of potential accident scenarios involving pedestrians and AEB-equipped vehicles to demonstrate the efficiency of an enhanced open-source simulation framework," *Accident; analysis and prevention*, vol. 148, p. 105831, 2020, https://doi.org/10.1016/j.aap.2020.105831.

72. J. E. Maschke, V. Preu, M. Plenter, S. Schoenawa, "Assessing Autonomous Emergency Braking: A Robust Approach Using Phenomenological Sensor Models," *Vehicles*, vol. 6, no. 4, pp. 1704–1716, 2024, https://doi.org/10.3390/vehicles6040082.

73. Till Menzel, Gerrit Bagschik, M. Maurer, "Scenarios for Development, Test and Validation of Automated Vehicles," in *2018 IEEE Intelligent Vehicles Symposium (IV)*, Institute of Electrical and Electronics Engineers, Ed., 2018.

74. S. Ulbrich, T. Menzel, A. Reschka, F. Schuldt, M. Maurer, "Defining and Substantiating the Terms Scene, Situation, and Scenario for Automated Driving,"

75. M. Scholtes *et al.*, "6-Layer Model for a Structured Description and Categorization of Urban Traffic and Environment," *IEEE Access*, vol. 9, pp. 59131–59147, 2021, https://doi.org/10.1109/ACCESS.2021.3072739.

76. F. Schuldt, M. Maurer, *Ein Beitrag für den methodischen Test von automatisierten Fahrfunktionen mit Hilfe von virtuellen Umgebungen*. Braunschweig: Technische Universität Braunschweig, 2017.

77. M. Mai *et al.*, "„Die Dresdner Methode" – Ein Baukasten zur ganzheitlichen Bewertung aktiver Sicherheits- und automatisierter Fahrfunktionen," in *Fahrzeugsicherheit 2022*: VDI Verlag, 2022, pp. 419–434.

78. Transportation Research Board of the National Academies, *SHRP 2: Naturalistic driving study*. [Online]. https://insight.shrp2nds.us/ (abgerufen am: 20.10.2023).

79. Tesla: *Tesla Fahrzeugsicherheitsbericht*. [Online]. https://www.tesla.com/de_de/VehicleSafetyReport (abgerufen am: 07.02.2025).

80. Volkswagen Group, *Lernen aus Daten: Volkswagen Group erhöht Verkehrssicherheit für alle*. [Online]. https://www.volkswagen-group.com/de/pressemitteilungen/lernen-aus-daten-volkswagen-group-erhoeht-verkehrssicherheit-fuer-alle-18695 (abgerufen am: 02.03.2025).

81. I. Mozgova, "Intelligente Datenanalyse für die Entwicklung neuer Produktgenerationen," in *Proceedings of the Wissenschaftsforum Intelligente Technische Systeme (WInTeSys)*, Paderborn, 2017, pp. 335–346. [Online]. https://d-nb.info/1132692695/34 (abgerufen am: 07.04.2025).

82. D. Santos, J. Saias, P. Quaresma, V. B. Nogueira, "Machine Learning Approaches to Traffic Accident Analysis and Hotspot Prediction," *Computers*, vol. 10, no. 12, p. 157, 2021, https://doi.org/10.3390/computers10120157.

83. b. Kumeda, F. Zhang, F. Zhou, S. Hussain, A. Almasri, M. Assefa, "Classification of Road Traffic Accident Data Using Machine Learning Algorithms," in *2019 IEEE 11th International Conference on Communication Software and Networks (ICCSN)*, Chongqing, China, 2019.

84. R. E. Al Mamlook, T. Z. Abdulhameed, R. Hasan, H. I. Al-Shaikhli, I. Mohammed, S. Tabatabai, "Utilizing Machine Learning Models to Predict the Car Crash Injury Severity among Elderly Drivers," in *2020 IEEE International Conference on Electro Information Technology (EIT)*, Chicago, IL, USA, 2020.

85. M. F. Labib, A. S. Rifat, M. M. Hossain, A. K. Das, F. Nawrine, "Road Accident Analysis and Prediction of Accident Severity by Using Machine Learning in Bangladesh," in *2019 7th International Conference on Smart Computing & Communications (ICSCC)*, Sarawak, Malaysia, 2019.

86. A. Iranitalab, A. Khattak, "Comparison of four statistical and machine learning methods for crash severity prediction," *Accident; analysis and prevention*, vol. 108, pp. 27–36, 2017, https://doi.org/10.1016/j.aap.2017.08.008.

87. H. Jeong, Y. Jang, P. J. Bowman, N. Masoud, "Classification of motor vehicle crash injury severity: A hybrid approach for imbalanced data," *Accident; analysis and prevention*, vol. 120, pp. 250–261, 2018, https://doi.org/10.1016/j.aap.2018.08.025.

88. Z. Li, P. Liu, W. Wang, C. Xu, "Using support vector machine models for crash injury severity analysis," *Accident; analysis and prevention*, vol. 45, pp. 478–486, 2012, https://doi.org/10.1016/j.aap.2011.08.016.

89. J. Zhang, Z. Li, Z. Pu, C. Xu, "Comparing Prediction Performance for Crash Injury Severity Among Various Machine Learning and Statistical Methods," *IEEE Access*, vol. 6, pp. 60079–60087, 2018, https://doi.org/10.1109/ACCESS.2018.2874979.

90. D. Delen, L. Tomak, K. Topuz, E. Eryarsoy, "Investigating injury severity risk factors in automobile crashes with predictive analytics and sensitivity analysis methods," *Journal of Transport & Health*, vol. 4, no. 3, pp. 118–131, 2017, https://doi.org/10.1016/j.jth.2017.01.009.

91. M. A. Rahim, H. M. Hassan, "A deep learning based traffic crash severity prediction framework," *Accident; analysis and prevention*, vol. 154, p. 106090, 2021, https://doi.org/10.1016/j.aap.2021.106090.

92. S. Mokhtarimousavi, J. C. Anderson, M. Hadi, A. Azizinamini, "A temporal investigation of crash severity factors in worker-involved work zone crashes: Random parameters and machine learning approaches," *Transportation Research Interdisciplinary Perspectives*, vol. 10, no. 1, p. 100378, 2021, https://doi.org/10.1016/J.TRIP.2021.100378.

93. N. Fiorentini, M. Losa, "Handling Imbalanced Data in Road Crash Severity Prediction by Machine Learning Algorithms," *Infrastructures*, vol. 5, no. 7, p. 61, 2020, https://doi.org/10.3390/infrastructures5070061.

94. Y. Xie, D. Lord, Y. Zhang, "Predicting motor vehicle collisions using Bayesian neural network models: An empirical analysis," *Accident; analysis and prevention*, vol. 39, no. 5, pp. 922–933, 2007, https://doi.org/10.1016/J.AAP.2006.12.014.

95. T. Beshah, D. Ejigu, A. Abraham, V. Snasel, P. Kromer, "Pattern recognition and knowledge discovery from road traffic accident data in Ethiopia: Implications for improving road safety," in *2011 World Congress on Information and Communication Technologies*, Mumbai, 2011.

96. J. R. Asor, G. M. B. Catedrilla, J. E. Estrada, "A study on the road accidents using data investigation and visualization in Los Baños, Laguna, Philippines," in *2018 International Conference on Information and Communications Technology (ICOIACT)*, Yogyakarta, 2018.

97. R. Suarez-Del Fueyo, M. Junge, F. Lopez-Valdes, H. C. Gabler, L. Woerner, S. Hiermaier, "Cluster analysis of seriously injured occupants in motor vehicle crashes," *Accident; analysis and prevention*, vol. 151, p. 105787, 2021, https://doi.org/10.1016/j.aap.2020.105787.

98. R. Suarez-Del Fueyo, M. Junge, F. Lopez-Valdes, H. C. Gabler, L. Woerner, S. Hiermaier, "Injury patterns within clusters of seriously injured occupants comparing real-world crashes in the United States and the European Union," *Traffic injury prevention*, vol. 21, sup1, S78–S83, 2020, https://doi.org/10.1080/15389588.2020.1862805.

99. A. Sakhare, P. Kasbe, "A review on road accident data analysis using data mining techniques," in *2017 International Conference on Innovations in Information, Embedded and Communication Systems (ICIIECS)*, Coimbatore, India, 2017.

100. B. Depaire, G. Wets, K. Vanhoof, "Traffic accident segmentation by means of latent class clustering," *Accident; analysis and prevention*, vol. 40, no. 4, pp. 1257–1266, 2008, https://doi.org/10.1016/j.aap.2008.01.007.

101. H. Uno, Y. Kageyama, A. Yamaguchi, T. Okabe, "Method Development of Multi-Dimensional Accident Analysis Using Self Organizing Map," *SAE Int. J. Trans. Safety*, vol. 1, no. 1, pp. 64–75, 2013, https://doi.org/10.4271/2013-01-0758.

102. K. Assi, S. M. Rahman, U. Mansoor, N. Ratrout, "Predicting Crash Injury Severity with Machine Learning Algorithm Synergized with Clustering Technique: A Promising Protocol," *International journal of environmental research and public health*, vol. 17, no. 15, 2020, https://doi.org/10.3390/ijerph17155497.

103. H. Watanabe, T. Maly, J. Wallner, T. Dirndorfer, M. Mai, G. Prokop, "Methodology of Scenario Clustering for Predictive Safety Functions," in *Tagung Automatisiertes Fahren*, 2019. [Online]. https://fis.tu-dresden.de/portal/de/publications/methodology-of-scenario-clustering-for-predictive-safety-functions(99cf4f6d-4f29-4787-85fd-3ac11aed67e5).html (abgerufen am: 16.03.2025).

104. H. Watanabe, T. Malý, J. Wallner, G. Prokop, "Cluster-Linkage Analysis in Traffic Data Clustering for Development of Advanced Driver Assistance Systems," in *2020 3rd International Conference on Information and Computer Technologies (ICICT)*, San Jose, CA, USA, 2020.

105. E. Esenturk, A. G. Wallace, S. Khastgir, P. Jennings, "Identification of Traffic Accident Patterns via Cluster Analysis and Test Scenario Development for Autonomous Vehicles," *IEEE Access*, vol. 10, pp. 6660–6675, 2022, https://doi.org/10.1109/ACCESS.2021.3140052.

106. N. Weber, C. Thiem, U. Konigorski, "Toward Unsupervised Test Scenario Extraction for Automated Driving Systems from Urban Naturalistic Road Traffic Data," *SAE Intl. J CAV*, vol. 6, no. 3, 2023, https://doi.org/10.4271/12-06-03-0017.

107. F. Hauer, I. Gerostathopoulos, T. Schmidt, A. Pretschner, "Clustering Traffic Scenarios Using Mental Models as Little as Possible," in *2020 IEEE Intelligent Vehicles Symposium (IV)*, Las Vegas, NV, USA, 2020.

108. J. Kerber *et al.*, "Clustering of the Scenario Space for the Assessment of Automated Driving," in *2020 IEEE Intelligent Vehicles Symposium (IV)*, Las Vegas, NV, USA, 2020.

109. L. Balasubramanian, J. Wurst, M. Botsch, K. Deng, "Traffic Scenario Clustering by Iterative Optimisation of Self-Supervised Networks Using a Random Forest Activation Pattern Similarity," [Online]. http://arxiv.org/pdf/2105.07639v2

110. P. Nandurge, N. Dharwadkar, "Analyzing road accident data using machine learning paradigms," in *2017 International Conference on I-SMAC (IoT in Social, Mobile, Analytics and Cloud) (I-SMAC)*, Palladam, India, 2017.

111. J. Zhao, J. Fang, Z. Ye, L. Zhang, "Large Scale Autonomous Driving Scenarios Clustering with Self-supervised Feature Extraction," in *2021 IEEE Intelligent Vehicles Symposium (IV)*, Nagoya, Japan, 2021.

112. F. Montanari, R. German, A. Djanatliev, "Pattern Recognition for Driving Scenario Detection in Real Driving Data," in *2020 IEEE Intelligent Vehicles Symposium (IV)*, Las Vegas, NV, USA, 2020.

113. F. Kruber, J. Wurst, M. Botsch, "An Unsupervised Random Forest Clustering Technique for Automatic Traffic Scenario Categorization," in *2018 21st International Conference on Intelligent Transportation Systems (ITSC)*, Maui, HI, USA, 2018.

114. F. Kruber, J. Wurst, E. S. Morales, S. Chakraborty, M. Botsch, "Unsupervised and Supervised Learning with the Random Forest Algorithm for Traffic Scenario Clustering and Classification," in *2019 IEEE Intelligent Vehicles Symposium (IV)*, Paris, France, 2019.

115. P. Nitsche, P. Thomas, R. Stuetz, R. Welsh, "Pre-crash scenarios at road junctions: A clustering method for car crash data," *Accident; analysis and prevention*, vol. 107, pp. 137–151, 2017, https://doi.org/10.1016/j.aap.2017.07.011.

116. T. T. Nguyen, P. Krishnakumari, S. C. Calvert, H. L. Vu, H. van Lint, "Feature extraction and clustering analysis of highway congestion," *Transportation Research Part C: Emerging Technologies*, vol. 100, no. 3, pp. 238–258, 2019, https://doi.org/10.1016/J.TRC.2019.01.017.

117. B. Sui, N. Lubbe, J. Bärgman, "A clustering approach to developing car-to-two-wheeler test scenarios for the assessment of Automated Emergency Braking in China using in-depth Chinese crash data," *Accident; analysis and prevention*, vol. 132, p. 105242, 2019, https://doi.org/10.1016/j.aap.2019.07.018.

118. Rajjat Dadwal, Thorben Funke, Elena Demidova, "An Adaptive Clustering Approach for Accident Prediction,"

119. L. Sasidharan, K.-F. Wu, M. Menendez, "Exploring the application of latent class cluster analysis for investigating pedestrian crash injury severities in Switzerland," *Accident; analysis and prevention*, vol. 85, pp. 219–228, 2015, https://doi.org/10.1016/j.aap.2015.09.020.

120. F. Chang, S. Yasmin, H. Huang, A. H.S. Chan, M. M. Haque, "Injury severity analysis of motorcycle crashes: A comparison of latent class clustering and latent segmentation based models with unobserved heterogeneity," *Analytic Methods in Accident Research*, vol. 32, p. 100188, 2021, https://doi.org/10.1016/j.amar.2021.100188.

121. U. Sander, N. Lubbe, "The potential of clustering methods to define intersection test scenarios: Assessing real-life performance of AEB," *Accident; analysis and prevention*, vol. 113, pp. 1–11, 2018, https://doi.org/10.1016/j.aap.2018.01.010.

122. A. Leledakis, M. Lindman, J. Östh, L. Wågström, J. Davidsson, L. Jakobsson, "A method for predicting crash configurations using counterfactual simulations and real-world data," *Accident; analysis and prevention*, vol. 150, p. 105932, 2021, https://doi.org/10.1016/j.aap.2020.105932.

123. C. Amersbach, H. Winner, "Functional decomposition-A contribution to overcome the parameter space explosion during validation of highly automated driving," *Traffic injury prevention*, vol. 20, sup1, S52–S57, 2019, https://doi.org/10.1080/15389588.2019.1624732.

124. *SAEJ3016 – Taxonomy and definitions for terms related to driving automation systems for on-road motor vehicles.*

125. Infineon Technologies, *Reversible seatbelt pretensioner.* [Online]. https://www.inf ineon.com/cms/en/applications/automotive/chassis-safety-and-adas/reversible-sea tbelt-pretensioner (abgerufen am: 20.10.2023).

126. J. Krampe, M. Junge, "Injury Severity for Hazard & Risk Analyses:Calculation of ISO 26262 S-parameter Values from Real-World Crash Data," *Accident; analysis and prevention*, vol. 138, p. 105321, 2020, https://doi.org/10.1016/j.aap.2019.105321.

127. J. Krampe, M. Junge, "Deriving functional safety (ISO 26262) S-parameters for vulnerable road users from national crash data," *Accident; analysis and prevention*, vol. 150, p. 105884, 2021, https://doi.org/10.1016/j.aap.2020.105884.

128. C. M. Hruschka, D. Töpfer, S. Zug, "Risk Assessment for Integral Safety in Automated Driving," in *2019 2nd International Conference on Intelligent Autonomous Systems (ICoIAS)*, 2019, pp. 102–109.

129. D. Otte, M. Jänsch, C. Haasper, "Injury protection and accident causation parameters for vulnerable road users based on German In-Depth Accident Study GIDAS," *Accident Analysis & Prevention*, vol. 44, no. 1, pp. 149–153, 2012, https://doi.org/10.1016/ j.aap.2010.12.006.

130. A. Schubert, C. T. Erbsmehl, L. Hannawald, "Standardized pre-crash-scenarios in digital format on the basis of the VUFO simulation," in 2013. [Online]. https://api.semant icscholar.org/CorpusID:107210847

131. A. Schubert, C. Erbsmehl, L. Hannawald, *Standardized pre-crash-scenarios in digital format on the basis of the VUFO simulation: Reports on the ESAR-Conference on 7th/8th September 2012 at Hannover Medical School,* Berichte der Bundesanstalt für Straßenwesen: F, Fahrzeugtechnik. Bremen: Fachverl. NW, H. 87. [Online]. https://trid. trb.org/view/1264788 (abgerufen am: 20.10.2023).

132. VUFO GmbH, *GIDAS Pre-Crash Matrix.* [Online]. https://www.vufo.de/gidas-pcm (abgerufen am: 20.10.2023).

133. L. Stark, S. Obst, Schoenawa, Stefan, Düring, Michael, "Towards Vision Zero: Addressing White Spots by Accident Data based ADAS Design and Evaluation," in *2019 IEEE International Conference on Vehicular Electronics and Safety (ICVES)*, Cairo, Egypt, 2019.

134. Bundesministerium für Digitales und Verkehr, *Neue Fahrzeugsicherheitssysteme: Hochentwickelte Notbremsassistenzsysteme für Pkw und leichte Nutzfahrzeuge.* [Online]. https://bmdv.bund.de/SharedDocs/DE/Artikel/StV/Strassenverkehr/neue-fah rzeugsicherheitssysteme.html (abgerufen am: 02.03.2025).

135. AAAM, *AIS 2015: Abbreviated Injury Scale.* [Online]. https://www.aaam.org/abbrev iated-injury-scale-ais/ (abgerufen am: 20.10.2023).

136. J. E. Maschke, R. Putter, S. Schoenawa, T. Gaas, A. Leschke, R. Lachmayer, "Road Safety: A Similarity Analysis of the GIDAS Data and the Overall Incidence of Car-to-Car Accidents on German Roads," in *2023 7th International Conference on System Reliability and Safety (ICSRS)*, Bologna, Italy, 2023, pp. 229–236.

137. K. Gschwendtner, *Sachschadenanalyse zur Potenzialermittlung von Fahrerassistenzsystemen: Von der Unfalltypen-Erweiterung zum Kundenwert,* 1st ed. München: Verlag Dr. Hut, 2015.

138. DESTATIS, *Verkehrsunfälle: Zeitreihen 2021*, vol. 2021. [Online]. https://www.des tatis.de/DE/Themen/Gesellschaft-Umwelt/Verkehrsunfaelle/_inhalt.html (abgerufen am: 20.10.2023).

139. J.-P. Kreiss, G. Feng, J. Krampe, M. Meyer, T. Niebuhr, "Hochrechnung von GIDAS auf das Unfallgeschehen in Deutschland," in 2015. [Online]. https://api.semanticscho lar.org/CorpusID:181083839

140. KBA, *Bestand an Personenkraftwagen nach Segmenten und Modellreihen am 1. Januar 2023 gegenüber 1. Januar 2022 (FZ 12)*. [Online]. https://www.kba.de/DE/Statistik/Fah rzeuge/Bestand/Segmente/segmente_node.html (abgerufen am: 20.10.2023).

141. KBA, *Bestand an Personenkraftwagen nach Segmenten und Modellreihen am 1. Januar 2024 gegenüber 1. Januar 2023*. [Online]. https://www.kba.de/DE/Statistik/Fahrzeuge/ Bestand/Segmente/segmente_node.html (abgerufen am: 25.02.2025).

142. P. Buxmann, H. Schmidt, *Künstliche Intelligenz*. Berlin, Heidelberg: Springer Berlin Heidelberg, 2021.

143. D. Arthur, S. Vassilvitskii, "k-means++: the advantages of careful seeding," in *ACM-SIAM Symposium on Discrete Algorithms*, 2007. [Online]. https://api.semanticscholar. org/CorpusID:1782131

144. IGLAD, *IGLAD: Initiative for the global harmonisation of accident data*. [Online]. http://www.iglad.net/web/page.aspx?sid=10771 (abgerufen am: 20.10.2023).

145. F. Spitzhüttl, H. Liers, M. Petzold, "Creation of pre-crash simulations in global traffic accident scenarios based on the iGLAD database," in *FAST-zero'15: 3rd International Symposium on Future Active Safety Technology Toward zero traffic accidents, 2015*, pp. 427–433. [Online]. https://trid.trb.org/view/1412260 (abgerufen am: 20.10.2023).

146. Y. Wang, K. Sun, X. Yuan, Y. Cao, L. Li, H. N. Koivo, "A Novel Sliding Window PCA-IPF Based Steady-State Detection Framework and Its Industrial Application," *IEEE Access*, vol. 6, pp. 20995–21004, 2018, https://doi.org/10.1109/ACCESS.2018. 2825451.

147. R. Putter, R. K. Mangukiya, M. Mayer, T. Gaas, A. Leschke, R. Lachmayer, "Utilization of real Accident Scenarios for simulative Effectiveness Assessment of Driver Assistance Systems," in *Proceedings of the FISITA – Technology and Mobility Conference Europe 2023*, Barcelona, Spain, 2023.

148. Association for Standardization of Automation and Measuring Systems, *ASAM Standards: Simulation* [Online]. https://www.asam.net/standards/ (abgerufen am: 16.03.2025).

149. R. Putter, M. Jose, *Konvertierung von GIDAS-PCM PKW-PKW-Kollisionen: Interne Studie Volkswagen AG und VAIVA GmbH, 2023*.

150. N. Andricevic, M. Junge, J. Krampe, "Injury risk functions for frontal oblique collisions," *Traffic injury prevention*, vol. 19, no. 5, pp. 518–522, 2018, https://doi.org/10. 1080/15389588.2018.1442926.

151. Z. S. Hostetler *et al.*, "Injury risk curves in far-side lateral motor vehicle crashes by AIS level, body region and injury code," *Traffic injury prevention*, vol. 21, sup1, S112–S117, 2020, https://doi.org/10.1080/15389588.2021.1880006.

152. L. Chen, Y. Luo, F. S. Napolitano, R. Zobel, K. Li, "Vehicle deformation depth based injury risk function for safety benefit evaluation of crash avoidance and mitigation systems," *IET Intelligent Trans Sys*, vol. 12, no. 5, pp. 386–393, 2018, https://doi.org/10. 1049/iet-its.2017.0150.

153. M. Müller, P. Nadarajan, M. Botsch, W. Utschick, D. Böhmländer, S. Katzenbogen, "A statistical learning approach for estimating the reliability of crash severity predictions," in *2016 IEEE 19th International Conference on Intelligent Transportation Systems (ITSC)*, Rio de Janeiro, Brazil, 2016.

154. VUFO GmbH, *Nutzung der Erkenntnisse aus dem Unfallforschungsprojekt GIDAS für Unfallgutachter und Versicherer*. [Online]. https://www.gidas.org/pdf/Liers_Nutzung_der_Erkenntnisse_aus_GIDAS_print.pdf (abgerufen am: 20.10.2023).

155. *UN-Regelung Nr. 160 — Einheitliche Bedingungen für die Genehmigung von Kraftfahrzeugen hinsichtlich des Ereignisdatenspeichers [2021/1215]*, 2021.

156. R. Pathuri, "Shadow Testing in Autonomous Vehicles: A Novel Approach to Validating Full Self-Driving AI Systems," *Int. J. Sci. Res. Comput. Sci. Eng. Inf. Technol*, vol. 10, no. 6, pp. 308–320, 2024, https://doi.org/10.32628/CSEIT24106165.

157. R. Putter, H. Li, M. Attenberger, *Insassensimulationen mit optimierter Zündstrategie: Interne Studie Volkswagen AG und VAIVA GmbH*, 2024.

158. Toyota Motor Corporation, *About THUMS: Total Human Model for Safety*. [Online]. https://www.toyota.co.jp/thums/about/ (abgerufen am: 11.03.2025).

159. M. Iwamoto, Y. Nakahira, H. Kimpara, "Development and Validation of the Total HUman Model for Safety (THUMS) Toward Further Understanding of Occupant Injury Mechanisms in Precrash and During Crash," *Traffic injury prevention*, 16 Suppl 1, S36–48, 2015, https://doi.org/10.1080/15389588.2015.1015000.

160. Kraftfahrt-Bundesamt, *Inländerfahrleistung: Kurzbericht*. [Online]. https://www.kba.de/DE/Statistik/Kraftverkehr/VerkehrKilometer/vk_inlaenderfahrleistung/2023/2023_vk_kurzbericht.html (abgerufen am: 12.03.2025).

161. R. Putter, M. Müller, A. Neubohn, "Verfahren zur präventiven Identifikation von Unfallhäufungsstellen und Feedback der gefährlichen Fahrsituationen an den Fahrer," DE 10 2023 102 046.3, Anmelder: Cariad SE und Volkswagen AG.

162. R. Putter, "Poster: Preventive Identification of Accident Black Spots on the Basis of Crash Severity Estimation," in *2023 IEEE Vehicular Networking Conference (VNC)*, Istanbul, Turkiye, 2023, pp. 153–154.

163. R. Putter, D. Isemann, "Aufprallschutzeinrichtung, Fahrzeug mit einer Aufprallschutzeinrichtung und Verfahren zum Herrichten eines Aufprallschutzes," DE 10 2023 206 828.1, Anmelder: Volkswagen AG.

164. R. Putter, "Fahrzeugsystem sowie ein Verfahren zur Aktivierung und/oder Deaktivierung von Personenschutzeinrichtungen des Fahrzeugsystems," DE 10 2024 200 601.7, Anmelder: Volkswagen AG.

165. J. E. Maschke, R. Putter, "Verfahren zur Außenkommunikation und Fahrzeug mit mindestens einem Lichtprojektor," DE 10 2023 208 036.2, Anmelder: Volkswagen AG.

166. J. E. Maschke, R. Putter, "Verfahren zur verbesserten Ausrichtung von Crashstrukturen und Kraftfahrzeug," DE 10 2024 205 596.4, Anmelder: Volkswagen AG.